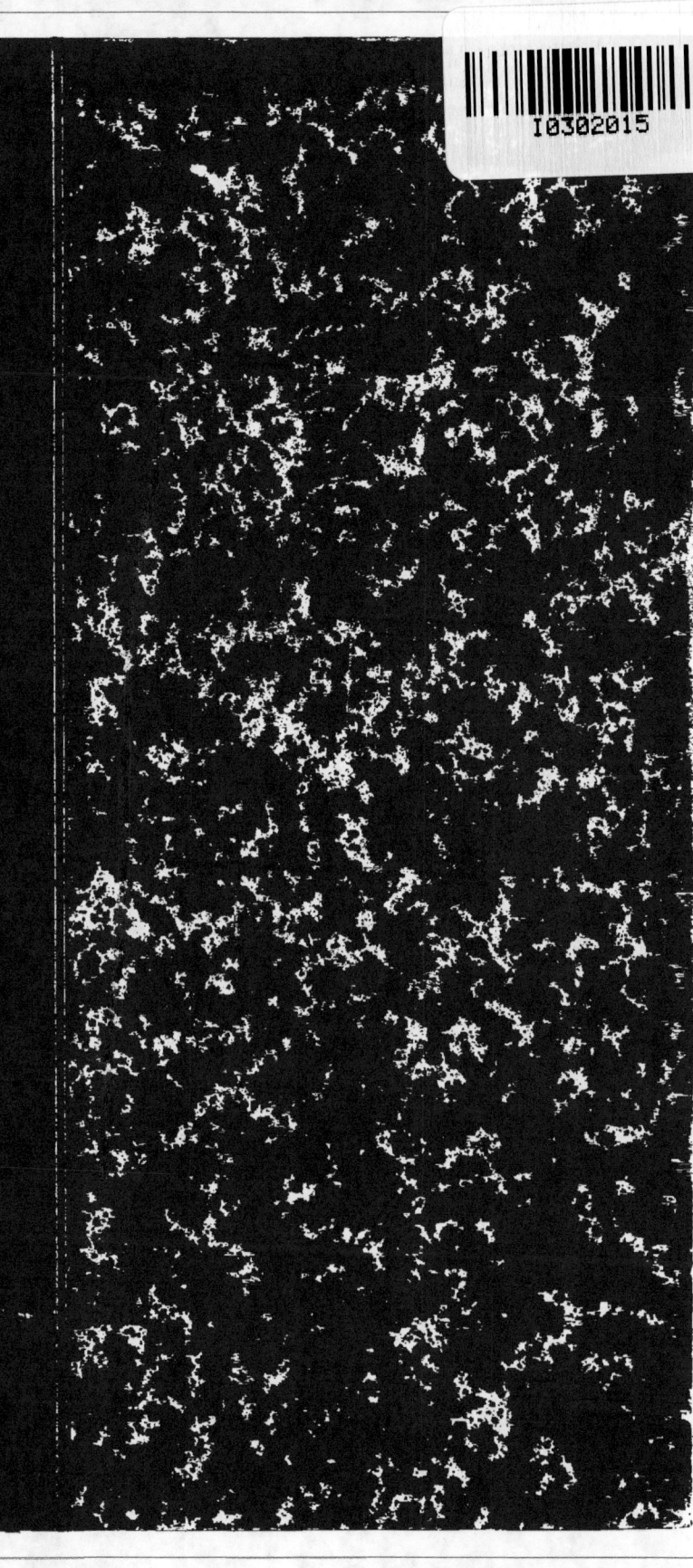

LEÇONS
DE
MÉCANIQUE

CONFORMES AUX PROGRAMMES OFFICIELS

PAR CH. BRIOT

Professeur de mathématiques spéciales au Lycée Saint-Louis,
maître de conférences à l'École normale supérieure.

À L'USAGE

des élèves des classes de mathématiques spéciales
et des candidats
à l'École polytechnique et à l'École normale.

PARIS
DUNOD, ÉDITEUR,
SUCCESSEUR DE VICTOR DALMONT,
Précédemment Carilian-Gœury et Vᵛᵉ Dalmont,
LIBRAIRE DES CORPS IMPÉRIAUX DES PONTS ET CHAUSSÉES ET DES MINES,
Quai des Augustins, 49.

1861

LEÇONS
DE
MÉCANIQUE

PARIS. — TYPOGRAPHIE HENNUYER, RUE DU BOULEVARD, 7.

LEÇONS
DE
MÉCANIQUE

CONFORMES AUX PROGRAMMES OFFICIELS

PAR CH. BRIOT

Professeur de mathématiques spéciales au Lycée Saint-Louis,
maître de conférences à l'École normale supérieure,

A L'USAGE

**Des élèves des Classes de mathématiques spéciales
et des candidats
à l'École polytechnique et à l'École normale.**

PARIS

DUNOD, ÉDITEUR,
SUCCESSEUR DE VICTOR DALMONT,
Précédemment Carilian-Gœury et V°ᵉ Dalmont,
LIBRAIRE DES CORPS IMPÉRIAUX DES PONTS ET CHAUSSÉES ET DES MINES.

Quai des Augustins, 49.

1861

LEÇONS
DE
MÉCANIQUE

INTRODUCTION

1. Les corps sont formés de particules très-petites, que l'on appelle *molécules*. Si l'on réduit par la pensée ces molécules à de simples points, on leur donne le nom de *points matériels*. Dans un grand nombre de questions, quand les dimensions des corps sont très-petites par rapport aux distances qui les séparent, on peut aussi faire abstraction des dimensions des corps, et réduire par la pensée ces corps à de simples points matériels. C'est ce que l'on fait, par exemple, en astronomie, quand on étudie les révolutions des planètes autour du soleil ; on fait abstraction des dimensions du soleil et des planètes, et l'on considère chacun de ces astres comme un point matériel.

2. Lorsque les points matériels qui forment un système sont à des distances invariables les uns des autres, on dit que ces points sont *en repos* les uns par rapport aux autres, ou que chacun d'eux est en repos dans le système dont il fait partie. Mais, lorsque les distances des

points entre eux varient, on dit que ces points sont *en mouvement* les uns par rapport aux autres.

Considérons un système de points matériels : si les distances de ces points deux à deux sont invariables, on dit que ces points sont en repos les uns par rapport aux autres. Supposons maintenant que les distances d'un point m aux autres points du système varient, on dira que ce point m est en mouvement dans le système.

Le point matériel m, dont on considère le mouvement, s'appelle le *mobile*. La ligne qu'il décrit, ou la suite des positions successives qu'il occupe dans le système dont il fait partie, s'appelle la *trajectoire* du mobile. On aura une idée très-nette du mouvement du point m en considérant la ligne décrite par le mobile, et disant en quel point de cette ligne le mobile se trouve à chaque instant.

3. Le mouvement d'un point matériel est un phénomène relatif ; il dépend des points que l'on choisit comme points de repère, et auxquels on rapporte la position du point. Le point mobile m fait partie d'un premier système de points dont nous désignerons l'ensemble par A, et il a dans ce système un certain mouvement. A son tour, le système A fait partie d'un système plus vaste B, dans lequel il est en mouvement. Si l'on rapporte la position du mobile m aux points du système B, on aura le mouvement de ce mobile dans le système B. Ce mouvement n'est pas le même que le mouvement du mobile dans le système A ; il dépend des deux précédents, c'est-à-dire du mouvement du point m dans le système A et du mouvement du système A dans le système B. On l'appelle pour cette raison *mouvement résultant* des deux premiers.

Concevons de la même manière que le système B fasse

partie d'un système encore plus vaste C, dans lequel il soit en mouvement. Le mouvement du point m dans le système C sera le mouvement résultant du mouvement du point m dans le système B, et du mouvement du système B dans le système C. On peut dire aussi que ce mouvement résulte de la combinaison des trois premiers mouvements, savoir : le mouvement du point m dans le système A, le mouvement du système A dans le système B, et le mouvement du système B dans le système C. On peut continuer de cette manière indéfiniment et combiner autant de mouvements simultanés que l'on veut.

C'est ainsi que les choses se passent dans la nature. Considérons un bateau en mouvement sur un lac ; une bille roule sur le pont du bateau, elle a un certain mouvement par rapport aux diverses parties du bateau : c'est celui que voit un observateur placé sur le pont. Mais le bateau s'avance sur le lac, il a un certain mouvement par rapport aux arbres du rivage ; la bille participe à ce mouvement ; si l'on rapporte sa position à des points fixes pris sur la rive, on aura un mouvement complexe résultant des deux précédents. Ce n'est pas tout encore : la terre fait partie d'un système de planètes dont le soleil est le centre ; elle tourne sur elle-même et se meut autour du soleil, entraînant dans son mouvement les corps placés à sa surface ; ce mouvement s'ajoute aux précédents. Le soleil lui-même est l'une des étoiles qui composent notre nébuleuse ; il se meut dans cette nébuleuse, emportant avec lui son cortége de planètes et de comètes ; et ainsi de suite.

Après avoir donné une idée générale du mouvement et expliqué comment les mouvements s'ajoutent les uns aux autres, nous étudierons en détail le mouvement d'un point matériel.

4. La *mécanique* est la science du mouvement. Elle se divise en deux parties principales : 1° la *cinématique* ou l'étude des lois du mouvement au point de vue purement géométrique, abstraction faite des causes qui le produisent ou le modifient; 2° la *dynamique* ou l'étude des lois du mouvement, en tenant compte des causes qui le produisent ou le modifient.

LIVRE I.

CINÉMATIQUE.

CHAPITRE I.

DÉFINITION DE LA VITESSE.

Définition de la vitesse dans le mouvement rectiligne et uniforme.

5. Considérons un point matériel se mouvant dans un système ; nous avons appelé *trajectoire* la ligne décrite par le point mobile, c'est-à-dire le lieu des positions successives du point mobile dans le système. Quand la ligne décrite par le mobile est droite, on dit que le mouvement est *rectiligne*. Quand les longueurs parcourues par le mobile en temps égaux sont égales, on dit que le mouvement est *uniforme*. Le mouvement rectiligne et uniforme est le plus simple de tous les mouvements. Dans un pareil mouvement, on appelle *vitesse* la longueur parcourue par le mobile dans l'unité du temps.

6. En mécanique, on prend ordinairement le mètre pour unité de longueur, la seconde pour unité de temps, de sorte que la vitesse d'un mouvement rectiligne et uniforme est le nombre de mètres parcourus par le mobile en une seconde.

Soit X'X (*fig.* 1) la ligne droite décrite par le mobile, A la position du mobile au moment à partir duquel on compte le temps, M sa posi-

Fig. 1.

tion au temps t, c'est-à-dire après un nombre de secondes marqué par t. Si nous représentons par v la vitesse ou la longueur parcourue en une seconde, et par x la longueur AM parcourue dans le temps t, nous aurons

$$x = vt.$$

On détermine ordinairement la position d'un mobile sur une droite par la distance ou il se trouve d'un point fixe O pris sur la droite (*fig.* 2). Désignons par a la distance OA et par x la distance OM, nous aurons la formule

$$x = a + vt.$$

7. Cette formule est générale et convient à tous les cas de la question, si l'on affecte chaque quantité d'un signe convenable. Nous regarderons comme positives les longueurs portées sur la droite, dans un sens convenu, par exemple de gauche à droite, et comme négatives celles qui sont portées en sens contraire. La vitesse v sera elle-même positive ou négative, suivant que le mobile marche de gauche à droite, ou en sens contraire. Au temps $t=0$, le mobile est en A, à la distance a du point O ; il parcourt ensuite dans le temps t une longueur exprimée, avec le signe convenable, par vt ; on a donc $x = a + vt$, quel que soit le sens dans lequel marche le mobile.

Nous venons de déterminer la position du mobile sur la droite, t secondes après qu'il a passé au point A ; la même formule donne aussi la position du mobile à un moment quelconque avant qu'il passe au point A ; il suffit de considérer le temps comme positif dans le premier cas, comme négatif dans le second.

DÉFINITION DE LA VITESSE.

8. Dans le mouvement rectiligne et uniforme, nous avons appelé *vitesse* la longueur parcourue par le mobile dans l'unité de temps. On regardera la vitesse comme une grandeur géométrique, c'est-à-dire comme une longueur portée sur la droite que décrit le mobile, et dans le sens du mouvement.

Il est clair que, dans le mouvement uniforme, les longueurs parcourues par le mobile sont proportionnelles aux temps employés à les parcourir, et l'on voit que la vitesse est égale au quotient de la longueur parcourue par le temps employé à la parcourir. Si l'on appelle x la longueur parcourue par le mobile dans le temps t, on a

$$v = \frac{x}{t}.$$

Définition de la vitesse dans le mouvement rectiligne varié.

9. Supposons toujours que la trajectoire décrite par le mobile soit rectiligne, mais que les espaces parcourus en temps égaux ne soient plus égaux ; on dit alors que le mouvement est rectiligne varié. Soit M (*fig.* 3) la position du mobile au temps t, x sa distance à l'origine O, M' sa position au temps $t + \Delta t$,

Fig. 3.

$x + \Delta x$ sa distance à l'origine ; le quotient $\dfrac{\Delta x}{\Delta t}$ est ce qu'on appelle la vitesse *moyenne* pendant l'intervalle de temps Δt ; c'est la vitesse que devrait avoir le mobile, se mouvant d'un mouvement uniforme, pour parcourir dans le temps Δt la même longueur MM' que le mobile proposé. Imaginons maintenant que l'intervalle de temps Δt diminue de plus en plus et tende vers zéro, la longueur parcourue Δx

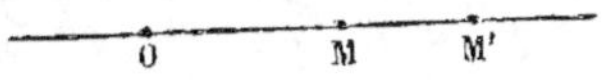

tendra aussi vers zéro, et le rapport $\frac{\Delta x}{\Delta t}$, ou la vitesse moyenne pendant le temps Δt, tendra vers une limite finie et déterminée; cette limite est ce qu'on appelle la vitesse du mobile au temps t.

La distance x du mobile à l'origine O est une fonction du temps; on voit que la vitesse v du mobile, à chaque instant, est la dérivée de la fonction x par rapport au temps t. On a donc

$$v = D_t x.$$

Par exemple, si l'espace parcouru par le mobile est proportionnel au carré du temps, si l'on a, par conséquent, $x = at^2$, on obtiendra la vitesse en prenant la dérivée de cette fonction, ce qui donne $v = at$. Ainsi, dans un pareil mouvement, la vitesse croît proportionnellement au temps.

Définition de la vitesse dans le mouvement curviligne.

10. Considérons maintenant un mouvement curviligne quelconque (*fig.* 4). Soit M la position du mobile au temps t, M' sa position au temps $t + \Delta t$. La droite MM', qui joint le premier point au second, est ce qu'on appelle le *déplacement* du mobile après le temps Δt. Le rapport $\frac{MM'}{\Delta t}$ de ce déplacement MM' à l'intervalle de temps Δt est ce qu'on peut appeler la vitesse moyenne pendant le temps Δt; c'est la vitesse que devrait avoir le mobile, se

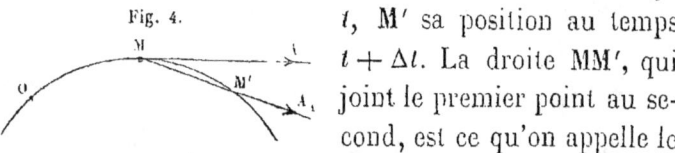
Fig. 4.

mouvant d'un mouvement rectiligne et uniforme suivant la droite MM', pour éprouver dans le temps Δt le déplacement observé MM'. Cette vitesse moyenne est une grandeur géométrique MA_1, portée sur la droite MM' dans le sens du mouvement. Imaginons que l'intervalle de temps Δt tende vers zéro, le point M' se rapprochera du point M, et la vitesse moyenne MA_1 tendra vers une valeur limite MA; cette limite MA est ce qu'on appelle la vitesse au temps t. La tangente à la courbe étant la direction limite de la sécante, on voit que la vitesse au temps t est une grandeur géométrique MA portée sur la tangente à la trajectoire, dans un sens déterminé.

11. Si l'on prend un point fixe O sur la trajectoire, on peut déterminer la position du mobile à chaque instant sur cette courbe par la longueur de l'arc OM. Désignons par s la longueur de l'arc OM, et par Δs celui de l'arc MM' décrit pendant le temps Δt. La vitesse moyenne pendant le temps Δt a pour expression

$$\frac{\text{corde MM'}}{\Delta t},$$

ou
$$\frac{\text{corde MM'}}{\Delta s} \times \frac{\Delta s}{\Delta t}.$$

Mais on sait que le rapport $\dfrac{\text{corde MM'}}{\Delta s}$, c'est-à-dire le rapport de la corde MM' à l'arc de courbe MM', a pour limite l'unité quand le point M' se rapproche indéfiniment du point M. La limite de la vitesse moyenne est donc égale à la limite du rapport $\dfrac{\Delta s}{\Delta t}$. Ainsi, dans le mouvement curviligne, la vitesse à chaque instant est égale à la dérivée de l'arc décrit par le mobile sur la trajectoire, considéré comme une fonction du temps.

Supposons, par exemple, que le mobile décrive un cercle en parcourant des arcs égaux en temps égaux. On a, dans ce cas, $s = at$ et par suite $v = a$; la vitesse a une valeur numérique constante, mais sa direction change sans cesse. Une grandeur géométrique est une longueur portée dans une certaine direction; dans le mouvement circulaire uniforme, la vitesse, quoique ayant une longueur constante, doit être regardée comme une grandeur géométrique variable, à cause du changement de sa direction.

Projection du mouvement sur une droite.

12. Supposons d'abord qu'un point mobile M décrive une droite CD d'un mouvement uniforme (*fig.* 5). Pro-

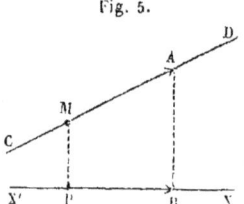

Fig. 5.

jetons ce mobile sur une droite quelconque X'X; si l'on mène par le point M un plan parallèle à un plan donné, le point P où ce plan coupe la droite X'X est la projection du point M. Tandis que le point M décrit la droite CD, le point P décrit la droite X'X; des longueurs égales prises sur la droite CD ayant pour projections des longueurs égales, il est clair que le mouvement du point P sera uniforme comme celui du point M; la vitesse MA du point M, ou l'espace parcouru par ce point dans l'unité de temps, aura donc pour projection la vitesse PB du point P, ou l'espace parcouru par le second mobile dans l'unité de temps.

DÉFINITION DE LA VITESSE. 11

13. Supposons maintenant que le point M décrive une trajectoire quelconque (*fig.* 6). La projection P se mouvra sur la droite X'X d'un mouvement varié. Soient M et M' les positions du mobile aux temps t et $t+\Delta t$, P et P' ses projections; le déplacement PP' du second mobile est la projection du déplacement MM' du premier mobile.

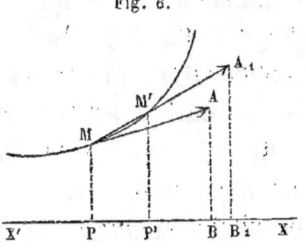

Fig. 6.

La vitesse moyenne $\dfrac{MM'}{\Delta t}$ du premier mobile est figurée par une longueur MA_1 portée sur la droite MM'. Soit PB_1 la projection de MA_1; à cause des plans parallèles, on a les rapports égaux

$$\frac{PB_1}{PP'} = \frac{MA_1}{MM'};$$

puisque
$$MA_1 = \frac{MM'}{\Delta t},$$

et par suite
$$\frac{MA_1}{MM'} = \frac{1}{\Delta t},$$

on en déduit
$$\frac{PB_1}{PP'} = \frac{1}{\Delta t};$$

d'où
$$PB_1 = \frac{PP'}{\Delta t}.$$

Ainsi la droite PB_1, projection de la vitesse moyenne MA_1 du premier mobile pendant le temps Δt, est la vitesse moyenne du second mobile pendant le même temps.

Concevons maintenant que l'intervalle de temps Δt diminue et tende vers zéro; la vitesse moyenne MA_1 aura pour limite la vitesse MA du premier mobile au temps t;

la vitesse moyenne PB_1 aura pour limite la vitesse PB du second mobile au temps t. La vitesse moyenne PB_1 étant la projection de MA_1, il en résulte que la vitesse PB est la projection de MA. Ainsi, *quand on projette un point mobile sur une droite quelconque, la vitesse de la projection est, à chaque instant, la projection de la vitesse du mobile proposé.*

Ce théorème est vrai, que les projections soient orthogonales ou obliques. Dans le premier cas, si l'on appelle v la vitesse du mobile M au temps t, α l'angle qui fait sa direction avec la droite X'X, et v' la vitesse de la projection P au même instant on a

$$v' = v \cos \alpha.$$

14. Pour montrer une application de ce théorème, supposons que le mobile M se meuve sur un cercle d'un mouvement uniforme; projetons-le sur un diamètre AB

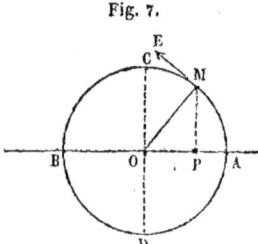
Fig. 7.

(*fig* 7). Quand le point M décrit la demi-circonférence ACB, le point P parcourt le diamètre, de A en B; le point M décrivant ensuite la seconde demi-circonférence BDA, le point P décrit encore le diamètre, mais de B en A; et ainsi de suite indéfiniment. Le mouvement du point P est donc un mouvement oscillatoire suivant la droite AB.

Désignons par a la vitesse du point M sur le cercle, et par r le rayon du cercle. Si l'on compte le temps à partir du moment où le mobile passe au point A, l'arc AM décrit par le mobile pendant le temps t sera at, et l'angle AOM aura pour mesure le rapport de l'arc AM au rayon, c'est-à-dire $\dfrac{at}{r}$. Si donc on représente par x la distance variable

DÉFINITION DE LA VITESSE.

OP, prise avec le signe $+$ ou le signe $-$, suivant qu'elle est portée dans le sens OA ou dans le sens opposé OB, on aura

(1) $$x = r \cos \frac{at}{r}.$$

La dérivée de la distance x, considérée comme une fonction de t, donne la vitesse du point P,

(2) $$v = -a \sin \frac{at}{r}.$$

Les formules (1) et (2) montrent que le mouvement du point P est périodique; car lorsque l'angle $\frac{at}{r}$ augmente de 2π, le sinus et le cosinus reprenant les mêmes valeurs, le point P revient au même point avec la même vitesse; la durée de la période est $T = \frac{2\pi r}{a}$, c'est le temps que met le mobile M pour décrire la circonférence. La vitesse est négative de A en B; elle s'annule en B, change de signe et devient positive de B en A; elle s'annule en A pour devenir de nouveau négative, et elle acquiert sa plus grande valeur quand le mobile passe par le centre O.

On obtient immédiatement la vitesse du point P en projetant sur le diamètre BA la vitesse a du point M, laquelle est dirigée suivant la tangente ME. Cette tangente faisant avec la droite OA l'angle $\frac{at}{r} + \frac{\pi}{2}$, on a

$$v = a \cos\left(\frac{at}{r} + \frac{\pi}{2}\right) = -a \sin \frac{at}{r},$$

ce qui reproduit la formule (2).

Projection du mouvement sur un plan.

15. Au lieu de projeter le mobile sur une droite, on peut le projeter sur un plan GH (*fig.* 8.) Si l'on mène par le point M une parallèle à une droite donnée, le point P où cette parallèle perce le plan est la projection du point M sur le plan. Il est clair d'abord que, si le mouvement du point M est rectiligne et uniforme, celui du point P sera aussi rectiligne et uniforme, et que la vitesse du point P sera la projection de celle du point M.

Fig. 8.

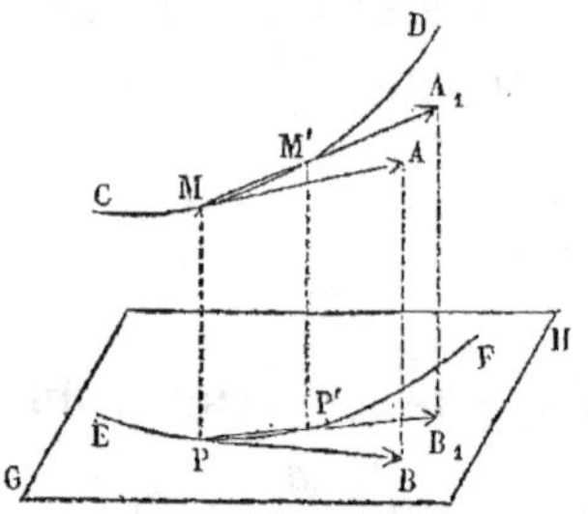

Si le point M décrit une trajectoire quelconque CD dans l'espace, le point P décrira dans le plan de projection une ligne courbe EF. Le déplacement MM' du premier mobile pendant le temps Δt a pour projection le déplacement PP' du second mobile pendant le même temps; représentons par MA_1 la vitesse moyenne $\frac{MM'}{\Delta t}$ du premier mobile et projetons cette droite en PB_1; à cause des parallèles, on a

$$\frac{PB_1}{PP'} = \frac{MA_1}{MM'} = \frac{1}{\Delta t},$$

d'où
$$PB_1 = \frac{PP'}{\Delta t}.$$

Ainsi la droite PB_1, projection de MA_1, est la vitesse moyenne du second mobile. Quand l'intervalle de temps Δt tend vers zéro, les vitesses moyennes MA_1, PB_1 ont pour limites les vitesses MA, PB des deux mobiles au temps t. On en conclut que *la vitesse du mobile projection est, à chaque instant, la projection de la vitesse du mobile proposé*.

CHAPITRE II.

COMPOSITION DES VITESSES.

16. Nous avons déjà dit quelques mots de la composition des mouvements simultanés. Un mobile est en mouvement dans un système A, ce système A est en mouvement dans un système B; composer ces deux mouvements, c'est trouver le mouvement du mobile dans le système B. Pour concevoir nettement ces deux mouvements simultanés, on suppose que les points qui forment le système A sont à des distances invariables les uns des autres; le mobile se meut dans ce système, la suite des positions successives qu'il occupe constitue sa trajectoire. Les points qui forment le système B sont aussi à des distances invariables les uns des autres, et le système A, analogue à un corps solide, se meut en bloc dans le système B.

Lorsque tous les points du système A éprouvent dans le même temps des déplacements égaux et parallèles, on dit que le mouvement du système A est un mouvement de *translation*. Il est clair que les vitesses moyennes de tous les points du système, pendant le même temps, sont égales et parallèles. Il en résulte que les limites de ces vitesses moyennes, c'est-à-dire les vitesses des différents points du système, au même instant, sont égales et parallèles. On dit, d'après cela, que tous les points du système A possèdent au même instant la même vitesse. Soient a, b, c... (*fig*. 9), les positions des points du système A au temps t; a', b', c'... les positions de ces mêmes points au temps $t + \Delta t$; le mouvement sera de translation si les déplacements aa', bb', cc', ..., de ces différents points sont égaux et parallèles.

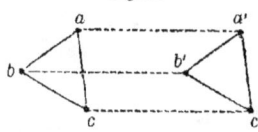
Fig. 9.

Les droites aa' et bb' étant égales et parallèles, la figure $aa'\,b'b$ est un parallélogramme et les deux droites ab et $a'b'$ sont aussi égales et parallèles. De même, les droites ac et $a'c'$, bc et $b'c'$, ..., sont égales et parallèles. Ainsi, lorsque le mouvement du système A est de translation, la figure formée par les points du système se transporte en quelque sorte parallèlement à elle-même. Ce mouvement peut d'ailleurs être rectiligne ou curviligne.

Mais, lorsque les points du système A n'éprouvent pas pendant le même temps des déplacements égaux et parallèles, le mouvement du système n'est pas de translation. Par exemple, lorsqu'un corps solide tourne autour d'un axe fixe, les points matériels qui forment ce corps solide éprouvent dans le même temps des déplacements très-différents, et le mouvement du corps n'est plus un mouvement de translation ; c'est un mouvement de rotation.

Voici la question que nous nous proposons de résoudre : Un mobile est en mouvement dans un système A ; ce système A est lui-même en mouvement dans un système B ; il s'agit de déterminer quelle est à chaque instant la vitesse du mouvement résultant, c'est-à-dire la vitesse du mobile par rapport aux points du système B.

Composition de deux mouvements rectilignes et uniformes suivant la même droite.

17. Considérons d'abord le cas très-simple où les deux mouvements proposés sont rectilignes et uniformes, et s'exécutent suivant la même droite et dans la même direction. Nous pouvons nous représenter ces deux mouvements en imaginant qu'un mobile se meuve sur une droite $X'X$ (*fig.* 10) d'un mouvement uniforme avec la vitesse v dans le sens $X'X$, tandis que la droite supposée solide glisse sur elle-même

Fig. 10.

uniformément et dans le même sens, avec la vitesse v'. Soit M la position du mobile sur la droite, à un instant quelconque; pendant le temps t, le mobile parcourt sur la droite une longueur MM' égale à vt; mais, pendant ce temps, la droite s'est avancée dans le même sens d'une quantité $M'M''$ égale à $v't$, de sorte que le point M' de la droite où se trouve maintenant le mobile est venu en M'', emportant avec lui le mobile; le déplacement résultant du mobile est donc MM'', et l'on a

$$MM'' = MM' + M'M'' = vt + v't = (v+v')t.$$

Ce déplacement étant proportionnel au temps, le mouvement résultant est aussi uniforme, et, si l'on désigne par V sa vitesse, on a

$$V = v + v'.$$

La vitesse du mouvement résultant est la somme des vitesses des deux mouvements proposés.

18. Nous avons supposé dans ce qui précède que les

deux mouvements proposés s'effectuent dans le même sens. Supposons maintenant qu'ils s'effectuent en sens contraires; le mobile se meut sur la droite dans le sens X'X avec la vitesse v, tandis que la droite marche en sens contraire avec la vitesse v'. Il y a deux cas à distinguer, suivant que la vitesse v est plus grande ou plus petite que v'. Pendant le temps t, le mobile parcourt sur la droite la longueur MM' égale à vt; pendant ce même temps, la droite rétrograde de la quantité M'M" égale à $v't$. Dans le premier cas, le premier déplacement étant plus grand que le second (*fig.* 11), on a

Fig. 11.

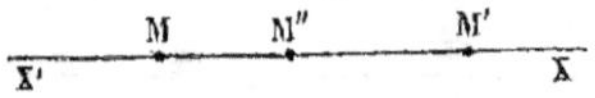

$$MM'' = MM' - M'M'' = (v - v') t.$$

Le mouvement résultant est uniforme, dans le sens X'X, et l'on a

$$V = v - v'.$$

Fig. 12.

Dans le second cas (*fig.* 12), le second déplacement étant plus grand que le premier, on a

$$MM'' = M'M'' - MM' = (v' - v).$$

Le mouvement résultant est dirigé dans le sens XX', et l'on a

$$V = v' - v.$$

Ainsi, quand les deux mouvements sont de sens contraires, le mouvement résultant s'exécute dans le sens de celui qui a la vitesse la plus grande, et la vitesse de ce mouvement résultant est égale à la différence des vitesses des deux mouvements proposés.

On peut comprendre ces différents cas dans un même

énoncé. Si l'on regarde comme positives les vitesses des mouvements qui s'exécutent dans un certain sens, dans le sens X'X, par exemple ; comme négatives celles des mouvements qui s'exécutent en sens contraire, on peut dire que la vitesse du mouvement résultant est égale à la somme algébrique des vitesses des mouvements proposés, et l'on a la formule générale

$$V = v + v'.$$

Il est un cas particulier qu'il est bon de remarquer, c'est celui où les deux mouvements proposés sont de sens contraires et ont des vitesses égales ; dans ce cas, les deux déplacements MM', M'M" étant égaux et de sens contraires, le point M" coïncide avec le point M ; le déplacement résultant est nul, et le mobile reste immobile au même point du système B.

19. On a des exemples fréquents de semblables compositions de mouvements. Un bateau descend un fleuve ; désignons par v' la vitesse du courant, et par v la vitesse que les rames impriment au bateau, c'est-à-dire la vitesse que posséderait le bateau s'il était dans une eau immobile, comme celle d'un lac. Le bateau descend donc le fleuve avec une vitesse propre v ; en même temps, il est emporté par le courant avec la vitesse v' ; ces deux mouvements s'ajoutent, et le bateau parcourt dans le temps t l'espace $(v + v')\,t$. Le mouvement résultant, dont la vitesse est $v + v'$, est celui que voit un observateur placé sur la rive.

Pour que le bateau puisse remonter le fleuve, il faut que sa vitesse propre v soit plus grande que celle du courant v', et alors il s'avance avec la vitesse $v - v'$. Si la vitesse du bateau était moindre que celle du fleuve, il serait entraîné par le courant avec la vitesse $v'-v$. Enfin, si les deux vitesses étaient égales, le bateau resterait immobile au milieu du fleuve, sans avancer ni reculer.

Composition de deux mouvements rectilignes variés suivant la même droite.

20. Nous avons composé deux mouvements rectilignes s'effectuant suivant la même droite, quand ces mouvements sont uniformes. Supposons maintenant les mouvements variés. Soit M la position du mobile sur la droite X′X au temps t, MM′ le déplacement qu'éprouve ce mobile sur la droite pendant l'intervalle de temps Δt, M′M″ le déplacement de la droite pendant le même temps ; on a, si les deux mouvements s'effectuent dans le même sens,

$$MM'' = MM' + M'M'';$$

en divisant par Δt, on en déduit

$$\frac{MM''}{\Delta t} = \frac{MM'}{\Delta t} + \frac{M'M''}{\Delta t};$$

ce qui montre que la vitesse moyenne du mouvement résultant est la somme des vitesses moyennes des deux mouvements proposés. Si l'on fait décroître l'intervalle de temps Δt jusqu'à zéro, les vitesses moyennes ayant pour limites les vitesses au temps t, on en conclut que la vitesse du mouvement résultant est égale, à chaque instant, à la somme des vitesses des deux mouvements proposés au même instant.

Quand les deux mouvements sont de sens contraires, on démontre de la même manière que la vitesse du mouvement résultant est la différence des vitesses des deux premiers mouvements. En attribuant des signes aux vitesses, comme nous l'avons expliqué, on peut dire que la vitesse du mouvement résultant est égale, à chaque instant, à la somme algébrique des vitesses des mouvements proposés.

Cette loi peut être étendue à la composition d'un nombre quelconque de mouvements rectilignes s'effectuant suivant la même droite, dans un sens ou dans l'autre. Si l'on regarde comme positives les vitesses dirigées dans un sens, comme négatives celles qui sont dirigées en sens contraire, on dira que la vitesse du mouvement résultant est égale, à chaque instant, à la somme algébrique des vitesses des mouvements proposés.

Composition de deux mouvements rectilignes et uniformes dans deux directions quelconques.

21. Après avoir composé les mouvements rectilignes s'effectuant suivant la même droite, occupons-nous de la composition de mouvements quelconques, et d'abord considérons deux mouvements rectilignes et uniformes dans des directions différentes. Voici comment on peut se représenter ces deux mouvements simultanés : Imaginons qu'un mobile se meuve uniformément sur la droite OX (*fig.* 14) avec la vitesse v, tandis que la droite OX se déplace parallèlement à elle-même, de manière que son point O se meuve uniformément sur la droite OY avec la vitesse v'; le mouvement de la droite OX est un mouvement de translation rectiligne et uniforme. Soit OX la position de la droite mobile au temps $t = 0$, c'est-à-dire à l'instant à partir duquel on compte le temps, et supposons qu'à ce moment le mobile soit au point O. Après t secondes, le mobile aura parcouru sur la droite OX une longueur OP égale à vt; pendant ce temps la droite OX se déplace parallèlement à elle-même; son point O décrit sur OY la longueur OQ égale à $v't$ et la droite occupe la position QX_1; le point P de cette droite, où se trouve alors le mobile, vient en M, après avoir éprouvé un déplacement PM égal et parallèle à OQ. Ainsi, par la composition des deux mouvements, le mobile, au temps t, se trouve en M.

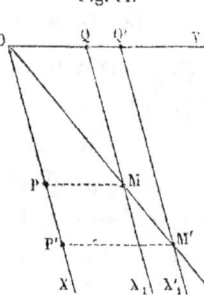

Fig. 14.

On déterminera de cette manière la position du mobile à un moment quelconque. Après t' secondes, le mobile a parcouru sur la droite OX la longueur OP′ égale à vt'; pendant ce temps le point O de cette droite décrit sur OY la longueur OQ′ égale à $v't'$, et la droite se transporte en $Q'X'_1$; le point P′ de cette droite, où se trouve alors le mobile, vient en M′, après avoir éprouvé un déplacement P′M′ égal et parallèle à OQ′. Ainsi, au temps t', le mobile est en M′.

Nous avons, d'une part,
$$OP = vt, \quad OQ = PM = v't;$$
d'autre part,
$$OP' = vt', \quad OQ' = P'M' = v't'.$$

On en déduit les rapports égaux
$$\frac{OP}{OP'} = \frac{PM}{P'M'} = \frac{t}{t'}.$$

Menons les droites OM et OM'; le triangle OP'M' est semblable au triangle OPM, comme ayant l'angle P' égal à l'angle P et compris entre deux côtés proportionnels; l'angle P'OM' est donc égal à l'angle POM et la droite OM' coïncide avec OM. On en conclut que les positions successives M, M', ..., du mobile appartiennent à une même droite OM; ainsi, le mouvement résultant est *rectiligne*.

Les mêmes triangles semblables donnent

$$\frac{OM}{OM'} = \frac{OP}{OP'} = \frac{t}{t'}.$$

Les longueurs OM, OM', parcourues par le mobile dans les temps t et t', étant proportionnelles aux temps, on en conclut que le mouvement résultant est *uniforme*.

Cherchons enfin la vitesse V du mouvement résultant. Si l'on suppose que le temps t soit égal à l'unité de temps, c'est-à-dire à une seconde, les longueurs OP et OQ représenteront les vitesses v et v' des deux mouvements proposés; la droite OM est la longueur parcourue par le mobile dans le mouvement résultant, c'est-à-dire la vitesse V de ce mouvement résultant. Ainsi, *le mouvement résultant de deux mouvements rectilignes et uniformes est un mouvement rectiligne et uniforme, et la vitesse de ce mouvement résultant est représentée en grandeur et en direction par la diagonale* OM *du parallélogramme construit sur les vitesses* OP *et* OQ *des deux mouvements proposés.*

22. Revenons à l'exemple du bateau : supposons que le bateau s'avance sur le fleuve d'un mouvement rectiligne et uniforme avec la vitesse OA, tandis que le courant l'entraîne avec la vitesse OB (*fig.* 15): le mouvement résultant s'accomplira pendant la diagonale OC et avec

la vitesse OC; le bateau, parti du point O de l'une des rives du fleuve, atteindra l'autre rive en D. Les personnes qui sont placées dans le bateau croient que le bateau marche dans la direction OA; mais un observateur placé sur la rive voit le bateau s'avancer dans la direction OC. L'axe du bateau, qui est dirigé suivant OA, se transporte parallèlement à lui-même.

Fig. 15.

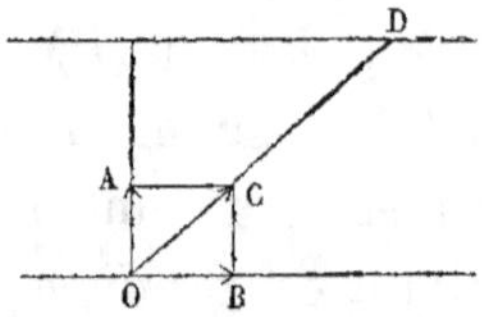

On peut se demander quelle direction il faut donner au bateau pour traverser le fleuve dans une direction donnée, par exemple à angle droit suivant la droite OD (*fig.* 16). Supposons le problème résolu et soit OA la direction du bateau; il faut que la résultante OC de la vitesse OA du bateau et de la vitesse OB du courant soit dirigée suivant OD. Pour trouver la direction OA, du point B comme centre, avec un rayon égal à la vitesse du bateau, on décrira un arc de cercle qui coupera la droite OD en un point C; il faudra donner à l'axe du bateau la direction OA parallèle à BC.

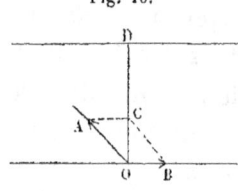

Fig. 16.

Quelquefois le problème admet deux solutions. Supposons qu'on veuille traverser le fleuve dans la direction oblique OD (*fig.* 17). Si l'arc de cercle, décrit du point B comme centre, avec un rayon égal à la vitesse v du bateau, coupe la droite OD en deux points C et C', on pourra traverser le fleuve suivant la droite OD, en orientant le bateau, soit dans la direction OA, soit dans la direction OA'. Mais, dans

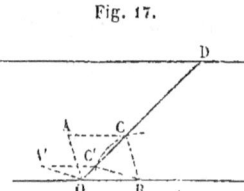

Fig. 17.

le premier cas, on emploiera moins de temps pour atteindre l'autre rive, puisque la vitesse résultante OC est plus grande que OC'.

Composition de deux mouvements quelconques.

23. Considérons maintenant deux mouvements simultanés quelconques. La question est la suivante : Un mobile se meut dans un système A, ce système A se meut dans un système B, le mouvement du mobile par rapport aux points du système B est le mouvement résultant: nous cherchons la vitesse de ce mouvement résultant à un moment quelconque. Soit M (*fig.* 18) la position du mobile au temps t dans le système A et dans le système B; M' sa position dans le système A au temps $t + \Delta t$, quand on suppose le système A fixe; la droite MM' est le déplacement relatif du mobile dans le système A pendant l'intervalle de temps Δt. Mais, pendant cet intervalle de temps Δt, le système A se déplace dans le système B, emportant avec lui le mobile, et le point M', où se trouve alors le mobile, vient en M''; c'est là la position du mobile dans le système B au temps $t + \Delta t$; le déplacement résultant est MM''. On peut ainsi déterminer la position M'' du mobile à chaque instant dans le système B, et par conséquent construire la trajectoire du mouvement résultant. Sur la droite MM' prolongée prenons une longueur MG_1 égale à $\dfrac{MM'}{\Delta t}$; par le point G_1 menons une droite G_1H_1 parallèle à M'M'' et

Fig. 18.

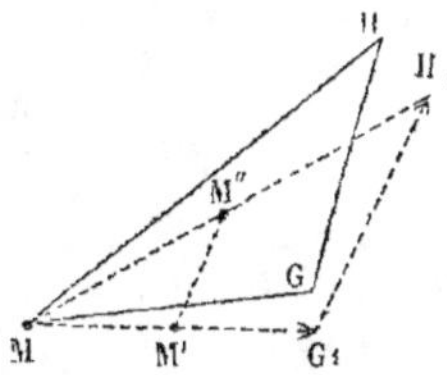

prenons sur cette parallèle une longueur G_1H_1 égale à $\frac{M'M''}{\Delta t}$; la longueur MG_1 représentera la vitesse moyenne du mouvement du mobile dans le système A pendant le temps Δt, la longueur G_1H_1 la vitesse moyenne du mouvement du point M' du système A dans le système B pendant le même temps Δt. Des relations

$$MG_1 = \frac{MM'}{\Delta t}, \quad G_1H_1 = \frac{M'M''}{\Delta t},$$

on déduit $\quad \dfrac{MG_1}{MM'} = \dfrac{G_1H_1}{M'M''} = \dfrac{1}{\Delta t}.$

Si l'on joint MH_1, on formera un triangle MG_1H_1 semblable au triangle $MM'M''$, comme ayant un angle G_1 égal à l'angle M' et compris entre deux côtés proportionnels. Les droites MH_1 et MM'' coïncident, et, comme on a

$$\frac{MH_1}{MM''} = \frac{MG_1}{MM'} = \frac{1}{\Delta t};$$

d'où $\quad MH_1 = \dfrac{MM''}{\Delta t},$

on en conclut que la longueur MH_1 représente la vitesse moyenne du mouvement résultant.

Maintenant faisons diminuer jusqu'à zéro l'intervalle de temps Δt, la première vitesse moyenne MG_1 tendra vers une limite MG, qui est la vitesse du mobile dans le système A au temps t; la seconde vitesse moyenne G_1H_1 tendra vers une limite GH qui est la vitesse du point M' du système A dans le système B; mais, puisque le déplacement MM' devient nul, le point M' a pour limite le point M et par suite la limite GH de G_1H_1 n'est autre chose que la vitesse du point M du système A dans le système B. Le triangle MGH est la limite du triangle MG_1H_1, et par suite le troisième côté MH est la limite du troisième côté MH_1 ; il en résulte que ce troisième côté MH représente la vitesse du mouvement résultant au temps t.

Nous avons dit que la vitesse doit être considérée comme une grandeur géométrique, c'est-à-dire comme une longueur portée dans une direction déterminée ; pour former le triangle MGH, on a porté l'une à la suite de l'autre les deux grandeurs géométriques MG et GH qui représentent, l'une la vitesse du mobile dans le système A au temps t, l'autre la vitesse du point M du système A où se trouve le mobile à cet instant ; la grandeur géométrique MH est dite la *résultante* ou la *somme géométrique* des deux grandeurs géométriques MG et GH. Ainsi, *à chaque instant, la vitesse du mouvement résultant est la somme géométrique, ou la résultante, de la vitesse du mobile dans le système A et de la vitesse du point du système A où se trouve le mobile à cet instant.*

Cette règle est la même que celle du parallélogramme. Si par le point M on mène une droite MK égale et parallèle à GH (*fig.* 19), on voit que la vitesse MH du mouvement résultant est la diagonale du parallélogramme construit sur les longueurs MG et MK qui représentent, l'une la vitesse du mobile dans le système A au temps t, l'autre la vitesse du point de ce système où se trouve le mobile à cet instant.

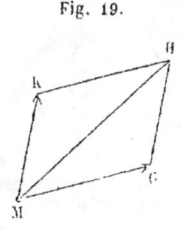

Fig. 19.

Dans la démonstration du théorème précédent, nous n'avons pas supposé que le mouvement du système A fût de translation ; les différents points de ce système ont donc en général au même instant des vitesses différentes ;

voilà pourquoi, dans l'énoncé du théorème, il est nécessaire de dire que la vitesse GH se rapporte à un point particulier du système A, au point M où se trouve le mobile au temps t. Si le système A avait un mouvement de translation, tous les points ayant au même instant la même vitesse, il serait inutile d'attribuer la vitesse GH à un point particulier ; on pourrait dire que la vitesse du mouvement résultant est à chaque instant la somme géométrique de la vitesse du mobile dans le système A, et de la vitesse de ce système au même instant.

Composition d'un nombre quelconque de mouvements.

24. Ce théorème peut être étendu à la composition d'un nombre quelconque de mouvements. Combinons, par exemple, quatre mouvements ; un mobile se meut dans un système A ; le système A se meut dans un système B, le système B dans un système C, et ce dernier dans un système D. Soient OA (*fig.* 20) la vitesse du mobile dans le

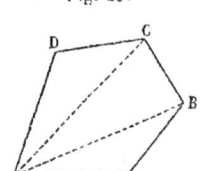

Fig. 20.

système A au temps t (la droite OA est menée par un point arbitraire O), AB celle du point du système A où se trouve actuellement le mobile, vitesse prise dans le système B ; la somme géométrique OB sera la vitesse du mobile dans le système B. Portons à la suite la grandeur géométrique BC qui représente la vitesse du point du système B, où se trouve actuellement le mobile, vitesse prise dans le système C ; la somme géométrique des deux vitesses OB et BC sera la vitesse du mobile dans le système C. Portons encore à la suite la grandeur géométrique CD, qui représente la vitesse du point du système C, où se trouve actuellement le mobile, vitesse prise dans le système D; la somme géométrique OD des deux vitesses OC et OD sera la vitesse du mobile dans le système D.

La grandeur géométrique OD est dite la résultante, ou la somme géométrique, des quatre grandeurs géométriques OA, AB, BC, CD. Celles-ci sont dites les vitesses *composantes*, et la vitesse OD la vitesse *résultante*.

Calcul de la vitesse résultante.

25. Nous avons vu que, lorsqu'on compose deux mouvements, la vitesse OB du mouvement résultant est la diagonale du parallélogramme construit sur les deux vitesses composantes OA et AB (*fig.* 21). Appelons v et v' les vitesses composantes, V la vitesse résultante; on a

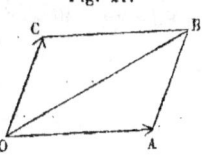

Fig. 21.

$$V^2 = v^2 + v'^2 + 2vv' \cos(v, v'),$$

en désignant par (v, v') l'angle AOC des deux vitesses v et v'.

Lorsqu'on compose trois mouvements, la vitesse OC du mouvement résultant est la diagonale du parallélipipède construit sur les trois vitesses composantes OA, AB, BC (*fig.* 22). Si les vitesses composantes v, v', v'' sont perpendiculaires entre elles deux à deux, le parallélipipède étant rectangle, on a

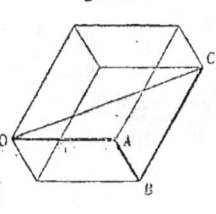

Fig. 22.

$$V^2 = v^2 + v'^2 + v''^2.$$

26. Revenons au cas général. Si l'on projette sur une

droite quelconque la ligne brisée OABCD (*fig*.23), on sait que la projection de la résultante OD est égale à la somme algébrique des projections des différents côtés de la ligne brisée. Ainsi, *la projection de la vitesse résultante sur une droite quelconque est égale à la somme algébrique des projections des vitesses composantes.*

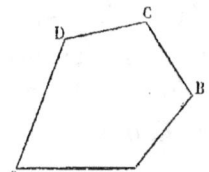
Fig. 23.

Ce théorème est vrai, que les projections soient obliques ou orthogonales.

On peut, à l'aide de ce théorème, déterminer par le calcul la vitesse résultante. Menons trois axes rectangulaires ox, oy, oz (*fig*. 24). Désignons par v la première vitesse, et par a, b, c les angles qu'elle fait avec les axes; par v' la seconde vitesse, et par a', b', c' les angles qu'elle fait avec les axes, etc.; appelons V la vitesse résultante et A, B, C les angles qu'elle fait avec les axes. En projetant orthogonalement sur chacun des trois axes, on a

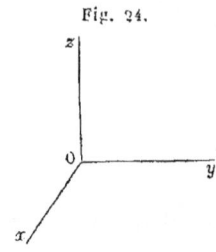
Fig. 24.

(1) $\begin{cases} V \cos A = v \cos a + v' \cos a' + v'' \cos a'' + \ldots \\ V \cos B = v \cos b + v' \cos b' + v'' \cos b'' + \ldots \\ V \cos C = v \cos c + v' \cos c' + v'' \cos c'' + \ldots \end{cases}$

En joignant à ces trois équations la relation connue

(2) $\qquad \cos^2 A + \cos^2 B + \cos^2 C = 1$,

on a quatre équations pour déterminer les quatre inconnues V, A, B, C. Si l'on élève au carré les deux membres des trois premières équations et qu'on les ajoute membre à membre, on a, en tenant compte de la quatrième,

(3) $\quad V^2 = (v\cos a + v'\cos a' + \ldots)^2 + (v\cos b + v'\cos b' + \ldots)^2$
$\quad\quad\quad + (v\cos c + v'\cos c' + \ldots)^2.$

Une fois que l'on connaît la grandeur V de la vitesse résultante, les trois équations (1) donnent les angles A, B, C et, par conséquent, déterminent sa direction.

27. Il est clair que la grandeur de la résultante ne dépend que de la grandeur des vitesses composantes et des angles qu'elles forment deux à deux ; le second membre de l'équation (3) doit donc être indépendant de la position des axes choisis pour effectuer le calcul. C'est ce qu'il est facile de reconnaître : si l'on effectue les carrés et que l'on groupe convenablement les termes, il vient

$$V^2 = v^2(\cos^2 a + \cos^2 b + \cos^2 c) + v'^2(\cos^2 a' + \cos^2 b' + \cos^2 c')$$
$$+ \ldots + 2vv'(\cos a \cos a' + \cos b \cos b' + \cos c \cos c') + \ldots,$$

ou, plus simplement,

$$V^2 = v^2 + v'^2 + v''^2 + \ldots + 2vv' \cos(v, v') + \ldots$$

Le carré de la résultante est égal à la somme des carrés des composantes, plus deux fois la somme des produits que l'on obtient en multipliant ces composantes deux à deux et par le cosinus de l'angle qu'elles forment entre elles.

Pour deux vitesses, on a la relation

$$V^2 = v^2 + v'^2 + 2vv' \cos(v, v'),$$

que nous avons déjà trouvée. Pour trois vitesses, on a

$$V^2 = v^2 + v'^2 + v''^2 + 2vv' \cos(v, v') + 2v'v'' \cos(v', v'')$$
$$+ 2v''v \cos(v'', v).$$

Mouvements apparents.

28. On connaît le mouvement d'un mobile dans le système B et celui du système A dans le système B ; on demande quel est le mouvement du mobile par rapport aux points du système A ; c'est ce mouvement que verra un observateur placé dans le système A ; voilà pourquoi on l'appelle *mouvement apparent*. Il est clair que le mouvement du mobile par rapport au système B est le mouvement résultant du mouvement du mobile par rapport au système A et du mouvement du système A dans le système B. C'est la question inverse de celle que nous avons traitée précédemment. Soit M la position du mobile au temps t dans le système A

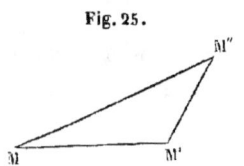

Fig. 25.

et dans le système B, M″ le point du système B, où se trouve le mobile au temps $t + \Delta t$; M′ la position au temps t du point du système A qui au temps $t + \Delta t$ vient en M″; d'après ce qui a été dit, MM′ sera le déplacement apparent ou relatif du mobile dans le système A. Si le système A a un mouvement de translation dans le système B, on peut dire que M′M″ est le déplacement du système A dans le système B, pendant le temps Δt ; le déplacement apparent MM′ du mobile dans le système A peut être considéré comme la somme géométrique du déplacement MM″ du mobile dans le système B et d'un déplacement M″M′ égal et contraire au déplacement M′M″ du système A dans le système B. On obtiendra donc le mouvement apparent du mobile dans le système A, en regardant le système A comme fixe et imaginant que le système B ait, par rapport au système A, un mouvement de translation égal et contraire à celui du système A dans le système B.

29. Si MA (*fig.* 26) est la vitesse apparente du mobile dans le système A au temps t, AB la vitesse du point du système A où se trouve le mobile à cet instant, la somme géométrique MB sera la vitesse du mobile dans le système B. Réciproquement, la vitesse apparente MA au temps t est la somme géométrique de la vitesse MB du mobile dans le système B et d'une vitesse BA égale et contraire à la vitesse AB du point du système A où se trouve le mobile au temps t.

Fig. 26.

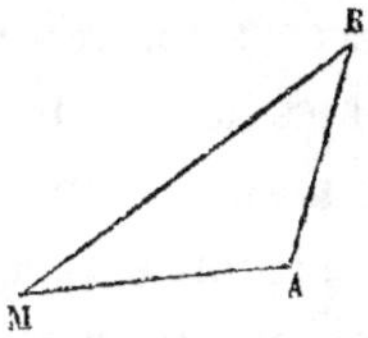

30. Considérons, par exemple, deux bateaux se mouvant sur un lac tranquille. Chacun d'eux a un mouvement rectiligne et uniforme ; on demande le mouvement du second par rapport au premier. Soit M la position du premier bateau au temps t (*fig.* 27), MA sa vitesse, M' la position du second bateau au même instant, M'A' sa vitesse ; si à la vitesse M'A' du second bateau on ajoute une vitesse A'B' égale et contraire à la vitesse MA du premier bateau, la somme géométrique M'B' sera la vitesse relative du second bateau par rapport au premier. Les personnes placées sur le premier bateau croient que le second marche dans la direction M'B'.

Fig. 27.

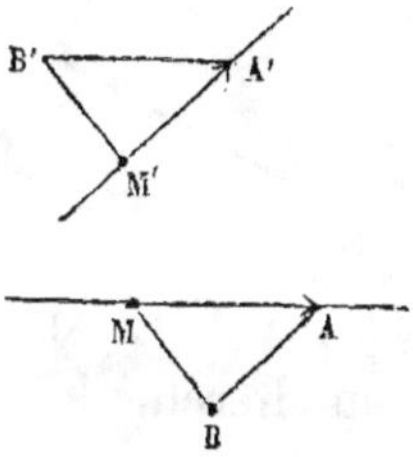

De même, si à la vitesse MA du premier bateau on ajoute une vitesse AB égale et contraire à celle du second, on a la vitesse relative MB du premier bateau par rapport au second. Les personnes placées sur le second bateau voient le premier marcher dans la direction MB. A cause des triangles égaux MAB, M'A'B', nous remarquons que les deux vitesses relatives M'B', MB sont égales, parallèles et de sens contraires.

Si les deux bateaux se mouvaient sur des droites parallèles avec la même vitesse, la vitesse relative serait nulle; les personnes placées sur l'un d'eux verraient l'autre immobile. C'est ce qu'on observe sur les chemins de fer; quand deux trains marchent sur deux voies parallèles, avec la même vitesse et dans le même sens, les personnes qui sont dans l'un des trains et qui regardent l'autre ne s'aperçoivent pas du mouvement général de translation de tout le système.

31. A cette question se rattache la suivante : un premier bateau est en M et marche dans la direction MA (*fig.* 28), avec la vitesse v représentée par la longueur MA ; un second bateau placé en M' est animé d'une vitesse v' que lui impriment les rames ou la vapeur. Quelle direction faut-il donner à ce second bateau pour qu'il atteigne le premier, par un mouvement rectiligne et uniforme? Si l'on cherche la vitesse relative du second bateau par rapport au premier, il faut évidemment que cette vitesse relative soit dirigée suivant la droite M'M. Prenons la droite M'B égale et contraire à MA ; du point B comme centre, avec un rayon égal à v', décrivons un arc de cercle qui coupera la droite M'M en un point C, et ache-

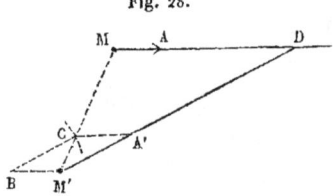

Fig. 28.

vons le parallélogramme M'BCA'; on dirigera le second bateau suivant la droite M'A'. En effet, M'C est la vitesse relative du second bateau par rapport au premier; tout se passera donc comme si, le premier bateau restant immobile en M, le second le poursuivait avec la vitesse M'C; il l'atteindra donc après un temps marqué par $\frac{M'M}{M'C}$. En réalité, le premier bateau marchant dans la direction MA, le second dans la direction M'A' avec la vitesse M'A', la rencontre aura lieu au point D, après le temps indiqué.

CHAPITRE III.

DÉFINITION DE L'ACCÉLÉRATION.

Définition de l'accélération dans un mouvement rectiligne uniformément varié.

32. On dit qu'un mouvement rectiligne est *uniformément varié*, lorsque la vitesse éprouve des variations égales en temps égaux. Dans un pareil mouvement, on appelle *accélération* la variation de la vitesse dans l'unité de temps. L'accélération est positive si la vitesse augmente, négative si elle diminue.

Si l'on désigne par v_0 la vitesse initiale du mobile, c'est-à-dire sa vitesse au temps $t = 0$, par v sa vitesse au temps t, et si l'on représente l'accélération par la lettre γ, on a

$$v - v_0 = \gamma t,$$
ou (1) $$v = v_0 + \gamma t.$$

33. Appelons x la distance d'un point O fixe pris arbitrairement sur la droite à la position M du mobile au temps t (fig. 29). Nous savons que la vitesse v est la dérivée de la distance x par rapport au temps; réciproquement la distance x est la fonction primitive de la vitesse v considérée comme une fonction du temps. Si l'on prend la fonction primitive de la fonction $v_0 + \gamma t$, et si l'on ajoute une constante x_0, on aura

(2) $$x = x_0 + v_0 t + \frac{\gamma t^2}{2}.$$

Fig. 29.

La constante x_0 désigne la distance OA de l'origine à

la position initiale A du mobile, c'est-à-dire à sa position au temps $t=0$.

Supposons que la vitesse initiale v_0 soit nulle et que l'origine O coïncide avec la position initiale du mobile, on aura la formule simple

(3) $$x = \frac{\gamma t^2}{2}.$$

Ainsi, *dans le mouvement rectiligne uniformément accéléré, quand la vitesse initiale est nulle, l'espace parcouru est proportionnel au carré du temps.*

Il est bon de remarquer que l'espace parcouru par le mobile pendant la première seconde est égal à $\frac{\gamma}{2}$, c'est-à-dire à la moitié de l'accélération.

34. Réciproquement, lorsqu'un mouvement est rectiligne, et que l'espace parcouru est proportionnel au carré du temps, le mouvement est uniformément accéléré. En effet, dans ce cas, l'espace parcouru x est représenté par la formule

$$x = at^2,$$

dans laquelle la lettre a désigne une constante. Si l'on prend la dérivée de l'espace x par rapport au temps, on a la vitesse

$$v = 2at.$$

Ainsi la vitesse croît proportionnellement au temps, et par conséquent le mouvement est uniformément accéléré. L'accélération est égale à $2a$.

C'est ce qui a lieu dans la chute des corps. Quand on observe la chute des corps dans le vide, on reconnaît que l'espace parcouru croît proportionnellement au carré du temps. Il en résulte, comme nous l'avons dit, que le mouvement est uniformément accéléré. On a coutume de représenter l'accélération dans la chute des corps par la lettre g, ce qui donne $v = gt$, $x = \dfrac{gt^2}{2}$. La constante g a pour valeur 9,8088. Dans l'air, le mouvement n'est pas tout à fait un mouvement uniformément accéléré; la résistance de l'air modifie un peu ce mouvement.

35. La vitesse à chaque instant étant considérée comme une grandeur géométrique portée sur la droite X'X dans le sens du mouvement, on devra considérer l'accélération elle-même comme une grandeur géométrique portée sur cette droite, dans un sens ou dans l'autre, suivant que la vitesse augmente ou diminue.

La variation de la vitesse étant proportionnelle au temps, on voit que l'accélération est égale au quotient de la variation de la vitesse par le temps correspondant.

Définition de l'accélération dans un mouvement rectiligne quelconque.

36. Soit v la vitesse au temps t, $v + \Delta v$ la vitesse au temps $t + \Delta t$; la vitesse a éprouvé pendant l'intervalle de temps Δt la variation Δv; le quotient $\dfrac{\Delta v}{\Delta t}$ est ce qu'on appelle l'accélération moyenne pendant le temps Δt. Si le mobile, dont la vitesse au temps t est v, marchait d'un mouvement uniformément varié, avec une accélération égale à l'accélération moyenne $\dfrac{\Delta v}{\Delta t}$, sa vitesse éprouverait, après l'intervalle de temps Δt, la variation observée Δv et deviendrait $v + \Delta v$.

Imaginons maintenant que l'intervalle de temps Δt diminue de plus en plus et tende vers zéro, le rapport $\frac{\Delta v}{\Delta t}$, ou l'accélération moyenne, tendra vers une limite finie et déterminée. Cette limite est ce qu'on appelle l'accélération du mobile au temps t.

La vitesse v étant une fonction du temps, on voit que l'accélération γ du mobile à chaque instant est égale à la dérivée de la vitesse v par rapport au temps t. La vitesse étant elle-même la dérivée première de l'espace x par rapport au temps, l'accélération est la dérivée seconde de l'espace. On a donc
$$v = D_t x,$$
$$\gamma = D_t v = D_t^2 x.$$

Par exemple, si, dans un mouvement rectiligne, l'espace parcouru est proportionnel au cube du temps, on a
$$x = at^3,$$
$$v = 3at^2,$$
$$\gamma = 6at.$$

La vitesse est proportionnelle au carré du temps, et l'accélération proportionnelle au temps.

Définition de l'accélération dans un mouvement curviligne.

37. Considérons maintenant un mouvement curviligne quelconque. Soit M la position du mobile au temps t, MA sa vitesse; M′ la position du mobile au temps $t + \Delta t$, M′A′ sa vitesse (*fig.* 30). Par le point M menons une droite MB égale et parallèle à M′A′, et joignons AB; la vitesse MB du mobile au temps $t + \Delta t$ étant la résultante des deux vitesses MA et AB, on peut dire que AB est la variation qu'éprouve pendant le temps Δt la vitesse considérée

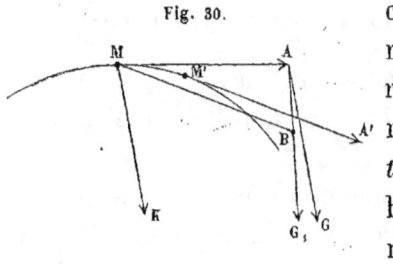

Fig. 30.

comme une grandeur géométrique. Nous donnerons à cette quantité AB le nom de *variation géométrique* de la vitesse, pour bien la distinguer de la variation purement numérique. Le rapport $\frac{AB}{\Delta t}$ est ce qu'on appelle l'accélération moyenne pendant le temps Δt; on la représente par une grandeur géométrique AG_1 portée dans la direction AB. Voici l'idée qu'on peut se faire de l'accélération moyenne : imaginons un système de points ayant un mouvement de translation rectiligne et uniforme, suivant la droite MA, avec la vitesse MA, et supposons que, dans ce système, un mobile ait un mouvement rectiligne uniformément accéléré dans la direction AB, avec une accélération égale à $\frac{AB}{\Delta t}$, sans vitesse initiale ; après le temps Δt, le mobile aura dans le système la vitesse AB, et la vitesse du mouvement résultant sera MB.

Concevons maintenant que l'intervalle de temps Δt tende vers zéro, l'accélération moyenne AG_1 tendra vers une limite AG. Cette quantité géométrique AG, limite de l'accélération moyenne, est ce qu'on appelle l'*accélération* du mobile, au temps t. On peut, si l'on veut, représenter l'accélération au temps t par une droite MK, égale et parallèle à AG, menée par le point M.

38. On ramène facilement la définition de l'accélération à celle de la vitesse. Par un point arbitraire O (*fig.* 31), menons une droite Oa, égale et parallèle à la vitesse MA

du mobile proposée au temps t, une droite Oa' égale et parallèle à la vitesse $M'A'$ au temps $t + \Delta t$, et ainsi de suite. La droite Oa, tournant autour du point O, engendrera une surface conique, et le point a décrira une certaine courbe sur cette surface conique. Le triangle aOa' ayant ses côtés égaux et parallèles à ceux du triangle AMB, la droite aa' est égale et parallèle à AB; l'accélération moyenne $\frac{AB}{\Delta t}$ ou AG_1 du premier mobile devient ainsi la vitesse moyenne $\frac{aa'}{\Delta t}$ ou ag_1 du second mobile. Or, quand Δt tend vers zéro, la vitesse moyenne du second mobile tend vers une limite ag, qui est la vitesse de ce mobile au temps t; l'accélération moyenne AG_1 du premier mobile tendra donc vers une limite AG, égale et parallèle à ag. Ainsi l'accélération du premier mobile correspond à la vitesse du second.

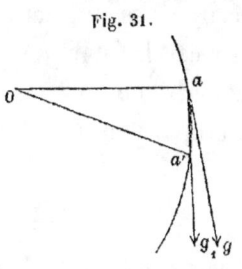

Fig. 31.

39. Pour donner une application de cette manière de figurer l'accélération, nous chercherons l'accélération dans le mouvement circulaire uniforme. Désignons par r le rayon OM du cercle (*fig. 32*) et par v la vitesse; il faut bien comprendre d'abord que la vitesse, quoique ayant une valeur numérique constante, est une quantité géométrique variable, parce qu'elle change sans cesse de direction; c'est pour cela qu'il y a une accélération dans le mouvement circulaire uniforme. Menons par le centre du cercle une droite Oa égale

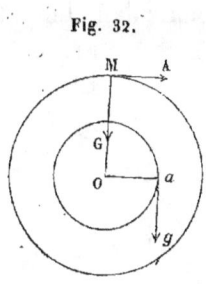

Fig. 32.

et parallèle à la vitesse MA du mobile proposé ; le point a décrira aussi un cercle d'un mouvement uniforme. Les deux cercles étant décrits dans le même temps, les vitesses des deux mobiles sont proportionnelles aux circonférences ou aux rayons ; on a donc

$$\frac{v'}{v} = \frac{Oa}{OM} = \frac{v}{r},$$

d'où
$$v' = \frac{v^2}{r}.$$

Ainsi la vitesse du second mobile est égale à $\frac{v^2}{r}$. Cette vitesse ag est perpendiculaire à Oa et par conséquent parallèle à MO ; pour avoir l'accélération du mobile proposé au point M, on prendra sur le rayon MO une longueur MG égale à $\frac{v^2}{r}$. On en conclut que, dans le mouvement circulaire uniforme, l'accélération est constamment dirigée vers le centre et égale à $\frac{v^2}{r}$, c'est-à-dire au carré de la vitesse divisé par le rayon.

Projection.

40. Considérons un mobile décrivant une courbe quelconque dans l'espace ; soit MA (*fig.* 33) la vitesse du mobile au temps t, MB sa vitesse au temps $t + \Delta t$. Projetons le mobile sur une droite XX' ; nous savons (n° 13) que les vitesses PA' et PB' du mobile projection, aux temps t et $t + \Delta t$, sont les projections

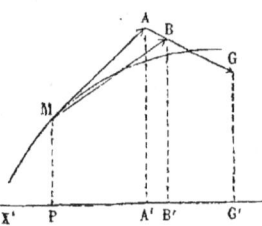

Fig. 33.

DÉFINITION DE L'ACCÉLÉRATION. 43

des vitesses MA et MB du mobile proposé; il en résulte que la variation de vitesse A'B' qu'a éprouvée le mobile projection pendant le temps Δt est la projection de la quantité géométrique AB qui représente la variation géométrique de la vitesse du mobile proposé pendant le même temps. L'accélération moyenne $\dfrac{AB}{\Delta t}$ est représentée par une longueur AG portée sur AB; soit A'G' la projection de cette longueur, on a

$$\frac{A'G'}{A'B'} = \frac{AG}{AB} = \frac{1}{\Delta t},$$

et par suite $\qquad A'G' = \dfrac{A'B'}{\Delta t}.$

Ainsi l'accélération moyenne du mobile projection est la projection de l'accélération moyenne du mobile proposé. Si l'on fait tendre vers zéro l'intervalle de temps Δt, on en conclut que *l'accélération du mobile projection est, à chaque instant, la projection de l'accélération du mobile proposé.*

41. Le même théorème a lieu quand on projette sur un plan. La variation géométrique AB de la vitesse du premier mobile pendant le temps Δt a pour projection la variation géométrique A'B' du second mobile; il en résulte que l'accélération moyenne $AG = \dfrac{AB}{\Delta t}$ du premier mobile a pour projection l'accélération moyenne $A'G' = \dfrac{A'B'}{\Delta t}$ du second mobile. On en con-

Fig. 34.

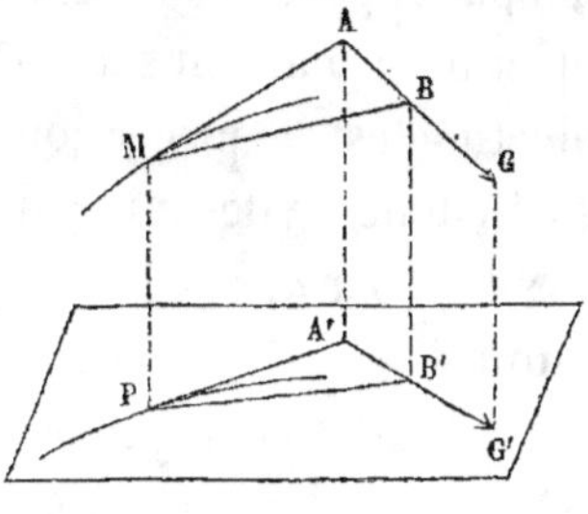

clut que l'accélération du mobile projection est, à chaque instant, la projection de l'accélération du mobile proposé.

42. On peut ramener l'étude d'un mouvement curviligne dans l'espace à celle de trois mouvements rectilignes. Menons trois axes rectangulaires Ox, Oy, Oz (fig. 35), et projetons le mobile orthogonalement sur chacun de ces trois axes. Chacune des projections P, Q, R aura un mouvement rectiligne sur l'un des axes. Les trois distances OP, OQ, OR, que l'on désigne par x, y, z, en les affectant des signes convenables, sont des fonctions du temps

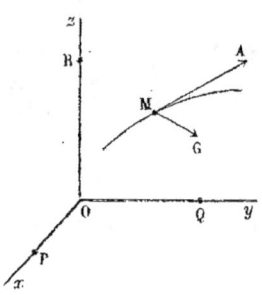

Fig. 35.

$$(1) \quad \begin{cases} x = f(t), \\ y = \varphi(t), \\ z = \psi(t). \end{cases}$$

Si l'on connaît ces trois fonctions, on connaîtra à un moment quelconque t les trois coordonnées x, y, z du point M et par conséquent la position du mobile dans l'espace au temps t. Les dérivées premières de ces trois fonctions par rapport au temps donnent les vitesses des trois projections; mais on sait (n° 13) que la vitesse de chaque projection est la projection de la vitesse du mobile proposé. Si donc on désigne par v la vitesse MA du mobile au temps t, et par a, b, c les angles qu'elle fait avec les axes, on aura

$$(2) \quad \begin{cases} v \cos a = D_t x, \\ v \cos b = D_t y, \\ v \cos c = D_t z. \end{cases}$$

En joignant à ces trois équations la relation habituelle

$$\cos^2 a + \cos^2 b + \cos^2 c = 1,$$

on aura quatre équations qui détermineront la grandeur et la direction de la vitesse MA.

De même, les dérivés secondes des trois fonctions x, y, z par rapport au temps donnent les accélérations des trois projections; mais on sait (n° 40) que l'accélération de chaque projection est la projection de l'accélération MG du mobile proposé. Si donc on appelle γ cette accélération MG, et a', b', c' les angles qu'elle fait avec les axes, on a les trois équations

(3) $$\begin{cases} \gamma \cos a' = D_t^2 x, \\ \gamma \cos b' = D_t^2 y, \\ \gamma \cos c' = D_t^2 z, \end{cases}$$

qui, jointes à l'équation

$$\cos^2 a' + \cos^2 b' + \cos^2 c' = 1,$$

déterminent l'accélération MG en grandeur et en direction.

Nous avons déterminé l'accélération par ses projections sur trois droites rectangulaires quelconques. On l'obtient d'une manière plus simple en la projetant sur certaines droites liées intimement à la courbe que décrit le mobile, ainsi que nous allons le faire voir. Mais quelques explications préliminaires sur les propriétés des courbes nous sont nécessaires.

Plan osculateur.

43. Considérons une courbe gauche dans l'espace, c'est-à-dire une courbe non plane; les tangentes MA, M'A' (*fig.* 36) en deux points, même très-voisins M et M', ne se rencontrent pas et ne sont pas situées dans un même

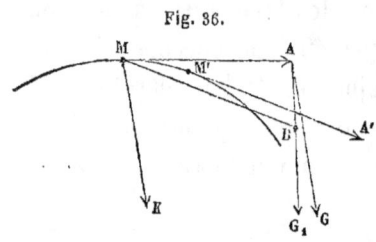

Fig. 36.

plan; par le point M menons une parallèle MB à la tangente voisine M'A', les deux droites MA et MB déterminent un plan; imaginons maintenant que le point M' se rapproche indéfiniment du point M', la droite MB tournera autour du point M et se rapprochera de MA; pendant ce temps, le plan AMB tournera autour de la tangente MA et tendra vers une position limite; cette position limite est ce qu'on appelle le plan *osculateur* à la courbe au point M.

Il est facile de faire voir que le plan AMB tend effectivement vers une position limite déterminée. Si, par un point arbitraire O (*fig.* 37), comme nous l'avons

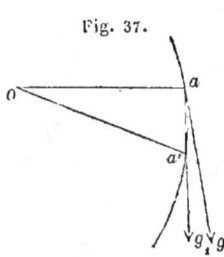

Fig. 37.

fait déjà, on mène des parallèles Oa, Oa', à ces diverses tangentes MA, MA' à la courbe proposée, la droite Oa engendrera une surface conique; le plan aOa' est parallèle au plan AMB; or le plan aOa' tend vers une position limite qui est le plan tangent à la surface conique le long de l'arête Oa; le plan parallèle AMB tend donc vers une position limite parallèle à ce plan tangent.

DÉFINITION DE L'ACCÉLÉRATION.

L'accélération moyenne AG_1 étant située dans le plan AMB, il en résulte que l'accélération AG ou MK au point M est située dans le plan osculateur à la courbe en ce point.

Quand la courbe est plane, le plan AMB est fixe, le plan osculateur en chaque point coïncide avec le plan de la courbe. Dans ce cas, l'accélération est constamment située dans le plan de la courbe.

44. Par le point M d'une courbe, on peut mener une infinité de perpendiculaires à la tangente MA; chacune d'elles est une *normale* à la courbe; l'ensemble constitue le *plan normal*. Celle des normales qui est située dans le plan osculateur s'appelle *normale principale*; c'est l'intersection du plan normal et du plan osculateur. Quand la courbe est plane, la normale principale est la normale située dans le plan de la courbe.

Courbure.

45. Occupons-nous maintenant de la courbure. Considérons d'abord un cercle et supposons qu'un mobile décrive le cercle dans un certain sens; menons les tangentes en deux points M et M'; l'angle AIA' (*fig.* 38) de ces deux tangentes, prises dans le sens de la vitesse, est ce qu'on appelle l'*angle de contingence* relatif à l'arc MM'; cet angle est égal à l'angle au centre MCM' formé par les rayons qui aboutissent aux deux extrémités de l'arc. Il est clair que, dans un même cercle,

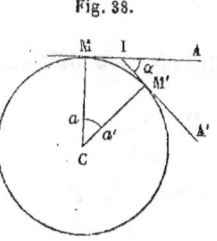

Fig. 38.

à des arcs égaux correspondent des angles de contingence égaux entre eux ; on appelle *courbure* de la circonférence l'angle de contingence qui correspond à l'unité d'arc, ou, ce qui est la même chose, le rapport de l'angle de contingence à la longueur de l'arc. Désignons par r le rayon du cercle ; l'angle de contingence α est mesuré par la longueur de l'arc aa' dans le cercle dont le rayon est égal à l'unité ; on a donc

$$\frac{\alpha}{MM'} = \frac{1}{r}.$$

Ainsi la courbure d'un cercle est mesurée par l'inverse du rayon. Quand le rayon devient deux, trois ... fois plus grand, la courbure devient deux, trois ... fois plus petite.

46. Considérons une courbe plane quelconque; l'angle de contingence α relatif à l'arc MM' est l'angle AIA' (*fig.* 39)

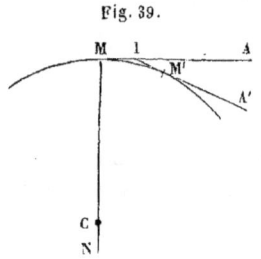
Fig. 39.

formé par les tangentes aux deux extrémités de cet arc ; le rapport $\frac{\alpha}{MM'}$ est ce qu'on appelle la courbure moyenne de l'arc MM' ; c'est la courbure du cercle sur lequel un arc égal à MM' présente le même angle de contingence. Si l'on fait tendre l'arc MM' vers zéro, le rapport $\frac{\alpha}{MM'}$, ou la courbure moyenne de l'arc MM', tend vers une limite déterminée ; cette limite est ce qu'on appelle la courbure de la courbe au point M. Posons

$$\frac{1}{r} = \lim \frac{\alpha}{MM'} ;$$

le rayon r se nomme le rayon de courbure au point M, on le figure par une longueur MC portée sur la normale principale MN, du côté de la concavité. Le point C est le centre de courbure.

Si la courbe est gauche, c'est-à-dire n'est pas plane, comme les tangentes aux deux extrémités de l'arc MM' ne se rencontrent pas, on mènera par le point M une parallèle MB (*fig.* 36) à la tangente M'A', l'angle AMB est l'angle de contingence α relatif à l'arc MM', le rapport $\dfrac{\alpha}{MM'}$ est la courbure moyenne de cet arc et la limite de ce rapport est la courbure au point M ; si l'on pose toujours

$$\frac{1}{r} = \lim \frac{\alpha}{MM'},$$

on a le rayon de la courbure r que l'on figure par une longueur MC portée sur la normale principale.

Détermination de l'accélération.

47. Nous avons vu que l'accélération est située dans le plan osculateur à la trajectoire ; on détermine ordinairement cette quantité géométrique en cherchant ses projections sur la tangente et sur la normale principale. Soit MA (*fig.* 40) la vitesse v au temps t, MB une droite égale et parallèle à la vitesse v' en M' au temps $t + \Delta t$. Le rapport $\dfrac{AB}{\Delta t}$, figuré par la longueur AG_1, est l'accélération moyenne pendant le temps Δt. Du point G_1 abaissons une perpendiculaire G_1H_1

Fig. 40.

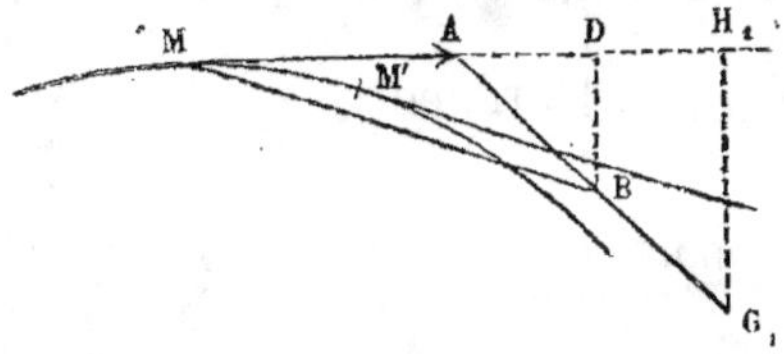

sur la tangente MA; AH, sera la projection de l'accélération moyenne AG, sur la tangente; H,G, sur une perpendiculaire à cette tangente dans le plan AMB, du côté de la concavité. Du point B abaissons de même une perpendiculaire BD sur la tangente MA; à cause des triangles semblables G,AH,, BAD, on a

$$\frac{AH_1}{AD} = \frac{H_1G_1}{DB} = \frac{AG_1}{AB} = \frac{1}{\Delta t},$$

et par suite $\quad AH_1 = \dfrac{AD}{\Delta t}, \quad H_1G_1 = \dfrac{DB}{\Delta t}.$

Ainsi, nous avons à calculer les deux rapports $\dfrac{AD}{\Delta t}$ et $\dfrac{DB}{\Delta t}$.

Commençons par ce dernier. Si l'on désigne par α l'angle de contingence AMB, on a, dans le triangle rectangle DMB,

$$DB = MB \cdot \sin\alpha = v' \sin\alpha,$$

et par suite $\quad \dfrac{DB}{\Delta t} = v' \dfrac{\sin\alpha}{\Delta t}.$

Nous écrirons ce rapport sous la forme suivante

$$v' \times \frac{\sin\alpha}{\alpha} \times \frac{\alpha}{MM'} \times \frac{MM'}{\Delta t},$$

introduisant au numérateur et au dénominateur les facteurs α et MM', ce qui ne change pas la valeur du rapport. Faisons maintenant tendre Δt vers zéro, la vitesse v' devient v; le rapport $\dfrac{\sin\alpha}{\alpha}$ tend vers l'unité; la limite du rapport $\dfrac{\alpha}{MM'}$ est la courbure de la trajectoire au point M, courbure que nous représenterons par $\dfrac{1}{r}$, r désignant le rayon de courbure; enfin, le rapport $\dfrac{MM'}{\Delta t}$ a pour limite la vitesse v. On a donc

$$\lim H_1 G_1 = \lim \dfrac{DB}{\Delta t} = \dfrac{v^2}{r}.$$

Le plan AMB ayant pour limite le plan osculateur, la normale $H_1 G_1$ située dans ce plan, devient parallèle à la normale principale au point M. On a ainsi la projection de l'accélération sur la normale principale; cette projection a pour expression $\dfrac{v^2}{r}$.

Occupons-nous maintenant du rapport $\dfrac{AD}{\Delta t}$. On a

$$AD = MD - MA = v' \cos \alpha - v;$$

si l'on remplace $\cos \alpha$ par $1 - 2 \sin^2 \dfrac{\alpha}{2}$, il vient

$$AD = v'\left(1 - 2 \sin^2 \dfrac{\alpha}{2}\right) - v = v' - v - 2v' \sin^2 \dfrac{\alpha}{2},$$

$$\dfrac{AD}{\Delta t} = \dfrac{v' - v}{\Delta t} - 2v' \dfrac{\sin^2 \dfrac{\alpha}{2}}{\Delta t}.$$

Le numérateur $v' - v$ du premier terme est la variation qu'éprouve la grandeur numérique de la vitesse pendant le temps Δt, abstraction faite de la direction; le premier terme $\dfrac{v' - v}{\Delta t}$ a donc pour limite la dérivée $D_t v$ de la vitesse considérée comme fonction du temps. Pour trouver la limite du second terme, nous l'écrirons sous la forme

$$2v' \sin \dfrac{\alpha}{2} \times \dfrac{\sin \dfrac{\alpha}{2}}{\Delta t} = v' \sin \dfrac{\alpha}{2} \times \dfrac{\sin \dfrac{\alpha}{2}}{\dfrac{\alpha}{2}} \times \dfrac{\alpha}{MM'} \times \dfrac{MM'}{\Delta t}.$$

Le premier facteur $v' \sin \frac{\alpha}{2}$ ayant pour limite zéro, et les autres les quantités finies 1, $\frac{1}{r}$, v, le produit a pour limite zéro. On a donc

$$\lim AH_t = \lim \frac{AD}{\Delta t} = D_t v.$$

Telle est la projection de l'accélération sur la tangente; elle est égale à la dérivée de la vitesse considérée comme fonction du temps.

Ainsi, soit M (*fig.* 41), la position du mobile au temps t,

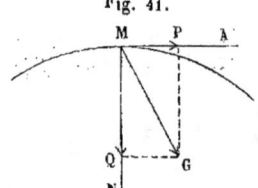

Fig. 41.

MA la tangente à la trajectoire, MN la normale principale menée du côté de la concavité, MG l'accélération qui est située dans le plan osculateur AMN; nous avons trouvé les projections MP et MQ de cette accélération sur la tangente et sur la normale principale; *la projection de l'accélération sur la tangente est égale à la dérivée de la vitesse considérée comme fonction du temps; la projection sur la normale principale est égale au carré de la vitesse, divisé par le rayon de courbure.* Les deux projections

$$MP = D_t v, \quad MQ = \frac{v^2}{r},$$

étant connues, l'accélération sera représentée par la diagonale du rectangle construit sur ces deux longueurs.

Lorsque le mouvement curviligne est uniforme, la grandeur numérique de la vitesse étant constante, sa dérivée est nulle, et par suite la projection de l'accélération sur la tangente est nulle. Dans ce cas, l'accélération en chaque point est dirigée suivant la normale principale MN, et elle est égale à $\dfrac{v^2}{r}$; elle change à chaque instant de direction et varie en raison inverse du rayon de courbure.

Si le mouvement uniforme s'accomplit sur un cercle, l'accélération est dirigée suivant le rayon vers le centre, et est égale à la quantité constante $\dfrac{v^2}{r}$; c'est ce que nous avons déjà trouvé en étudiant le mouvement circulaire uniforme (n° 39).

Exemples.

48. Pour montrer une autre application de ces principes, considérons le mouvement uniforme sur une hélice tracée sur un cylindre circulaire droit. Soit M la position du mobile au temps t sur l'hélice (*fig.* 42), MA sa vitesse; par le point M menons des parallèles aux diverses tangentes à l'hélice, et prenons sur chacune d'elles une longueur égale à la vitesse v. On sait que les tangentes à l'hélice font un angle constant β avec les génératrices du cylindre; les parallèles menées par le point M formeront donc un cône de révolution autour de l'arête MC du cylindre, et le point A décrira sur ce cône un cercle d'un mouvement uniforme; la vitesse AB de ce second mobile donnera l'accélération du premier. Le plan osculateur à l'hélice au point M n'est autre chose que le plan tangent au cône suivant l'arête MA; c'est le plan mené par la tangente MA perpendiculairement au plan AMC tangent au cylindre; la droite AB,

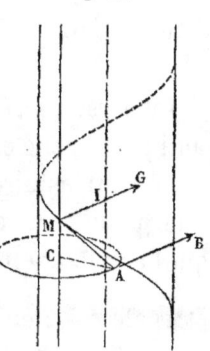

Fig. 42.

qui est située dans le plan osculateur et qui est perpendiculaire à la tangente MA, est parallèle à la normale principale MG ; la droite AB étant perpendiculaire au plan AMC, la normale principale MG est elle-même perpendiculaire au plan tangent au cylindre au point M ; elle rencontre en un point I l'axe du cylindre et est perpendiculaire à cet axe. Pendant que le mobile proposé décrit une spire entière dont la longueur est $\frac{2\pi a}{\sin \beta}$, a désignant le rayon du cylindre, le second mobile A décrit la circonférence du cercle dont le rayon est AC, circonférence dont la longueur est $2\pi v \sin \beta$, puisque le rayon AC est égal à $v \sin \beta$; les mouvements étant uniformes, les vitesses sont proportionnelles aux longueurs parcourues ; on a donc

$$\frac{AB}{v} = \frac{2\pi v \sin \beta}{\frac{2\pi a}{\sin \beta}} = \frac{v \sin^2 \beta}{a} ;$$

d'où $MG = AB = \dfrac{v^2 \sin^2 \beta}{a}.$

Telle est l'accélération dans le mouvement uniforme sur l'hélice ; elle est dirigée suivant la normale principale.

On peut déduire de là le rayon de courbure r de l'hélice. Puisque le mouvement sur l'hélice est uniforme, on sait que l'accélération est dirigée suivant la normale principale et égale à $\dfrac{v^2}{r}$; en comparant cette expression à la précédente, on a $r = \dfrac{a}{\sin^2 \beta}.$

49. Considérons encore l'exemple suivant : supposons qu'un mobile décrive un cercle d'un mouvement uniforme avec une vitesse v, et projetons ce mobile sur un plan pas-

DÉFINITION DE L'ACCÉLÉRATION.

sant par le centre du cercle; la projection décrira une ellipse. Pour faire la figure, rabattons le plan du cercle autour du diamètre AA' (*fig.* 43) situé dans le plan de projection, c'est-à-dire autour du grand axe de l'ellipse. La vitesse M'C' du mobile M' sur l'ellipse est la projection de la vitesse MC du mobile M sur le cercle; elle est parallèle au diamètre OD' conjugué de OM; et les deux diamètres conjugués OM', OD' de l'ellipse sont les projections des deux diamètres rectangulaires OM, OD du cercle. Si l'on représentait la vitesse du mobile sur le cercle par le rayon OD du cercle, la vitesse sur l'ellipse serait représentée par OD'; ainsi *la vitesse sur l'ellipse est proportionnelle au rayon parallèle à la tangente*. En désignant par v' la vitesse sur l'ellipse, et par $2a$ le grand axe de l'ellipse, on a donc

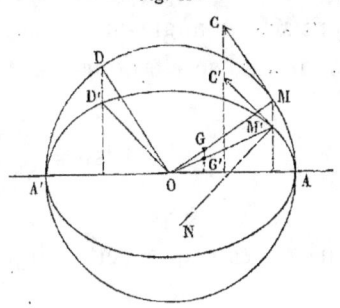

Fig. 43.

$$\frac{v'}{v} = \frac{OD'}{OD};$$

d'où
$$v' = \frac{v}{a} \times OD'.$$

L'accélération γ du mouvement circulaire uniforme est une quantité géométrique MG dirigée vers le centre et égale à $\frac{v^2}{a}$. Sa projection M'G' sera l'accélération γ' sur l'ellipse. Mais on a

$$\frac{\gamma'}{\gamma} = \frac{M'G'}{MG} = \frac{OM'}{OM},$$

d'où
$$\gamma' = \frac{\gamma \, OM'}{a} = \frac{v^2}{a^2} \times OM'.$$

Ainsi *l'accélération sur l'ellipse est dirigée vers le centre de l'ellipse et proportionnelle au rayon* OM′.

On peut déduire de là une expression du rayon de courbure r de l'ellipse. Soit M′N la normale à l'ellipse au point M′, α l'angle qu'elle fait avec le rayon M′O ; la projection de l'accélération sur la normale a pour valeur

$$\gamma' \cos\alpha = \frac{v^2}{a^2} \cdot \text{OM}' \cos\alpha ;$$

mais on sait que cette projection est égale à $\dfrac{v'^2}{r}$; on a donc

$$\frac{v'^2}{r} = \frac{v^2}{a^2} \cdot \text{OM}' \cos\alpha ;$$

d'où

$$r = \frac{a^2 v'^2}{v^2 \cdot \text{OM}' \cdot \cos\alpha} = \frac{\overline{\text{OD}'}^2}{\text{OM}' \cdot \cos\alpha} = \frac{\overline{\text{OD}'}^3}{\text{OD}' \cdot \text{OM}' \cdot \cos\alpha}.$$

Le dénominateur OD′.OM′. cos α, mesurant l'aire du quart du parallélogramme construit sur deux diamètres conjugués, est égal à ab ; on a donc

$$r = \frac{\overline{\text{OD}'}^3}{ab}.$$

Ainsi *le rayon de courbure en un point de l'ellipse est proportionnel au cube du rayon parallèle à la tangente en ce point.*

CHAPITRE IV.

COMPOSITION DES ACCÉLÉRATIONS.

Nous nous sommes déjà occupés de la composition des mouvements et nous avons vu comment on obtient la vitesse du mouvement résultant; nous chercherons maintenant l'accélération du mouvement résultant.

Composition de deux mouvements rectilignes uniformément variés suivant la même droite.

50. Imaginons qu'un mobile se meuve sur la droite $X'X$ (*fig.* 44) d'un mouvement uniformément varié, tandis que la droite glisse sur elle-même d'un mouvement uniformément varié. La vitesse du mobile sur la droite au temps t est

Fig. 44.

$$v = v_0 + \gamma t,$$

celle de la droite au même instant est

$$v' = v'_0 + \gamma' t;$$

or, on sait (n° 20) que la vitesse V du mouvement résultant est la somme de ces deux vitesses, ce qui donne

$$V = (v_0 + v'_0) + (\gamma + \gamma')t.$$

Ainsi *le mouvement résultant est un mouvement uniformément varié, et son accélération est la somme algébrique des accélérations des deux mouvements proposés.*

Composition de deux mouvements rectilignes quelconques suivant la même droite.

51. Imaginons toujours un mobile se mouvant sur la droite X'X, tandis que la droite glisse sur elle-même. Soit v la vitesse du mobile sur la droite au temps t, v' celle de la droite au même instant, la vitesse du mouvement résultant sera

$$V = v + v',$$

soit maintenant $v + \Delta v$ la vitesse du mobile sur la droite au temps $t + \Delta t$, $v' + \Delta v'$ celle de la droite au même instant, la vitesse du mouvement résultant sera

$$V + \Delta V = (v + \Delta v) + (v' + \Delta v');$$

d'où
$$\Delta V = \Delta v + \Delta v',$$

et par suite,
$$\frac{\Delta V}{\Delta t} = \frac{\Delta v}{\Delta t} + \frac{\Delta v'}{\Delta t}.$$

Ainsi l'accélération moyenne du mouvement résultant pendant le temps Δt est égale à la somme algébrique des accélérations moyennes des deux mouvements proposés pendant le même temps. Si l'on fait tendre Δt vers zéro, on en conclut que *l'accélération du mouvement résultant, à un instant quelconque, est égale à la somme algébrique des accélérations des mouvements proposés au même instant.*

Ce théorème s'étend à la composition d'un nombre quelconque de mouvements rectilignes s'effectuant suivant la même droite. L'accélération du mouvement résultant est égale, à chaque instant, à la somme algébrique des accélérations des mouvements proposés au même instant.

Composition de deux mouvements rectilignes uniformément accélérés sans vitesses initiales.

52. Imaginons qu'un mobile, partant du point O sans vitesse initiale, se meuve sur la droite OX (*fig.* 45) d'un mouvement uniformément accéléré avec l'accélération γ, tandis que la droite OX se transporte parallèlement à elle-même, son point O décrivant la droite OY d'un mouvement uniformément accéléré, sans vitesse initiale, avec l'accélération γ'. Après un temps

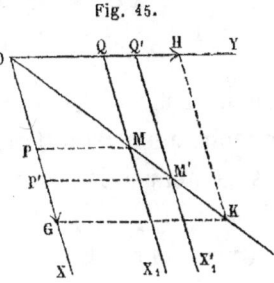

Fig. 45.

t, le mobile aura parcouru sur la droite OX une longueur OP égale à $\frac{1}{2}\gamma t^2$; pendant ce temps, la droite se déplace parallèlement à elle-même, son point O décrivant sur OY la longueur OQ égale à $\frac{1}{2}\gamma' t^2$, et vient dans la position QX_1; le point P, où se trouve alors le mobile, vient en M, après avoir éprouvé un déplacement PM égal et parallèle à OQ. Telle est la position du mobile au temps t, et l'on a

$$OP = \frac{1}{2}\gamma t^2, \quad OQ = PM = \frac{1}{2}\gamma' t^2.$$

On déterminera de même la position M' du mobile au temps t', en prenant

$$OP' = \frac{1}{2}\gamma t'^2, \quad OQ' = P'M' = \frac{1}{2}\gamma' t'^2.$$

De ces relations on déduit

$$\frac{OP}{OP'} = \frac{PM}{P'M'} = \frac{t^2}{t'^2}.$$

Les triangles OPM, OP'M' sont semblables et les droites OM, OM' coïncident. Donc le mouvement résultant est rectiligne.

Les mêmes triangles semblables donnent

$$\frac{OM}{OM'} = \frac{OP}{OP'} = \frac{t^2}{t'^2}.$$

Les longueurs OM, OM', parcourues par le mobile dans le mouvement résultant étant proportionnelles aux carrés des temps, le mouvement résultant est uniformément accéléré.

Cherchons enfin l'accélération γ_i du mouvement résultant. Si l'on suppose que le temps t soit égal à l'unité de temps, les longueurs OP et OQ sont égales à $\frac{\gamma}{2}$ et à $\frac{\gamma'}{2}$; la longueur OM, parcourue par le mobile dans le mouvement résultant pendant la première unité de temps, sera égale à $\frac{\gamma_i}{2}$. En doublant les longueurs OP et OQ, on formera un parallélogramme OGKH semblable au parallélogramme OPMQ, et dans lequel la diagonale OK, double de OM, représentera l'accélération γ_i du mouvement résultant. Ainsi, *le mouvement résultant de deux mouvements rectilignes uniformément accélérés, sans vitesses initiales, est un mouvement rectiligne uniformément accéléré, dont l'accélération est représentée en grandeur et en direction par la diagonale du parallélogramme construit sur les accélérations des deux mouvements proposés.*

Composition de deux mouvements quelconques.

53. Supposons qu'un mobile se meuve dans un système A, tandis que le système A a un mouvement de translation dans le système B; nous cherchons l'accélération du mouvement résultant. Soit MA (*fig.* 46) la vitesse du mobile dans le système A au temps t, AB celle du système A dans le système B au même instant, la droite MB représente la vitesse du mouvement résultant (n° 23). Soit de même MA' la vitesse du mobile dans le système A au temps $t + \Delta t$, A'B' celle du système A dans le système B

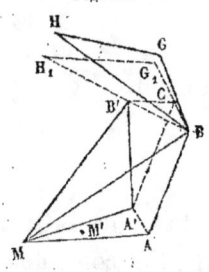

Fig. 46.

au même instant, MB' sera la vitesse du mouvement résultant au temps $t + \Delta t$. Par le point A' menons une droite A'C égale et parallèle à AB; la figure AA'CB étant un parallélogramme, les deux droites AA' et BC seront égales et parallèles. La droite AA' représente la variation géométrique de la vitesse du mobile dans le système A pendant l'intervalle de temps Δt; les droites A'C et A'B' étant les vitesses du système A au temps t et au temps $t + \Delta t$, la droite CB' représente la variation géométrique de cette vitesse; de même la droite BB' représente la variation géométrique de la vitesse du mouvement résultant. Si l'on remplace la droite AA' par la droite égale et parallèle BC, on voit que la variation de vitesse BB' dans le mouvement résultant est la somme géométrique ou la résultante des variations de vitesse BC et CB' des deux mouvements proposés. Sur la droite BC portons une longueur BG$_1$ égale au rapport $\dfrac{BC}{\Delta t}$, et par le point G$_1$ menons une droite G_1H_1 parallèle à CB' et égale au rapport $\dfrac{CB'}{\Delta t}$; ces deux droites BG_1, G_1H_1 représenteront, la première, l'accélération moyenne du mouvement du mobile dans le système A pendant le temps Δt, la seconde, l'accélération moyenne du mouvement du système A pendant le même temps. Des relations

$$BG_1 = \frac{BC}{\Delta t}, \quad G_1H_1 = \frac{CB'}{\Delta t},$$

on déduit

$$\frac{BG_1}{BC} = \frac{G_1H_1}{CB'} = \frac{1}{\Delta t};$$

les triangles BG_1H_1, BCB' sont semblables, et les droites BH_1, BB' coïncident ; et, comme on a

$$\frac{BH_1}{BB'} = \frac{BG_1}{BC} = \frac{1}{\Delta t},$$

d'où

$$BH_1 = \frac{BB'}{\Delta t};$$

on en conclut que la droite BH_1 représente l'accélération moyenne du mouvement résultant. Ainsi l'accélération moyenne BH_1 du mouvement résultant est la somme géométrique ou la résultante des accélérations moyennes BG_1 et G_1H_1 des deux mouvements proposés.

Faisons maintenant diminuer jusqu'à zéro l'intervalle du temps Δt. Le triangle BG_1H_1 tendra vers un triangle limite BGH, dont les trois côtés représentent les trois accélérations au temps t ; savoir : le côté BG, l'accélération du mobile dans le système A, le côté GH, l'accélération du système A, le côté BH, l'accélération du mouvement résultant. Ainsi, *quand un mobile se meut dans un système* qui a un mouvement de translation dans un autre système, l'accélération du mouvement résultant est la somme géométrique des accélérations des deux mouvements proposés.

54. Dans la démonstration du théorème précédent, nous avons supposé essentiellement que le mouvement du système A est un mouvement de translation. Pour bien comprendre la nécessité de cette hypothèse, imaginons dans le système A trois axes rectangulaires liés au système ; la position du mobile dans le système A sera déterminée à chaque instant par ses trois coordonnées relatives à ces axes ; de même la droite MA, qui représente la vitesse du mobile dans ce système au temps t, sera déterminée par les angles qu'elle fait avec les axes. Si le mouvement du système A est un mouvement de translation, les axes se transporteront parallèlement à eux-mêmes, et la droite MA, liée à ces axes, conservera la même direction dans l'espace ; mais, si le mouvement du système n'était pas de translation, les axes ne restant pas parallèles à eux-mêmes, la droite MA ne conserverait plus la même direction dans l'espace ; au temps $t+\Delta t$, elle aurait, par exemple, la direction MA_1 (*fig.* 47). Soit MA' la droite qui représente à cet instant la vitesse du mobile dans le système ; la variation géométrique de la vitesse apparente du mobile serait, non pas AA', mais A_1A' ; et, en effet, à cet instant $t+\Delta t$,

Fig. 47.

la droite qui représente la vitesse du mobile au temps t a la direction MA_1 ; c'est à la quantité géométrique MA_1 qu'un observateur placé dans le système compare la vitesse nouvelle MA', ce qui lui donne la variation apparente A_1A'.

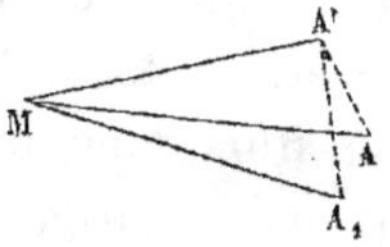

Il y a encore un autre endroit dans la démonstration où l'on suppose que le mouvement du système A est de translation. Soit M le point du système A où se trouve le mobile au temps t, M' le point de ce même système où il se trouve au temps $t+\Delta t$ (*fig*. 46); la vitesse AB se rapporte au point M, la vitesse A'B' au point M'; si le mouvement du système A est de translation, tous les points ayant au même instant la même vitesse, on peut dire que A'C et A'B' sont les vitesses aux temps t et $t+\Delta t$ d'un même point quelconque du système, de sorte que CB' est la variation de vitesse de ce point. Mais, si le mouvement du système A n'était pas de translation, les vitesses A'C et A'B' se rapportant à deux points différents à des instants différents, CB' ne serait plus la variation de vitesse d'un point du système.

Ainsi, le théorème, tel que nous l'avons énoncé, n'est vrai que si le mouvement du système A est de translation. Lorsque le mouvement du système n'est pas de translation, la détermination de l'accélération du mouvement résultant est plus compliquée. Cette question, qui sort des limites du cours, sera traitée dans le supplément, à la fin du volume.

55. La théorie précédente peut être étendue à un nombre quelconque de mouvements. Un mobile se meut dans un système A, le système A a un mouvement de translation dans un système B, le système B a un mouvement de translation dans le système C, et ainsi de suite. On portera les unes à la suite des autres les quantités géométriques qui représentent les accélérations des mouvements proposés, la somme géométrique sera l'accélération du mouvement résultant.

La règle de la composition des accélérations est la même

que celle des vitesses. On déterminera de la même manière l'accélération résultante par ses projections sur trois axes rectangulaires.

56. Il est facile de résoudre la question inverse de la précédente. On connaît le mouvement d'un mobile dans le système B et le mouvement de translation du système A dans le système B, on demande quel est le mouvement du mobile par rapport au système A. Nous avons dit (n° 28) que l'on obtient ce mouvement relatif en regardant le système A comme fixe, et supposant que le système B a dans le système A un mouvement de translation égal et contraire à celui du système A dans le système B; il en résulte, comme nous l'avons déjà remarqué, que l'on obtient la vitesse du mouvement relatif en composant avec la vitesse du mobile dans le système B une vitesse égale et contraire à celle du système A dans le système B. La même règle a lieu pour l'accélération. Si MG (*fig.* 48) est l'accélération du mouvement du mobile dans le système A, GH celle du mouvement de translation du système A dans le système B, MH représente l'accélération du mouvement du mobile dans le système B. Réciproquement, on obtient l'accélération MG du mouvement du mobile dans le système A, en composant avec l'accélération MH du mouvement du mobile dans le système B une accélération HG égale et contraire à celle du mouvement de translation du système A dans le système B.

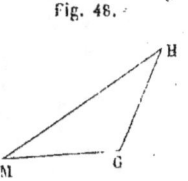

Fig. 48.

LIVRE II.

DYNAMIQUE.

CHAPITRE I.

DES FORCES.

57. Dans les leçons précédentes, nous avons étudié le mouvement d'un point de vue purement géométrique, sans nous occuper des causes qui le produisent ou le modifient. Cette première partie repose tout entière sur les deux seules idées d'espace et de temps.

L'expérience de chaque jour nous révèle une troisième idée, celle de *force*. Quand nous tenons un corps dans la main, l'effort que nous exerçons pour le soutenir et l'empêcher de tomber est une force. Les efforts que nous exerçons pour déplacer les corps, les briser, les modifier d'une manière quelconque, sont des forces.

Il y a trois choses à considérer dans une force : 1° le point d'application ; 2° la direction ; 3° l'intensité. Quand nous tirons un fil attaché à un point d'un corps, le point où est attaché le fil est le point d'application de la force; la droite suivant laquelle se dispose le fil tendu est la direction de la force ; enfin l'effort plus ou moins grand que nous exerçons est l'intensité de la force.

58. Lorsque plusieurs forces, appliquées à un même point matériel en repos, laissent le corps en repos, on dit qu'elles se font *équilibre*. On dit que deux forces sont *égales* lorsque, appliquées à un même point matériel, dans des directions opposées, elles se font équilibre. Une force est double d'une autre lorsqu'elle fait équilibre à deux forces égales à celle-ci et agissant en sens contraire ; de même une force est triple d'une autre lorsqu'elle fait équilibre à trois forces égales à celle-ci, et ainsi de suite. On comprend par là que l'on puisse trouver le rapport de deux forces quelconques. Pour mesurer les forces, on prendra l'une d'elles pour unité et l'on cherchera le rapport des autres forces à celle qui a été prise pour unité. De cette manière les intensités des forces seront représentées par des nombres. Soit M le point d'application d'une force, MX la direction de la force (*fig.* 49) ; si sur la droite MX on prend une longueur MA proportionnelle à l'intensité de la force, c'est-à-dire qui soit mesurée par le même nombre au moyen de l'unité de longueur, on voit que la quantité géométrique MA représentera complétement la force, son point d'application M, sa direction et son intensité. Nous sommes amenés ainsi à regarder les forces comme des quantités géométriques.

Fig. 49.

59. Les forces sont de diverses sortes. Nous avons d'abord le sentiment de notre propre force musculaire, par l'action que nous exerçons sur les corps qui nous environnent ; par analogie, nous connaissons la force musculaire des animaux. L'observation nous apprend que tous les corps placés à la surface de la terre sont sollicités par une force particulière, que l'on nomme la *pesanteur;* quand nous tenons un corps dans la main, nous sentons très-bien la force qui sollicite le corps et que l'on appelle le *poids* du corps. Si l'on suspend un corps à un fil, la direction

du fil nous indique la direction de la pesanteur; l'effort que nous exerçons pour soutenir le corps est une force égale et contraire au poids du corps. Outre ces forces, il y a encore la pression du vent, la force élastique de la vapeur, etc.

60. On a pris pour unité de force le *kilogramme*; c'est le poids d'un litre d'eau distillée au maximum de densité, c'est-à-dire à 4 degrés centigrades au-dessus de zéro, et dans le vide. On a pris le poids dans le vide, parce que dans l'air, d'après le principe d'Archimède, les corps perdent une partie de leur poids égale au poids de l'air déplacé, et que cette différence est variable avec l'état de l'atmosphère. En outre, l'intensité de la pesanteur n'est pas la même à toutes les latitudes; elle éprouve une petite diminution quand on va du pôle vers l'équateur; elle dépend aussi de l'élévation du lieu au-dessus du niveau de la mer. Pour préciser complétement la définition de l'unité de force, on dira que le kilogramme est le poids d'un litre d'eau au maximum de densité, dans le vide, à Paris. Mais, dans les applications de la mécanique, on néglige ces variations de la pesanteur, qui sont très-petites.

Ayant ainsi choisi l'unité de force, on évalue les poids des corps en kilogrammes au moyen de la balance. Quant aux autres forces, on les mesure à l'aide d'instruments appelés *dynamomètres*. Un dynamomètre est formé en général d'un ressort élastique, qui se déforme plus ou moins, quand on le soumet à l'action de différentes forces. C'est par la déformation du ressort que l'on évalue la grandeur de la force. Pour graduer l'instrument, on suspend au dynamomètre des poids de 1, 2, 3, ... kilogrammes et on marque sur l'instrument les déformations correspondantes. Si une force de nature quelconque, par exemple la force musculaire d'un homme agissant sur le dynamomètre, produit la même déformation qu'un poids de 20 kilogrammes, on dira que la force est égale à 20 kilogrammes.

61. Parmi les nombreuses dispositions adoptées dans la construction des dynamomètres, je me bornerai à en citer deux : celle du peson à ressort, et celle du dynamomètre de Régnier. Le *peson à ressort* se compose d'un ressort *mnp* courbé en forme de V (*fig.* 50); un arc de cercle BD est fixé en B à la branche *p* du ressort et passe librement à travers une ouverture pratiquée dans l'autre branche *m*; un second arc *ls* est fixé au contraire à la branche *nm* et passe librement à travers une ouverture pratiquée dans la branche *np*. Pour graduer le dynamomètre, on l'attache par l'anneau D à un crochet fixe A, et l'on suspend à l'anneau *s* des poids connus;

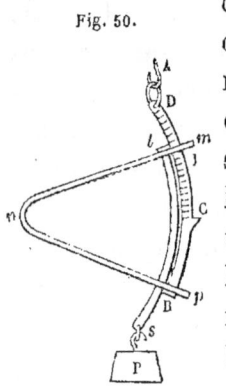
Fig. 50.

l'extrémité *p* de la branche inférieure du ressort reste fixe; le poids P tire en *l* la branche supérieure et comprime le ressort; on marque sur l'arc DB, par un trait à la lime, la compression observée, c'est-à-dire l'endroit où s'arrête la branche *nm* du ressort. En suspendant au dynamomètre des poids de 1, 2, 3, ... kilogrammes, on marque sur l'arc DB les numéros 1, 2, 3... Afin d'empêcher la compresssion de dépasser une certaine limite, ce qui abîmerait le ressort, on dispose sur l'arc BD un petit talon C contre lequel vient buter la branche supérieure du ressort. Une fois le peson gradué, si l'on veut mesurer une force quelconque, on attache l'anneau D à un point fixe, et on fait agir la force en s; le ressort se comprime et on lit la grandeur de la force sur l'arc DC.

62. Le *dynamomètre Régnier* est formé de deux ressorts en acier ab, cd, réunis à leurs extrémités par des pièces courbes A et B (*fig*. 51). On attache le dynamomètre à un point fixe, par l'une des extrémités A, et on fait agir la force à l'autre extrémité B; la distance AB augmente, et les deux branches se rapprochent; c'est par le rapprochement des deux branches en leur milieu que l'on évalue la force. La branche ab porte un secteur gradué; autour du centre o de ce secteur tourne une aiguille; autour d'un point i, voisin du point o, tourne un levier coudé *fig*, auquel est articulé la petite tige ef. Quand les deux branches du ressort se rapprochent, une petite pièce de métal, fixée au milieu de la branche cd, presse l'extrémité e de la tige ef et fait tourner le levier autour du point i; l'extrémité g du levier pousse l'aiguille, qui parcourt ainsi l'arc divisé.

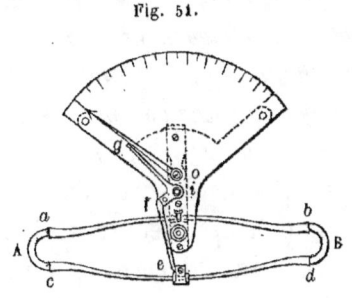

Fig. 51.

63. Dans ce qui précède, nous nous sommes borné à considérer les forces comme se faisant équilibre; d'un point de vue plus général, on peut considérer les forces comme produisant ou modifiant le mouvement. L'étude

des forces, de ce point de vue, repose sur des principes ou lois fondamentales, auxquelles on a été conduit par l'observation. Ces lois sont au nombre de deux : la première est connue sous le nom de *loi de l'inertie ;* la seconde sous celui de *loi des mouvements relatifs.*

Loi de l'inertie.

64. La loi de l'inertie comprend deux parties : 1° *Quand un point matériel est en repos dans l'espace, si aucune action extérieure ne s'exerce sur lui, il reste en repos ;* 2° *Quand un point matériel est en mouvement dans l'espace, si aucune action extérieure ne s'exerce sur lui, son mouvement est rectiligne et uniforme.*

La première partie de cette loi a été connue de toute antiquité. Les premières observations nous apprennent, en effet, que les corps en repos restent en repos, à moins qu'une force extérieure, comme notre effort musculaire, ne s'exerce sur eux pour les mettre en mouvement. Mais la seconde partie n'est connue que depuis une époque récente. C'est Képler qui, dans le commencement du dix-septième siècle, paraît en avoir eu le premier l'idée. Voici par quelles considérations il y a été conduit : quand on lance une bille sur une surface plane horizontale, on voit la bille se mouvoir en ligne droite ; mais on remarque que sa vitesse diminue de plus en plus et que la bille finit par s'arrêter. Cette diminution de la vitesse provient du frottement que la bille éprouve contre le plan et aussi de la résistance de l'air. Si on lance la bille sur un plan horizontal bien poli, qui n'exerce qu'un frottement très-faible, par exemple sur un plan de glace, on voit le mouvement se prolonger très-longtemps et la vitesse diminuer très-lentement. On en conclut, par induction, que, si l'on pouvait supprimer toutes les résistances, le mouvement se prolongerait indéfiniment, et, par conséquent, serait rectiligne et uniforme.

Les forces ont donc pour effet de modifier l'état de repos ou de mouvement des corps. Quand un point matériel est en repos, il faut qu'une force agisse sur lui pour le mettre en mouvement. De même, quand un point matériel est en mouvement, si le mouvement n'est pas rectiligne et uniforme, c'est qu'une force agit sur lui, modifiant la vitesse, soit en grandeur, soit en direction. Quand le mouvement est rectiligne et que la vitesse augmente, une force sollicite le mobile dans le sens du mouvement; quand la vitesse diminue, la force agit en sens inverse; quand le mouvement est curviligne, une force agit obliquement pour écarter le mobile de la ligne droite. Dès que la force cesse d'agir, le mouvement redevient rectiligne et uniforme.

Loi des mouvements relatifs.

65. On peut énoncer cette loi de la manière suivante : *Quand un système de points matériels ont un mouvement commun de translation dans l'espace, si une force agit sur l'un des points en particulier, le mouvement relatif que la force imprime à ce point dans le système est indépendant du mouvement général de translation du système, c'est-à-dire est le même que si le système était en repos.*

On vérifie aisément cette loi par l'expérience, dans le cas où le mouvement de translation du système est rectiligne et uniforme. Lorsque nous sommes placés sur un navire animé d'un mouvement de translation rectiligne et

74 LIVRE II. DYNAMIQUE.

uniforme, et que nous exerçons des efforts pour déplacer des corps appartenant au navire et les mettre en mouvement, nous reconnaissons que les mouvements relatifs que nous produisons sont les mêmes que si le navire était en repos; mais il est difficile de vérifier directement ce principe par l'expérience quand le mouvement de translation du système n'est pas rectiligne et uniforme ; cependant, nous l'admettrons par induction, comme la loi de l'inertie. La dynamique repose sur ces deux lois; les conséquences qu'on en déduit sont vérifiées par l'expérience : ceci prouve la vérité des deux lois fondamentales que nous avons énoncées.

THÉORÈME I.

66. *Une force constante en grandeur et en direction, agissant sur un point matériel partant du repos, lui imprime un mouvement rectiligne uniformément accéléré.*

Il est évident qu'un point matériel placé en repos au point O et sollicité par une force F, agissant constamment dans la même direction OX (*fig.* 52), se meut sur cette droite OX. Nous supposons, en outre, la force F constante en intensité. Après un premier intervalle de temps θ, le mobile

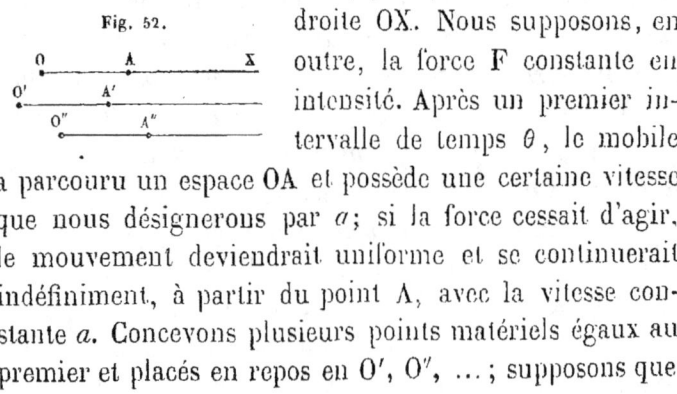

Fig. 52.

a parcouru un espace OA et possède une certaine vitesse que nous désignerons par a; si la force cessait d'agir, le mouvement deviendrait uniforme et se continuerait indéfiniment, à partir du point A, avec la vitesse constante a. Concevons plusieurs points matériels égaux au premier et placés en repos en O', O'', ... ; supposons que tous ces points soient sollicités pendant le temps θ par la même force F, c'est-à-dire par des forces égales et parallèles à la force F; il est clair que ces points parcourront des droites égales et parallèles OA, O'A', O"A", ... et que, après le temps θ, ils posséderont tous la même vitesse a. Si, à ce moment, la force cesse d'agir, le système des points matériels aura un mouvement de translation rectiligne et uniforme. Supposons maintenant que la force agisse sur le premier point matériel seulement, pendant un second intervalle de temps θ égal au premier; elle imprimera à ce point dans le système un mouvement relatif, qui est le même que si le mouvement du système n'existait pas, c'est-à-dire que si le point matériel partait du repos; après le second intervalle de temps θ, la vitesse du mouvement relatif sera donc a, et, par suite, la vitesse du mouvement résultant sera $a+a$ ou $2a$. Ainsi, après un temps double, la vitesse devient double.

Imaginons de même que la force F agisse sur tous les points du système pendant le temps 2θ; ils auront, après ce temps, un mouvement commun de translation rectiligne et uniforme, avec la vitesse $2a$. Convenons maintenant que la force agisse sur le premier point, pendant un troisième intervalle de temps θ, elle lui imprimera une vitesse relative a et la vitesse du mouvement résultant sera $2a + a$ ou $3a$, et ainsi de suite.

En général, soit v la vitesse du mobile au temps t; imaginons que ce mobile fasse d'un système de points matériels animés tous de la même vitesse v, de manière que le système ait un mouvement de translation rectiligne et uniforme, et supposons que la force agisse sur le premier point matériel pendant un intervalle de temps égal à θ. Le mouvement relatif que la force imprimera au mobile dans le système étant le même que si le système était en repos, la vitesse relative au temps $t + \theta$ sera a, et, par conséquent, la vitesse résultante sera $v + a$. Ainsi, la vitesse éprouve, dans des intervalles de temps égaux, des accroissements égaux.

On voit par là que la vitesse croît proportionnellement au temps et, par conséquent, que le mouvement est uniformément accéléré. Si l'on appelle γ la vitesse après l'unité du temps, v la vitesse au temps t et x l'espace parcouru, on aura

$$v = \gamma t, \quad x = \frac{\gamma t^2}{2}.$$

67. Réciproquement, *tout mouvement rectiligne uniformément accéléré est produit par une force constante en grandeur et en direction.*

Puisque le mouvement n'est pas uniforme et que la vitesse va sans cesse en croissant, il est certain qu'une force sollicite le mobile dans le sens du mouvement. Appelons F cette force inconnue ; je dis qu'elle est constante pendant toute la durée du mouvement ; en effet, on peut imaginer une force constante F_1 qui produise le mouvement observé. Si la force F n'était pas constamment égale à la force F_1 ; si, pendant un certain intervalle de temps, elle était, par exemple, plus grande que la force F_1, l'accroissement de vitesse qu'elle produit pendant cet intervalle de temps serait plus grand que l'accroissement de vitesse produit par la force F_1, et, par conséquent, plus grand que l'accroissement de vitesse observé. Ainsi, la force F qui produit le mouvement est constante.

68. APPLICATION A LA PESANTEUR. — Quand on observe la

chute des corps dans le vide, on reconnaît que le mouvement est rectiligne et uniformément accéléré. L'accélération de ce mouvement, que l'on représente par la lettre g, est la même pour tous les corps (à Paris, on a $g = 9,8088$). Il résulte du théorème précédent que la force qui produit le mouvement d'un corps est constante pendant toute la durée du mouvement : cette force est celle qui sollicite le corps au départ, c'est-à-dire quand le corps est encore en repos ; c'est le poids P du corps.

LEMME.

69. *Lorsque deux forces constantes, de même direction, agissent simultanément sur un même point matériel partant du repos, elles lui impriment un mouvement rectiligne uniformément accéléré, dont l'accélération est la somme des accélérations des mouvements dus aux forces agissant séparément sur le mobile.*

Appelons F et F' les deux forces ; soit γ l'accélération du mouvement rectiligne uniformément accéléré produit par la première force agissant seule sur le mobile, γ' l'accélération du mouvement produit par la seconde force agissant seule sur le mobile. Imaginons plusieurs points matériels égaux au point matériel proposé et concevons que la même force F agisse sur chacun d'eux, le système prendra un mouvement commun de translation rectiligne et uniformément accéléré, dont l'accélération sera γ. Supposons maintenant que la force F' agisse aussi sur le premier point matériel seulement, le mouvement relatif qu'elle lui imprimera dans le système sera le même que si le système était en repos, et, par conséquent, que si la force F′ agissait seule sur le point matériel partant du repos; ce mouvement relatif sera donc un mouvement rectiligne uniformément accéléré, ayant pour accélération γ'. On a donc à composer deux mouvements rectilignes uniformément accélérés, de même direction; on sait (n° 50) que le mouvement résultant est un mouvement rectiligne uniformément accéléré, ayant pour accélération la somme $\gamma + \gamma'$ des accélérations des deux mouvements composants.

Il est clair que cette proposition s'étend à un nombre quelconque de forces. L'accélération produite par plusieurs forces constantes de même direction, agissant simultanément sur un point matériel, est égale à la somme des accélérations dues aux diverses forces agissant séparément sur le même point matériel.

THÉORÈME III.

70. *Les accélérations produites par deux forces constantes agissant sur un même point matériel sont proportionnelles aux forces.*

Appelons F et F′ les deux forces, γ et γ' les accélérations des mouvements rectilignes uniformément accélérés qu'elles produisent en agissant séparément sur un même point matériel au repos. Supposons d'abord que les deux forces aient une commune mesure F″, et soit

$$F = nF'', \quad F' = n'F''.$$

Désignons par γ'' l'accélération produite par la force F″ agissant sur le même point matériel. La force F étant la réunion de n forces égales à F''', la force F' la réunion de n' forces égales à F''', on a, d'après le lemme précédent,

$$\gamma = n\gamma'', \quad \gamma' = n'\gamma''.$$

On en déduit $\quad \dfrac{F}{F'} = \dfrac{n}{n'}, \quad \dfrac{\gamma}{\gamma'} = \dfrac{n}{n'},$

et par suite $\quad \dfrac{F}{F'} = \dfrac{\gamma}{\gamma'}.$

Ainsi, le rapport des accélérations est égal au rapport des forces.

Examinons maintenant le cas où les forces n'ont pas de commune mesure; partageons la force F en n parties égales; appelons F''' l'une des parties et γ'' l'accélération qu'elle produit; on a

$$F = nF''', \quad \gamma = n\gamma''.$$

La force F' contiendra n' fois l'une des parties et ne la contiendra pas $n'+1$ fois. La force F' étant plus grande que $n'F'''$ et plus petite que $(n'+1)F'''$, l'accélération γ' qu'elle produit sera plus grande que $n'\gamma''$, et plus petite que $(n'+1)\gamma''$. On aura donc les inégalités

$$n'F''' < F' < (n'+1)F''',$$
$$n'\gamma'' < \gamma' < (n'+1)\gamma''.$$

En divisant les premières quantités par F, les secondes par γ, on en déduit

$$\frac{n'}{n} < \frac{F'}{F} < \frac{n'+1}{n}.$$
$$\frac{n'}{n} < \frac{\gamma'}{\gamma} < \frac{n'+1}{n}.$$

Les deux rapports $\dfrac{F'}{F}$, $\dfrac{\gamma'}{\gamma}$ sont donc compris entre les deux nombres $\dfrac{n'}{n}$, $\dfrac{n'+1}{n}$, qui diffèrent entre eux de la quantité $\dfrac{1}{n}$, que l'on peut rendre aussi petite que l'on veut, si l'on prend n suffisamment grand. On en conclut que les deux rapports sont égaux entre eux.

Définition de la masse.

71. Soient F, F′, F″, ... différentes forces constantes; γ, γ', γ'',... les accélérations qu'elles produisent en agissant séparément sur un même point matériel. D'après le théorème précédent, on a les rapports égaux

$$\frac{F}{F'}=\frac{\gamma}{\gamma'},\quad \frac{F}{F''}=\frac{\gamma}{\gamma''},\quad \ldots$$

On en déduit $\quad \dfrac{F}{\gamma}=\dfrac{F'}{\gamma'}=\dfrac{F''}{\gamma''}=\ldots$

Ainsi, quand différentes forces agissent sur un même point matériel, le rapport de chaque force à l'accélération correspondante est constant. Ce rapport est constant pour un même point matériel; mais il varie d'un point matériel à un autre; ce rapport constant est ce qui caractérise chaque point matériel; c'est par la valeur de ce rapport qu'un point matériel entre dans les problèmes de mécanique; on l'appelle *masse* du point matériel. Si donc on désigne par m la masse d'un point matériel, on a, par définition,

(1) $$\frac{F}{\gamma}=m.$$

D'après cette définition, la masse d'un corps est le rapport des deux nombres qui représentent la force et l'accélération correspondante. Le premier nombre dépend de l'unité de force; le second, de l'unité de longueur et de l'unité de temps. On a choisi, comme nous l'avons dit, le kilogramme pour unité de force, le mètre pour unité de longueur, la seconde pour unité de temps. L'évaluation de la masse dépend de ces trois unités.

72. Pour préciser davantage la définition de la masse, prenons le rapport du poids P d'un corps à l'accélération g produite par cette force, nous aurons

$$(2) \qquad m = \frac{P}{g}.$$

On voit par là que la masse d'un corps est proportionnelle à son poids. Il est aisé de se représenter l'unité de masse; tout corps pesant g kilogrammes a une masse égale à l'unité; car si $P = g$, on a $m = \frac{g}{g} = 1$.

De la relation (1) on déduit

$$(3) \qquad F = m\gamma,$$

ou (4) $\qquad \gamma = \dfrac{F}{m}.$

Si l'on appelle v la vitesse acquise après le temps t, comme on a $v = \gamma t$, d'où $\gamma = \dfrac{v}{t}$, la relation (3) devient

$$(5) \qquad F = \frac{mv}{t}.$$

Cette relation nous fait voir que, pour imprimer à différents corps la même vitesse après le même temps, il faut des forces proportionnelles aux masses. C'est même de là que nous vient la notion de masse. Les premières expériences nous apprennent, en effet, que nous devons exercer des efforts très-différents pour imprimer aux divers corps le même mouvement; et ceci ne tient pas à une différence de volume. Prenons deux sphères du même diamètre l'une en bois, l'autre en fer, et, afin que rien ne nous permette de les distinguer à l'œil l'une de l'autre, recouvrons-les d'une couche de la même couleur; si nous poussons ces deux billes pour leur imprimer le même mouvement, nous reconnaîtrons que la seconde exige un effort dix fois plus grand que la première; d'après cela, nous dirons que la bille de fer a une masse dix fois plus grande que la bille de bois.

La relation (5) nous montre aussi que, si des forces impriment à un même corps la même vitesse, les forces sont en raison inverse des temps. Ainsi, un temps moitié moindre suffit à une force double pour imprimer à un même corps la même vitesse.

Exemples.

1° Quelle force faut-il appliquer à un boulet pesant 10 kilogrammes pour lui imprimer, après un dixième de seconde, une vitesse égale à 500 mètres par seconde ?

Le poids du boulet étant 10, sa masse est $m = \dfrac{10}{g} = \dfrac{10}{9,8}$. D'après la formule (5), on a donc:

$$F = \frac{\dfrac{10}{9,8} \times 500}{0,1} = \frac{5000}{0,98} = 5100^k.$$

2° Pendant combien de temps doit agir une force de 100 kilogrammes pour imprimer à un corps pesant 2000 kilogrammes une vitesse égale à 5 mètres par seconde?

De la formule (5) on déduit

$$t = \frac{mv}{F} = \frac{\frac{2000}{g} \times 5}{100} = \frac{2000 \times 5}{9,8 \times 100} = 10^s,2.$$

3° Quelle vitesse une force de 100 kilogrammes imprimera-t-elle à un corps pesant 2000 kilogrammes, en agissant sur lui pendant $10^s,2$?

De la formule (5) on déduit

$$v = \frac{F \times t}{m} = \frac{100 \times 10,2}{\frac{2000}{g}} = \frac{100 \times 10,2 \times 9,8}{2000} = 5.$$

CHAPITRE II.

MOUVEMENT DES PROJECTILES.

73. Un *projectile* est un corps lancé dans une certaine direction, avec une vitesse initiale donnée, et soumis à l'action de la pesanteur. Faisant abstraction des dimensions du corps, nous considérerons le mobile comme un simple point matériel; nous négligerons aussi la résistance à l'air. La question revient donc à trouver le mouvement d'un point matériel, animé d'une vitesse initiale donnée et sollicité par une force constante en grandeur et en direction.

Cas où la vitesse initiale est nulle.

74. Lorsque la vitesse initiale est nulle, le mouvement est celui de la chute des corps; si l'on désigne par v la vitesse au temps t, par x l'espace parcouru, on a

(1) $$x = \frac{gt^2}{2},$$

(2) $$v = gt.$$

L'élimination de t donne la relation

(3) $$v^2 = 2gx;$$

d'où l'on déduit la vitesse en fonction de l'espace parcouru.

Cas où la vitesse initiale est dirigée suivant la verticale et de haut en bas.

75. Supposons que le point matériel soit lancé de haut en bas avec une vitesse initiale v_0. Imaginons que le mobile fasse partie d'un système de points matériels animés de la vitesse v_0, et qui ne soient sollicités par aucune force; ce système aura un mouvement de translation rectiligne et uniforme. La pesanteur, agissant sur le mobile en particulier, lui imprimera dans le système un mouvement relatif qui sera le même que si le mouvement de translation n'existait pas, c'est-à-dire que si la vitesse initiale était nulle. Les déplacements s'ajoutent, ainsi que les vitesses; on a donc

$$(4) \qquad x = v_0 t + \frac{gt^2}{2},$$

$$(5) \qquad v = v_0 + gt.$$

Cas où le corps est lancé de bas en haut.

76. Supposons maintenant que le corps soit lancé, à partir du point O (*fig.* 53), de bas en haut, suivant la verticale, avec la vitesse initiale v_0. Désignons par x la distance du point O à la position du mobile au temps t, distance comptée de bas en haut. Imaginons, comme précédemment, un système de points matériels animés d'un mouvement de translation rectiligne et uniforme de bas en haut, avec la vitesse v_0, et la pesanteur agissant sur le mobile. Le mouvement du mobile pourra être considéré comme résultant de la composition de deux mouvements rectilignes, l'un uniforme de bas en haut, l'autre uniformément accéléré de haut en bas; les deux mouvements étant de sens contraires, les déplacements se retranchent, ainsi que les vitesses; on a donc

$$(6) \qquad x = v_0 t - \frac{gt^2}{2},$$

$$(7) \qquad v = v_0 - gt.$$

Ces formules sont générales, si l'on regarde la distance x comme positive, quand elle est comptée à partir du point O de bas en haut, comme négative, quand elle est comptée en sens contraire; et de même la vitesse v comme positive ou négative, suivant qu'elle est dirigée de bas en haut ou de haut en bas.

L'élimination de t entre les deux équations (6) et (7) donne la relation

(8) $$v^2 = v_0^2 - 2gx.$$

Le corps monte d'abord; mais la vitesse décroît; elle devient nulle quand
$$t = \frac{v_0}{g},$$
alors on a $$x = \frac{v_0^2}{2g}.$$

Telle est la hauteur OH à laquelle s'élève le corps. Arrivé au point H sans vitesse, le corps redescend d'un mouvement uniformément accéléré.

Le mobile passe deux fois au point M, une fois en montant, une fois en descendant. Il est à remarquer que le mobile, quand il repasse en M, reprend la même vitesse, mais dirigée en sens contraire, et qu'il met, pour descendre de H en M, un temps égal à celui qu'il a mis pour monter de M en H. En effet, x désignant la distance OM, l'équation (8) donne pour la vitesse v deux valeurs égales et de signes contraires. D'autre part, de l'équation (7) on déduit

$$t - \frac{v_0}{g} = -\frac{v}{g};$$

le premier membre est le temps compté à partir de l'instant où le mobile atteint le point le plus haut H; la vitesse ayant en M deux valeurs égales et de signes contraires, on obtient deux intervalles de temps égaux et de signes contraires. En particulier, le mobile revient au point de départ O avec la vitesse v_0, et il met pour descendre un temps égal à celui qu'il a mis pour monter.

Ces résultats s'appliquent évidemment au mouvement produit par une force constante quelconque, quand la vitesse initiale a la même direction que la force ou une direction contraire. Si l'on appelle F la force, m la masse du mobile, et si l'on pose $\gamma = \dfrac{F}{m}$, il suffira de remplacer, dans les équations précédentes, g par γ.

Mouvement produit par une force constante, quand la vitesse initiale a une direction quelconque.

77. Cherchons maintenant le mouvement produit par une force constante F en grandeur et en direction, agissant sur un point matériel de masse m animé d'une vitesse initiale v_0 dans une direction autre que celle de la force. Soient OX la direction de la vitesse initiale, OY celle de la force. Si la vitesse initiale était nulle, la force imprimerait au mobile un mouvement rectiligne uniformément accéléré dans la direction OY, et l'on aurait, en posant $\gamma = \dfrac{F}{m}$ et désignant par y l'espace parcouru, $y = \dfrac{\gamma t^2}{2}$.

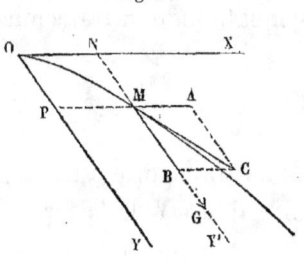

Fig. 54.

Imaginons, comme précédemment, un système de points matériels animés d'un mouvement de translation rectiligne et uniforme dans la direction OX, avec la vitesse v_0. La force F, agissant sur le premier point matériel en particulier, lui imprimera dans le système un mouvement relatif qui est le même que si le mouvement de translation du système n'existait pas, c'est-à-dire que si la vitesse initiale était nulle. On a donc à composer deux mouvements rectilignes, l'un uniforme suivant OX, l'autre uniformément accéléré suivant OY. Prenons pour axes des coordonnées les deux droites OX et OY. Pendant le temps t, le mobile parcourt sur la droite OY une longueur

$$y = \text{OP} = \frac{\gamma t^2}{2};$$

mais, pendant ce temps, la droite OY se transporte parallèlement à elle-même en NY', le point O de cette droite décrivant sur OX la longueur

$$x = \text{ON} = v_0 t;$$

prenons sur la droite NY' la longueur NM égale à OP ; le point M sera la position du mobile au temps t.

Si, entre ces deux relations, on élimine t, on obtient l'équation de la trajectoire

$$(9) \qquad y = \frac{\gamma x^2}{2 v_0^2}.$$

Cette trajectoire est une *parabole* ayant pour diamètre la direction OY de la force, et pour tangente au point O la direction OX de la vitesse initiale.

78. On sait que la vitesse du mouvement résultant est la résultante des vitesses des deux mouvements composants. Si donc on prend MA $= v_0$, MB $= \gamma t$, la diagonale

MC du parallélogramme représentera en grandeur et en direction la vitesse du mouvement curviligne en M.

On sait aussi que l'accélération du mouvement résultant est la résultante des deux accélérations. L'accélération du mouvement uniforme étant nulle, il en résulte que l'accélération du mouvement curviligne est constante en grandeur et en direction; elle est représentée par une longueur MG égale à γ et portée dans la direction MY'.

79. REMARQUE. Dans la démonstration précédente, nous avons considéré la force F agissant sur le point matériel proposé, dans un système en repos ou en mouvement de translation. Nous disons qu'une force est la *même* dans les deux cas, lorsqu'elle est représentée par deux grandeurs géométriques égales et parallèles, c'est-à-dire lorsqu'elle a même valeur numérique et même direction.

Afin de préciser davantage, prenons pour axes des coordonnées trois droites rectangulaires liées au système; ces droites, si le système est en repos, seront fixes; s'il est en mouvement de translation, elles se déplaceront parallèlement à elles-mêmes. Un observateur, placé dans le système, déterminera la direction d'une force par les angles qu'elle fait avec les trois axes; si la force F a même valeur numérique; si, de plus, les angles qu'elle fait avec les axes sont les mêmes de part et d'autre, il est clair qu'elle sera représentée dans les deux cas par deux grandeurs géométriques égales et parallèles; on dira que c'est la *même force*.

Projectile lancé dans une direction quelconque.

80. Un mobile est lancé dans la direction OA (*fig.* 55) avec la vitesse initiale v_0; il est soumis à l'action de la pesanteur : trouver son mouvement. La force qui sollicite le mobile étant constante en grandeur et en direction, cette question rentre dans celle que nous venons de traiter.

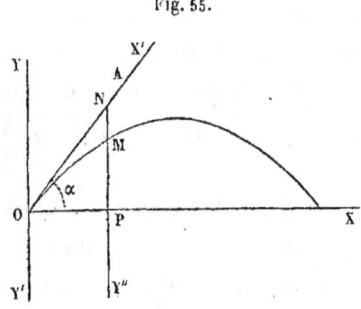

Fig. 55.

Imaginons, comme précédemment, un système de points matériels animés d'un mouvement commun de translation rectiligne et uniforme, avec la vitesse v_0, dans la direction OA; la droite verticale OY′, après le temps t, se sera transportée parallèlement à elle-même en NY″, le point O ayant décrit sur OA la longueur ON égale à $v_0 t$; pendant ce temps, la pesanteur fait descendre le mobile sur cette droite de la quantité NM égale à $\dfrac{gt^2}{2}$. Si l'on prend pour axes des coordonnées la direction OA de la vitesse initiale et la verticale OY′ dirigée de haut en bas, on aura

$$x' = \mathrm{ON} = v_0 t, \quad y' = \mathrm{NM} = \frac{gt^2}{2},$$

et la parabole décrite par le mobile aura pour équation

$$y' = \frac{g x'^2}{2 v_0^2}.$$

Mais, pour étudier les diverses circonstances du mouvement, il est préférable de rapporter la trajectoire à des axes de coordonnées rectangulaires, savoir l'horizontale OX menée par la position initiale O du mobile, et la verticale OY dirigée de bas en haut. Si l'on désigne par α l'angle que fait la direction OA de la vitesse initiale avec l'horizontale OX, on a

$x = \text{OP} = \text{ON} \cos \alpha = v_0 t \cos \alpha,$

$y = \text{MP} = \text{NP} - \text{NM} = \text{ON} \sin \alpha - \text{NM} = v_0 t \sin \alpha - \dfrac{gt^2}{2}.$

81. On peut obtenir directement les équations précédentes. Décomposons la vitesse initiale en deux vitesses, l'une horizontale $v_0 \cos \alpha$, l'autre verticale $v_0 \sin \alpha$. Imaginons un système de points matériels animés d'un mouvement horizontal rectiligne et uniforme, avec la vitesse $v_0 \cos \alpha$, et supposons que dans le système le mobile ait une vitesse initiale relative verticale $v_0 \sin \alpha$ et soit sollicité par la pesanteur. Le mouvement relatif du mobile dans le système sera le même que si le mobile était lancé verticalement de bas en haut avec la vitesse initiale $v_0 \sin \alpha$ et sollicité par la pesanteur; c'est le mouvement que nous avons étudié au numéro 76; il suffit de remplacer dans les formules v_0 par $v_0 \sin \alpha$. Le mouvement cherché sera le mouvement qui résulte de la composition de ce mouvement vertical uniformément varié avec le mouvement horizontal uniforme. On aura donc

(10) $x = v_0 \cos \alpha \cdot t,$

(11) $y = v_0 \sin \alpha \cdot t - \dfrac{gt^2}{2}.$

L'élimination de t^2 donne l'équation de la trajectoire

(12) $y = x \tang \alpha - \dfrac{gx^2}{2 v_0^2 \cos^2 \alpha}.$

82. La vitesse en un point quelconque M de la trajectoire est la résultante des vitesses des deux mouvements rectilignes. La vitesse horizontale MD est constante et égale à $v_0 \cos \alpha$, la vitesse verticale ME est égale à $v_0 \sin \alpha - gt$, la diagonale MA du rectangle construit sur ces deux vitesses représente en grandeur et en direction la vitesse du mouvement curviligne. Si l'on appelle v cette vitesse et θ l'angle qu'elle fait avec l'horizontale, on a, en tenant compte de la formule (8),

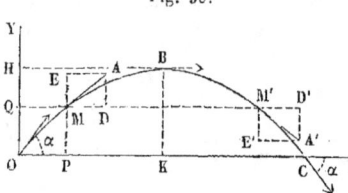

Fig. 56.

(13) $\quad v \cos \theta = \mathrm{MD} = v_0 \cos \alpha,$

(14) $\quad v \sin \theta = \mathrm{ME} = v_0 \sin \alpha - gt = \sqrt{v_0^2 \sin^2 \alpha - 2gy}.$

On en déduit

(15) $\quad v^2 = \overline{\mathrm{MD}}^2 + \overline{\mathrm{ME}}^2 = v_0^2 - 2gy.$

Au sommet B de la parabole, la vitesse est horizontale et égale à $v_0 \cos \alpha$, la vitesse verticale étant nulle. Le mobile arrive en ce point au temps $t = \dfrac{v_0 \sin \alpha}{g}$; on obtient les coordonnées de ce point en remplaçant t par sa valeur dans les équations (10) et (11),

(16) $\quad x = \mathrm{OK} = \dfrac{v_0^2 \sin \alpha \cos \alpha}{g},$

(17) $\quad y = \mathrm{BK} = \dfrac{v_0^2 \sin^2 \alpha}{2g}.$

L'élévation du sommet B est égale à la hauteur OH qu'atteint un mobile lancé verticalement, suivant OY, avec la vitesse initiale $v_0 \sin \alpha$. Il est évident, en effet, que, lorsque le mobile atteint sa plus grande hauteur dans son mouvement vertical relatif, il passe au sommet de la parabole ; l'axe BK de la parabole divise la courbe en deux parties symétriques.

La formule (15) montre que la vitesse v du mobile va en diminuant à mesure que le mobile s'élève ; elle acquiert sa valeur minimum au sommet B ; puis elle repasse par les mêmes valeurs dans la branche descendante BC. Considérons deux points symétriques M et M' de la parabole ; nous avons construit la vitesse au point M, en la regardant comme la résultante d'une vitesse horizontale MD et d'une vitesse verticale ME. Appliquons la même construction au point M' ; la vitesse horizontale M'D' est constante, la vitesse verticale M'E' a changé de sens ; car, lorsque le mobile, dans son mouvement vertical relatif, passe au point Q, c'est-à-dire revient à la même hauteur, en montant et en descendant, la vitesse est la même, mais de direction contraire. Les deux rectangles sont égaux ; les diagonales MA et M'A' sont égales et font des angles égaux avec l'horizontale, mais l'une en dessus, l'autre en dessous.

83. Cherchons le point C où le projectile frappe le sol ; la distance OC est ce qu'on appelle l'*amplitude* du jet ; nous la désignerons par l. Les distances OK et KC étant égales à cause de la symétrie, on a

$$(18) \quad l = 2\,\mathrm{OK} = \frac{2v_0^2 \sin \alpha \cos \alpha}{g} = \frac{v_0^2 \sin 2\alpha}{g}.$$

On obtient directement cette longueur en faisant $y = 0$ dans l'équation (12) de la parabole. Le mobile arrive en C avec une vitesse égale à la vitesse initiale v_0, et faisant avec l'horizontale l'angle α.

L'amplitude du jet est proportionnelle au carré de la vitesse initiale v_0; elle dépend aussi de l'angle α, c'est-à-dire de la direction de la vitesse initiale. Supposons qu'on lance le projectile dans diverses directions avec une même vitesse initiale; la formule (18) montre que la valeur de l sera maximum quand on aura $2\alpha = 90°$, ou $\alpha = 45°$. Ainsi, pour lancer le boulet le plus loin possible, il faut tirer sous l'angle de 45 degrés. L'amplitude maximum est égale à $\dfrac{v_0^2}{g}$; elle est égale au double de la hauteur à laquelle s'élèverait le boulet si on le lançait verticalement avec la même vitesse initiale v_0. La formule (18) montre aussi que l'amplitude du jet est la même pour des valeurs supplémentaires de 2α, c'est-à-dire pour des valeurs de α également distantes de 45 degrés.

84. Proposons maintenant de déterminer dans quelle direction il faut lancer un boulet avec une vitesse initiale donnée v_0, pour atteindre un point donné M (*fig.* 57),

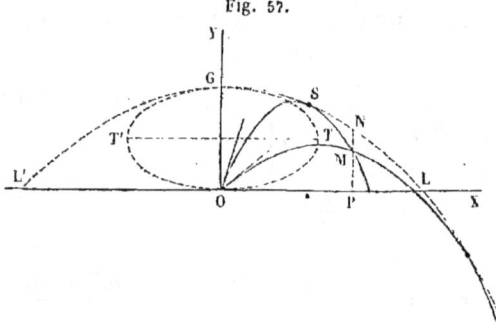

Fig. 57.

dont nous désignerons les coordonnées par x_1 et y_1. Les coordonnées du point M devant vérifier l'équation (12) de la trajectoire, on a l'équation

$$y_1 = x_1 \tang \alpha - \frac{g x_1^2}{2 v_0^2 \cos^2 \alpha},$$

qui déterminera l'inconnue α. Si l'on remplace $\cos^2\alpha$ par $\dfrac{1}{1+\tang^2\alpha}$, on arrive à l'équation du second degré

(19) $\quad \tang^2\alpha - \dfrac{2v_0^2}{gx_1}\tang\alpha + \dfrac{2v_0^2 y_1}{gx_1^2} + 1 = 0,$

dans laquelle $\tang\alpha$ est l'inconnue.

Pour que le problème soit possible, il faut que cette équation ait ses racines réelles, ce qui exige que la condition

$$\dfrac{v_0^4}{g^2 x_1^2} - \dfrac{2v_0^2 y_1}{g x_1^2} - 1 \geqslant 0$$

soit remplie; on en déduit

(20) $\quad y_1 \leqslant \dfrac{v_0^2}{2g} - \dfrac{gx_1^2}{2v_0^2}.$

Considérons la courbe qui a pour équation

(21) $\quad y = \dfrac{v_0^2}{2g} - \dfrac{gx^2}{2v_0^2};$

cette courbe est une parabole LGL', dont le sommet G est sur l'axe OY à une distance OG égale à $\dfrac{v_0^2}{2g}$, le foyer en O et le paramètre OL égal à $\dfrac{v_0^2}{g}$. La condition (20) signifie que le point M doit être situé au-dessous de cette parabole. Quand cette condition est remplie, on a deux trajectoires passant par le point M.

Lorsque le point M est situé sur la parabole limite LGL', par exemple en S, les deux racines de l'équation (19) étant égales, on n'a qu'une valeur de α donnée par la formule

$$\tang\alpha = \dfrac{v_0^2}{gx_1},$$

et, par conséquent, une seule trajectoire passant par le point S.

85. Il est aisé de voir que toutes les trajectoires que l'on obtient avec une vitesse initiale v_0, en faisant varier l'angle α de toutes les manières possibles, sont tangentes à la parabole limite. En effet, par tout point S de la parabole limite passe une trajectoire caractérisée par une valeur de α vérifiant la relation

$$\tang \alpha = \frac{v_0^2}{gx_1}.$$

De cette relation, on déduit la suivante :

$$x_1 = \frac{v_0^2}{g \tang \alpha},$$

qui détermine un point S de la parabole limite par lequel passe une trajectoire donnée. La trajectoire, étant tout entière située au-dessous de la parabole limite, est évidemment tangente à cette parabole au point S. En d'autres termes, la parabole limite est l'enveloppe des trajectoires.

Quand α est plus grand que 45 degrés, le point de contact est sur l'arc GL ; mais, quand α est plus petit que 45 degrés, le point de contact est sur le prolongement. La trajectoire, qui correspond à la valeur $\alpha = 90°$, touche la parabole limite au point G ; celle qui correspond à la valeur $\alpha = 45°$, et qui donne l'amplitude maximum du jet, la touche au point L.

86. Nous avons dit que, lorsque le point M est situé au-dessous de la parabole limite LGL', deux trajectoires passent par le point M ; chacune des trajectoires peut rencontrer le point M, soit en montant, soit en descendant. Pour reconnaître laquelle de ces deux circonstances a lieu, nous remarquons que le sommet d'une trajectoire, d'après l'équation (16), a pour abscisse

$$x_2 = \frac{v_0^2 \sin\alpha \cos\alpha}{g};$$

si la valeur de x_2 est plus petite que x_1, la trajectoire rencontre le point M en descendant ; c'est le contraire qui a lieu quand la valeur de x_2 est plus grande que x_1. En remplaçant $\sin\alpha$ et $\cos\alpha$ par leurs valeurs en fonction de $\tang\alpha$, on a

$$x_2 = \frac{v_0^2 \tang\alpha}{g(1 + \tang^2\alpha)}.$$

De l'équation (19) on déduit

$$1 + \tang^2\alpha = \frac{2v_0^2}{gx_1}\left(\tang\alpha - \frac{y_1}{x_1}\right);$$

si l'on remplace $1 + \tang^2\alpha$ par sa valeur dans l'expression de x_2, il vient

$$x_2 = \frac{x_1}{2} \cdot \frac{\tang\alpha}{\tang\alpha - \dfrac{y_1}{x_1}}.$$

Ainsi, la condition pour qu'une trajectoire rencontre le point M en descendant, c'est que la condition

$$\frac{x_1}{2} \cdot \frac{\tang\alpha}{\tang\alpha - \dfrac{y_1}{x_1}} < x_1$$

soit remplie. Comme on a évidemment $\tang\alpha > \dfrac{y_1}{x_1}$, cette condition se simplifie et devient

22) $$\tang\alpha > 2\frac{y_1}{x_1}.$$

La demi-somme des racines de l'équation (19) étant égale à $\dfrac{v_0^2}{gx_1}$, la plus grande racine est plus grande que cette quantité; mais, puisque le point M est situé au-dessous de la parabole limite, on a

$$y_1 < OG = \frac{v_0^2}{2g},$$

et par suite
$$\frac{v_0^2}{gx_1} > \frac{2y_1}{x_1}.$$

Donc la plus grande racine vérifie la condition (22), et la trajectoire correspondante rencontre toujours le point M en descendant.

La plus petite racine sera aussi supérieure à $\dfrac{2y_1}{x_1}$, si cette quantité, mise à la place de tang α dans l'équation (19), donne un résultat positif, ce qui conduit à la condition

(23) $$x_1^2 > \frac{2v_0^2 y_1}{g} - 4y_1^2.$$

La courbe, qui a pour équation

$$x_1^2 = \frac{2v_0^2 y_1}{g} - 4y_1^2,$$

est une ellipse ayant pour petit axe OG, et son grand axe TT' double de OG. La condition (23) signifie que le point M est situé à l'extérieur de l'ellipse. Ainsi, la seconde trajectoire rencontre le point M en descendant ou en montant, suivant que ce point est situé à l'extérieur ou à l'intérieur de l'ellipse. Quand le point M appartient à l'ellipse, ce point est le sommet de la seconde trajectoire.

L'ellipse dont nous venons de parler est le lieu des sommets des trajectoires. On obtiendrait directement ce lieu en éliminant α entre les deux équations (16) et (17)₂

$$x = \frac{v_0^2 \sin\alpha \cos\alpha}{g}, \quad y = \frac{v_0^2 \sin^2\alpha}{2g}.$$

87. Nous rappellerons, en terminant, que, dans ce qui précède, nous avons négligé la résistance de l'air. Cette résistance modifie les résultats que nous avons trouvés, surtout quand la vitesse initiale est très-grande, parce que la résistance de l'air est proportionnelle au carré de la vitesse. Elle déforme la trajectoire parabolique et diminue son amplitude d'une manière notable. Aussi, dans toutes les questions qui se rattachent à l'artillerie et aux armes de précision, est-il nécessaire de tenir compte de la résistance de l'air.

CHAPITRE III.

COMPOSITION DES FORCES APPLIQUÉES A UN MÊME POINT MATÉRIEL.

88. Lorsque plusieurs forces agissent simultanément sur un même point matériel, on peut les remplacer par une force unique qu'on appelle leur *résultante*.

Pour concevoir ceci d'une manière très-nette, considérons deux forces constantes F et F' (*fig.* 58) agissant simultanément sur un même point matériel M au repos ; elles tendent à faire mouvoir ce point matériel dans une certaine direction ; il est clair qu'en appliquant dans la direction opposée une force convenable R', on empêchera le mouvement et l'on maintiendra le corps en repos. Une force R égale et contraire à la force R' est la résultante des deux forces F et F'; car cette force R fait équilibre à la force R', comme les deux forces simultanées F et F'.

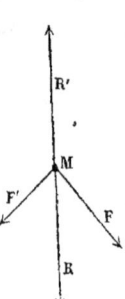

Fig. 58.

Composition des forces agissant suivant la même droite.

89. Lorsque deux forces F et F', appliquées à un même point matériel, agissent dans la même direction, la résultante est égale à la somme F+F' de ces deux forces.

Mais lorsque les deux forces agissent en sens contraires, si F est la plus grande, la résultante est égale à la différence $F - F'$ des deux forces et dans le sens de la plus grande.

En général, si plusieurs forces appliquées à un même point matériel agissent suivant la même droite, on fera la somme des forces qui agissent dans un sens, la somme des forces qui agissent en sens contraire, et l'on prendra la différence de ces deux sommes.

En convenant de regarder comme positives les forces qui agissent dans un sens, comme négatives celles qui agissent en sens contraire, on peut dire que la résultante est égale à la *somme algébrique* des forces proposées.

Comme application de ce qui précède, considérons un point pesant sans vitesse initiale et attaché à l'extrémité d'un fil que l'on tire verticalement avec une force constante. Le point matériel est sollicité par deux forces, son poids P dirigé de haut en bas, et la tension F du fil dirigée de bas en haut. Lorsque la tension du fil est égale au poids P, les deux forces se font équilibre et le point matériel reste en repos. Mais, quand les deux forces ne sont pas égales, elles admettent une résultante égale à la plus grande et dirigée dans le sens de la plus grande. Si la tension du fil est plus grande que le poids, la résultante $F - P$ est dirigée de bas en haut, et le corps monte d'un mouvement uniformément accéléré avec l'accélération

$$\gamma = \frac{F-P}{m} = g\left(\frac{F}{P} - 1\right).$$

Si la tension du fil est moindre que le poids, la résultante $P - F$ est dirigée de haut en bas, et le corps descend d'un mouvement uniformément accéléré avec l'accélération

$$\gamma = \frac{P-F}{m} = g\left(1 - \frac{F}{P}\right).$$

Composition de deux forces agissant dans des directions différentes.

90. Supposons que deux forces F et F', constantes en grandeur et en direction, sollicitent un même point matériel de masse m, placé en O sans vitesse initiale, l'une dans la direction OX, l'autre dans la direction OY (*fig.* 59).

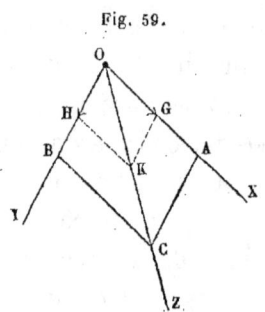

Fig. 59.

Si la première force agissait seule, elle imprimerait au mobile, suivant la droite OX, un mouvement rectiligne uniformément accéléré ayant pour accélération $\gamma = \dfrac{F}{m}$.

De même, si la seconde force agissait seule, elle imprimerait au mobile, dans la direction OY, un mouvement rectiligne uniformément accéléré ayant pour accélération $\gamma' = \dfrac{F'}{m}$. Représentons ces deux accélérations γ et γ' par les longueurs OG et OH.

Pour concevoir l'action simultanée des deux forces, imaginons un système de points matériels égaux au point matériel proposé, sans vitesse initiale et sollicités tous par la même force F; le système prendra un mouvement de translation rectiligne uniformément accéléré dans la direction OX, avec l'accélération γ. Supposons maintenant que la force F' agisse sur le point matériel proposé en particulier, le mouvement relatif que cette force lui imprimera dans le système sera le même que si le système était en repos, c'est-à-dire que si la force F' agissait seule sur le point matériel; le point matériel aura donc dans le système un mouvement rectiligne uniformément accéléré dans la direction OY, avec l'accélération γ'. On a ainsi à composer deux mouvements rectilignes uniformément accélérés, sans vitesse initiale; nous avons vu (n° 52) que le mouvement résultant est aussi un mouvement rectiligne uniformément accéléré, suivant la droite OZ, diagonale du parallélogramme construit sur les accélérations OG et OH des deux mouvements composants, et nous avons démontré que l'accélération γ'' de ce mouvement est représentée par la longueur même OK de cette diagonale. Mais nous savons qu'un pareil mouvement peut être produit par une force constante R, déterminée par la relation $R = m\gamma''$ et agissant dans la direction OZ. Cette force R qui, agissant seule sur le point matériel, lui imprime le même mouvement que les deux forces F et F′, agissant ensemble, est la résultante de ces deux forces.

Représentons les deux forces F et F′ par les longueurs OA et OB portées dans les directions OX et OY, et construisons le parallélogramme AOBC sur ces deux longueurs. Des relations

$$F = m\gamma, \quad F' = m\gamma',$$

on déduit
$$\frac{F}{\gamma} = \frac{F'}{\gamma'} = m,$$

ou
$$\frac{OA}{OG} = \frac{AC}{GK} = m.$$

Les deux triangles AOC, GOK, ayant les angles A et G égaux et compris entre deux côtés proportionnels, sont semblables. Il en résulte que les angles AOC, GOK sont égaux et, par conséquent, que les droites OC et OK coïncident; on a aussi, à cause de la similitude,

$$\frac{OC}{OK} = \frac{OA}{OG} = m,$$

et par suite $\quad OC = m \times OK = m\gamma'' = R$.

104   LIVRE II. DYNAMIQUE.

Ainsi, *la résultante de deux forces agissant sur un même point matériel dans des directions différentes, est représentée en grandeur et en direction par la diagonale du parallélogramme construit sur ces deux forces.*

91. Nous avons déterminé la résultante R des deux forces F et F′, en la considérant comme la force qui produit, à elle seule, le même mouvement que les deux forces proposées agissant simultanément; ceci est bien d'accord avec la notion que nous avons donnée de la résultante par l'équilibre (n° 88). Appliquons, en effet, au point matériel

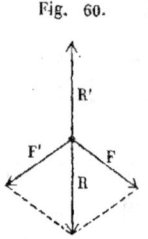

Fig. 60.

une force R′ (*fig.* 60) égale et contraire à la force R; il est évident que cette force R′ produira un mouvement égal et contraire à celui que produit la force R, ou les deux forces F et F′; ainsi, le point M, sollicité par les trois forces F, F′, R′, restera en repos et, par conséquent, les trois forces se font équilibre.

Composition d'un nombre quelconque de forces.

92. Nous avons dit (n° 58) que les forces sont représentées par des grandeurs géométriques, c'est-à-dire par des longueurs portées dans des directions déterminées. Dans le triangle OAC (*fig.* 59), les côtés OA et AC représentent les deux forces F et F′; le côté OC, qui est la somme géométrique des deux précédents, représente la résultante R. Ainsi, on peut dire que la résultante de deux forces est la *somme géométrique* de ces deux forces.

Cette règle s'étend à un nombre quelconque de forces appliquées à un même point matériel. Supposons le point matériel sollicité par quatre forces F, F′, F″, F‴; à la suite de la grandeur géométrique OA qui représente la première force F (*fig.* 61), portons la grandeur géométrique AB qui représente la seconde force F′; la somme géométrique OB représentera la résultante de ces deux premières forces. A la suite, portons la grandeur géométrique BC qui représente la troisième force F″; la somme géométrique OC représentera la résultante des deux forces OB et F″,

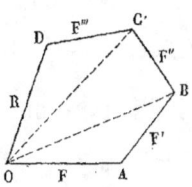

Fig. 61.

c'est-à-dire la résultante des trois premières forces F, F′, F″. A la suite, portons encore la grandeur géométrique CD qui représente la quatrième force F‴; la somme géométrique OD représentera la résultante des deux forces OC et F‴, c'est-à-dire des quatre forces proposées F, F′, F″, F‴. Ainsi, en considérant les forces comme des grandeurs géométriques, on peut dire que *la résultante* R *de plusieurs forces, appliquées à un même point matériel, est égale à la somme géométrique de ces forces.*

Lorsque la ligne brisée, formée avec les forces portées les unes à la suite des autres, chacune dans sa direction, est fermée, c'est-à-dire lorsque les deux extrémités se rejoignent, la résultante est nulle et, par suite, les forces proposées se font équilibre.

93. Nous pouvons appliquer à la composition des forces les principes que nous avons établis, dans le livre I, nos 25, 26 et 27, pour la composition des vitesses et pour la composition des accélérations, principes qui s'appliquent, en général, à l'addition des grandeurs géométriques.

La résultante R des deux forces F et F′ étant représentée par la diagonale du parallélogramme construit sur ces deux forces, on a, dans le triangle OAB (*fig.* 62),

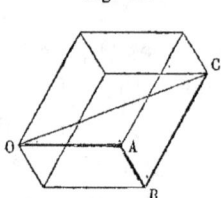

Fig. 62.

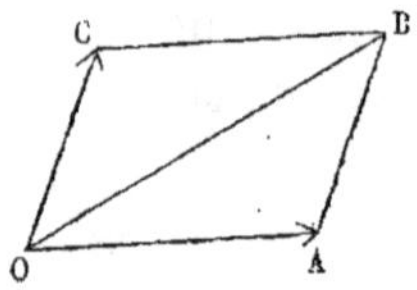

$$R^2 = F^2 + F'^2 + 2FF' \cos(F, F'),$$

en désignant par (F, F') l'angle AOC des deux forces.

Lorsqu'on compose trois forces F, F', F'', la résultante R est la diagonale OC du parallélipipède construit sur les trois forces OA, AB, BC (*fig*. 63). Si les forces sont perpendiculaires entre elles deux à deux, le parallélipipède est rectangle, et l'on a

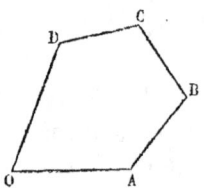

Fig. 63.

$$R^2 = F^2 + F'^2 + F''^2.$$

Considérons maintenant le cas général (*fig*. 64). Il est évident que *la projection de la résultante* OD *sur une droite quelconque est égale à la somme algébrique des projections des forces proposées*. On peut, à l'aide de ce théorème, déterminer la grandeur et la direction de la résultante.

Fig. 64.

Menons trois axes rectangulaires Ox, Oy, Oz. Désignons par F la première force et par a, b, c les angles qu'elle fait avec les axes. Désignons de même par F' la seconde force et par a', b', c' les angles qu'elle fait avec les axes, etc. Appelons R la résultante, et A, B, C les angles qu'elle fait avec les axes. En projetant orthogonalement sur chacun des axes, on a

$$(1) \quad \begin{cases} R \cos A = F \cos a + F' \cos a' + \ldots \\ R \cos B = F \cos b + F' \cos b' + \ldots \\ R \cos C = F \cos c + F' \cos c' + \ldots \end{cases}$$

En joignant à ces trois équations la relation

(2) $$\cos^2 A + \cos^2 B + \cos^2 C = 1,$$

on a ainsi quatre équations pour déterminer les quatre inconnues R, A, B, C.

Si l'on élève au carré les deux membres des trois premières équations et qu'on les ajoute membre à membre, on a, en tenant compte de l'équation (2),

(3) $$R^2 = (F \cos a + F' \cos a' + \ldots)^2 + (F \cos b + F' \cos b' + \ldots)^2 + (F \cos c + F' \cos c' + \ldots)^2.$$

Dès que l'on connaît la grandeur de la résultante, les équations (1) donnent les angles A, B, C et, par conséquent, déterminent sa direction.

Il est clair que la grandeur de la résultante ne dépend que des grandeurs des forces proposées et des angles qu'elles forment deux à deux ; le second membre de l'équation (3) doit donc être indépendant de la position des axes choisis pour effectuer le calcul. C'est ce qu'il est facile de reconnaître ; si l'on effectue les carrés et que l'on groupe convenablement les termes, il vient

$$R^2 = F^2(\cos^2 a + \cos^2 b + \cos^2 c) + F'^2(\cos^2 a' + \cos^2 b' + \cos^2 c') + \ldots + 2FF'(\cos a \cos a' + \cos b \cos b' + \cos c \cos c') + \ldots,$$

ou, plus simplement,

(4) $$R^2 = F^2 + F'^2 + \ldots + 2FF' \cos(F, F') + \ldots$$

Le carré de la résultante est égal à la somme des carrés des forces proposées, plus deux fois la somme des produits que l'on obtient en multipliant ces forces deux à deux et par le cosinus de l'angle qu'elles forment entre elles.

Conditions d'équilibre des forces appliquées à un même point matériel.

94. Pour que des forces F, F′, F″, appliquées à un même point matériel, se fassent équilibre, il est nécessaire et il suffit que leur résultante soit nulle.

Si la résultante est nulle, le polygone des forces étant fermé, il est clair que la somme des projections des forces sur un axe quelconque est nulle ; en projetant sur trois axes rectangulaires, on a les trois équations

$$(5) \quad \begin{cases} F\cos a + F'\cos a' + \ldots = 0, \\ F\cos b + F'\cos b' + \ldots = 0, \\ F\cos c + F'\cos c' + \ldots = 0. \end{cases}$$

Réciproquement, quand ces trois équations sont vérifiées, il y a équilibre. En effet, supposons que les forces proposées admettent une résultante R ; cette résultante serait déterminée par les équations (1) ; mais, par hypothèse, les seconds membres sont nuls, on aurait donc

$$R\cos A = 0, \ R\cos B = 0, \ R\cos C = 0 ;$$

les trois cosinus ne pouvant être nuls à la fois, puisque la somme de leurs carrés est égale à l'unité, il est nécessaire que la résultante R soit nulle ; donc il y a équilibre. Ainsi les trois équations (5) sont nécessaires et suffisantes pour l'équilibre.

95. Après avoir donné les conditions générales d'équilibre, examinons quelques cas particuliers. Lorsque deux forces F et F′ seulement agissent sur le point matériel, pour que ces forces se fassent équilibre, il est nécessaire et il suffit que ces deux forces soient égales et opposées; sans quoi elles admettraient une résultante différente de zéro (*fig.* 65).

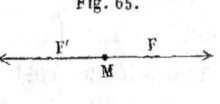

Fig. 65.

Supposons maintenant que trois forces F, F', F″ agissent sur le même point matériel (*fig.* 66); remplaçons les deux forces F et F' par leur résultante R; pour l'équilibre, il est nécessaire et il suffit que la troisième force F″ soit égale et opposée à la résultante R des deux premières. On voit par là que les trois forces proposées sont situées dans un même plan; en outre, elles vérifient les relations

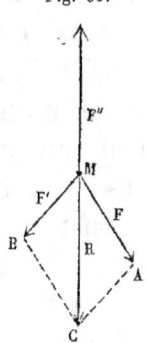

Fig. 66.

$$\frac{F}{\sin(F', F'')} = \frac{F'}{\sin(F'', F)} = \frac{F''}{\sin(F, F')},$$

que l'on obtient par la considération du triangle MAC.

En général, lorsque plusieurs forces se font équilibre sur un point matériel, l'une quelconque d'entre elles est égale et opposée à la résultante de toutes les autres.

96. REMARQUES. Nous avons cherché la résultante de plusieurs forces, en supposant les forces constantes en grandeur et en direction. Si les forces étaient variables, il faudrait considérer les grandeurs géométriques qui représentent ces forces à un certain moment et les supposer constantes dans cet état; l'application des règles précédentes donnerait la valeur de la résultante à cet instant. En considérant les grandeurs géométriques qui représentent les forces à un autre moment, on obtiendrait la valeur de la résultante à ce second instant, valeur qui serait, en général, différente de la première, et ainsi de suite.

Nous avons dit que des forces se font équilibre sur un point matériel en repos, lorsque le point matériel sollicité par ces forces reste en repos. On dit de même que des forces se font équilibre sur un point matériel en mouvement, lorsqu'elles ne modifient pas le mouvement du point matériel, c'est-à-dire lorsque le mouvement du point matériel est le même que si les forces que l'on considère n'agissaient pas. Il est aisé de voir que, lorsque des forces se font équilibre sur un point matériel en repos, elles se font aussi équilibre sur ce point en mouvement. Imaginons, en effet, que ce point fasse partie d'un système de points matériels animés d'un mouvement commun de translation et que les forces dont nous avons parlé agissent sur lui. Le mouvement relatif qu'elles lui impriment dans le système est le même que si le système était en repos; mais, dans ce cas, les forces ne produisent pas de mouvement; donc le mouvement relatif est nul et, par suite, le mouvement du point matériel n'est pas modifié par l'action des forces considérées.

CHAPITRE IV.

MOUVEMENT PRODUIT PAR UNE FORCE VARIABLE.

Nous avons étudié, dans les chapitres précédents, le mouvement produit par une force constante en grandeur et en direction. Lorsque la vitesse initiale est dirigée suivant la même droite que la force, le mouvement est rectiligne et uniformément varié ; lorsque la vitesse initiale a une direction différente, le mouvement est parabolique. Dans les deux cas, l'accélération est égale à la force divisée par la masse du mobile. Nous verrons que cette loi est générale, et que, lorsque la force est variable, l'accélération, à chaque instant, est égale au quotient de la force par la masse. Nous commencerons par examiner le cas où le mouvement est rectiligne.

THÉORÈME I.

97. *Dans un mouvement rectiligne varié, l'accélération, à chaque instant, est égale à la force divisée par la masse du mobile.*

Supposons qu'un mobile, animé d'une vitesse initiale dans la direction X'X, soit sollicité par une force variable F dirigée suivant la même droite X'X. Nous regarderons la force comme positive quand elle sera dirigée dans le sens X'X, et comme négative quand elle sera dirigée en sens contraire, et de même la vitesse. Il est clair que le mouvement du mobile sera un mouvement rectiligne, et que la vitesse augmentera ou diminuera suivant que la force sera positive ou négative. Désignons par m la masse du mobile. Soit v la vitesse du mobile au temps t, $v+\Delta v$ sa vitesse au temps $t+\Delta t$. Appelons F' la plus petite valeur de la force variable F pendant l'intervalle de temps Δt, F'' sa plus grande valeur. Si la force était constante et égale à F', elle produirait dans le temps Δt une variation de vitesse égale à $\dfrac{F'\Delta t}{m}$ (n° 72); de même, si la force était constante et égale à F'', elle produirait dans le même temps une variation de vitesse égale à $\dfrac{F''\Delta t}{m}$. La force F étant plus grande que F', la variation de vitesse Δv produite par la force F dans le temps Δt est plus grande que celle produite par la force F' dans le même temps; de même, la force F étant moindre que F'', la variation de vitesse produite par la force F est moindre que celle produite par la force F''. On a donc

$$\frac{F'\Delta t}{m} < \Delta v < \frac{F''\Delta t}{m},$$

ou, en divisant par Δt,

$$\frac{F'}{m} < \frac{\Delta v}{\Delta t} < \frac{F''}{m}.$$

Imaginons maintenant que l'intervalle de temps Δt tende vers zéro, le rapport $\dfrac{\Delta v}{\Delta t}$, ou l'accélération moyenne, tend vers une limite qui est l'accélération γ au temps t; les deux forces F' et F'' tendent vers une même limite qui est la valeur F de la force variable au temps t; l'accélération moyenne $\dfrac{\Delta v}{\Delta t}$ étant comprise entre les deux quotients $\dfrac{F'}{m}$

MOUVEMENT PRODUIT PAR UNE FORCE VARIABLE. 113

et $\dfrac{F''}{m}$, qui tendent vers une même limite $\dfrac{F}{m}$, sa limite γ est égale à $\dfrac{F}{m}$; on a donc, à chaque instant,

$$\gamma = \dfrac{F}{m}.$$

LEMME.

98. *Dans tout mouvement curviligne, l'accélération de la projection du mobile sur une droite quelconque est, à chaque instant, égale à la projection de la force qui sollicite le mobile divisée par la masse du mobile.*

Considérons un mobile de masse m sollicité par une force variable F et décrivant une trajectoire AB dans l'espace (*fig.* 67). Par le point M, position du mobile au temps t, menons un plan P parallèle à un plan donné, le point M' où ce plan rencontre l'axe X'X est la projection du point M ; imaginons un second mobile placé au point M' et marchant comme la projection du premier. Décompo-

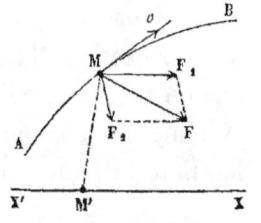

Fig. 67.

sons la force F, qui sollicite le premier mobile, en deux forces, l'une F_1 parallèle à l'axe, l'autre F_2, située dans le plan projetant ; il suffit, pour opérer cette décomposition, de mener un plan par les droites F et F_1, de prendre l'intersection F_2 de ce plan avec le plan projetant, puis de former le parallélogramme. Décomposons de même la vitesse v du premier mobile au temps t en deux vitesses, l'une v_1 parallèle à l'axe, l'autre v_2 située dans

8

le plan projetant. Concevons un système de points matériels égaux au point matériel proposé, animés tous de la vitesse v_1 au temps t et sollicités par la même force F_1; ce système prendra un mouvement de translation rectiligne, parallèlement à la droite X'X; en vertu du théorème précédent, l'accélération de ce mouvement rectiligne est égale à chaque instant à $\frac{F_1}{m}$; le plan P, considéré comme faisant partie du système, se déplacera parallèlement à lui-même. Imaginons maintenant que le point matériel proposé soit animé dans le système de la vitesse relative v_2 au temps t et soit sollicité par la force F_2 qui est toujours contenue dans le plan P. Le mouvement relatif du mobile dans le système est le même que si le système était en repos; mais alors le mobile, ayant sa vitesse initiale v_2 dans un plan fixe P, et étant sollicité par une force F_2 contenue dans ce plan, resterait dans ce plan; le mouvement relatif déplace donc simplement le mobile dans le plan P, et par conséquent n'a pas d'influence sur le mouvement de la projection. Il en résulte que le mouvement de la projection est le même que le mouvement de translation du système, mouvement rectiligne et parallèle à X'X; l'accélération du mouvement de la projection est donc égale à $\frac{F_1}{m}$, c'est-à-dire à la projection de la force F qui sollicite le mobile, divisée par la masse.

Cette proposition est vraie, que les projections soient obliques ou orthogonales.

99. REMARQUE. Ici quelques explications sont nécessaires pour bien faire comprendre la rigueur de cette démonstration. La force F qui sollicite le mobile proposé est une

force variable; ordinairement la variation d'une force provient du changement de position du mobile; en d'autres termes, la force est une fonction des coordonnées x, y, z du mobile. Mais, le mouvement étant supposé connu, les coordonnées sont des fonctions de t, et l'on peut regarder la force F comme une fonction du temps t; les deux composantes F_1 et F_2 seront aussi regardées comme des fonctions du temps. On conçoit très-bien, d'après cela, que le mouvement proposé puisse être considéré comme le mouvement résultant de deux mouvements, l'un rectiligne et parallèle à X'X produit par la force F_1, l'autre situé dans le plan P et produit par la force F_2. Le premier mouvement est celui de la projection.

THÉORÈME II.

100. *Dans un mouvement curviligne quelconque, l'accélération est, à chaque instant, égale en grandeur et en direction à la force qui sollicite le mobile divisée par la masse du mobile.*

Appelons F la force qui sollicite le mobile, a, b, c les angles qu'elle fait avec trois axes rectangulaires fixes OX, OY, OZ (*fig.* 68). Désignons par γ l'accélération du mobile proposé au temps t, et par a', b', c' les angles qu'elle fait avec les axes.

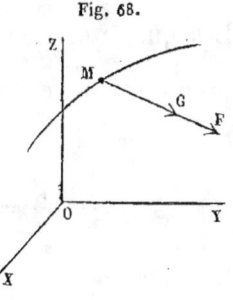

Fig. 68.

Nous venons de démontrer que l'accélération de la projection du mobile sur chacun des axes est égale à la projection de la force qui sollicite le mobile divisée par la masse. Mais nous savons (n° 40) que l'accélération de la projection du mobile sur chacun des axes est égale à la projection de l'accélération du mobile lui-même dans l'espace. On a donc les trois équations

$$(1) \quad \begin{cases} \gamma \cos a' = \dfrac{F \cos a}{m}, \\ \gamma \cos b' = \dfrac{F \cos b}{m}; \\ \gamma \cos c' = \dfrac{F \cos c}{m}. \end{cases}$$

On en déduit

$$\frac{\cos a'}{\cos a} = \frac{\cos b'}{\cos b} = \frac{\cos c'}{\cos c} = \frac{\frac{F}{m}}{\gamma}.$$

Si l'on combine les trois premiers rapports d'une façon convenable, on obtient le rapport égal

$$\pm \frac{\sqrt{\cos^2 a' + \cos^2 b' + \cos^2 c'}}{\sqrt{\cos^2 a + \cos^2 b + \cos^2 c}} = \pm 1.$$

Les quantités $\dfrac{F}{m}$ et γ étant essentiellement positives, on prendra le signe $+$. On a ainsi

$$\frac{\cos a'}{\cos a} = \frac{\cos b'}{\cos b} = \frac{\cos c'}{\cos c} = \frac{\frac{F}{m}}{\gamma} = 1.$$

Il en résulte

$$\gamma = \frac{F}{m},$$
$$a' = a, \quad b' = b, \quad c' = c.$$

On voit par là que l'accélération γ au temps t a même direction que la force F, et que sa valeur numérique est égale à la valeur numérique de la force divisée par la masse du mobile. En un mot, la grandeur géométrique MG, qui représente l'accélération, est égale à la grandeur géométrique MF qui représente la force, divisée par le nombre abstrait m, que l'on appelle masse du mobile.

101. Corollaire I. Ce théorème est très-important; il établit une relation très-simple entre la force et le mouvement qu'elle produit. C'est à l'aide de ce théorème que l'on parvient à résoudre les deux questions principales qui se présentent en dynamique : 1° un mouvement étant observé, trouver la force qui le produit ; 2° étant donnés la force qui agit sur le mobile et l'état initial du mobile, c'est-à-dire sa position initiale et sa vitesse initiale, trouver le mouvement.

Si l'on rapporte le mobile à trois axes rectangulaires fixes, et si l'on appelle x, y, z les coordonnées du mobile, nous savons que les projections de la vitesse sur les axes sont exprimées par les dérivées premières $D_t x$, $D_t y$, $D_t z$, et les projections de l'accélération par les dérivées secondes $D_t^2 x$, $D_t^2 y$, $D_t^2 z$. L'accélération γ étant égale en grandeur et en direction au quotient $\dfrac{F}{m}$, on a les trois équations

$$(1)\quad \begin{cases} D_t^2 x = \dfrac{F}{m}\cos a, \\[4pt] D_t^2 y = \dfrac{F}{m}\cos b, \\[4pt] D_t^2 z = \dfrac{F}{m}\cos c. \end{cases}$$

Quand on connaît le mouvement, x, y, z étant des fonctions connues de t, ainsi que leurs dérivées, ces trois équations donnent les trois projections de la force inconnue qui produit le mouvement, et par conséquent déterminent cette force en grandeur et en direction.

Quand on donne la force et qu'on cherche le mouvement, il faut à ces équations joindre celles qui se rapportent à l'état initial du mobile. Soient x_0, y_0, z_0 les coordonnées du mobile au temps $t=0$, v_0 sa vitesse initiale, a'_0, b'_0, c'_0 les angles qu'elle fait avec les axes, on doit avoir, pour $t=0$,

$$(2) \begin{cases} x = x_0, \\ y = y_0, \\ z = z_0; \end{cases} \qquad (3) \begin{cases} D_t x = v_0 \cos a'_0, \\ D_t y = v_0 \cos b'_0, \\ D_t z = v_0 \cos c'_0. \end{cases}$$

La question revient à trouver trois fonctions x, y, z de t, satisfaisant aux équations (1), et vérifiant les conditions (2) et (3).

On peut aussi procéder d'une autre manière : l'accélération, et par conséquent la force, sont situées dans le plan osculateur ; nous avons démontré (n° 47) que les projections de l'accélération sur la tangente et sur la normale principale ont pour expressions $D_t v$ et $\dfrac{v^2}{r}$, r étant le rayon de courbure. On a donc, en désignant par α l'angle que fait la force avec la tangente, les deux équations

$$(4) \begin{cases} D_t v = \dfrac{F}{m} \cos \alpha, \\ \dfrac{v^2}{r} = \dfrac{F}{m} \sin \alpha. \end{cases}$$

102. Corollaire II. Nous avons supposé, dans ce qui précède, qu'une seule force agit sur le mobile. Lorsque plusieurs forces agissent sur le mobile, comme on peut les remplacer par leur résultante, on dira que l'accélération est égale en grandeur et en direction à la résultante des forces divisée par la masse. Mais, quand on se sert des équations (1), il n'est pas nécessaire de chercher préalablement la résultante ; on sait, en effet, que la projection de la résultante sur un axe quelconque est égale à la somme de projection des forces. On a ainsi les trois équations

$$(5) \quad \begin{cases} m D_t^2 x = F\cos a + F'\cos a' + \dots \\ m D_t^2 y = F\cos b + F'\cos b' + \dots \\ m D_t^2 z = F\cos c + F'\cos c' + \dots \end{cases}$$

Si l'on projette sur la tangente, sur la normale principale, et sur la perpendiculaire au plan osculateur, on écrira que la somme des projections des forces sur la tangente est égale à $m D_t v$, que la somme des projections des forces sur la normale principale est égale à $\dfrac{mv^2}{r}$, et enfin que la somme des projections des forces sur la perpendiculaire au plan osculateur est égale à zéro. Cette dernière équation exprime que la résultante des forces est située dans le plan osculateur.

On arrive au même résultat, en décomposant chaque force en deux forces, l'une dirigée suivant la tangente, l'autre située dans le plan normal. Il suffit, pour cela, de mener un plan par la tangente et la force, et de prendre l'intersection de ce plan avec le plan normal. La somme des composantes tangentielles est égale à $m D_t v$; la résultante des composantes normales est dirigée suivant la normale principale et égale à $\dfrac{mv^2}{r}$.

103. Corollaire III. Lorsque la résultante des forces qui sollicitent le mobile est constamment normale à la trajectoire, en d'autres termes, lorsque la somme des composantes tangentielles des forces est nulle, on a $m\mathrm{D}_t v = o$, et par suite $v = v_o$; la vitesse est constante. C'est ce qui a lieu quand un mobile se meut sur une courbe fixe parfaitement polie, sans être sollicité par aucune autre force que la réaction normale N de la courbe (*fig.* 69); la vitesse du mobile, quoique changeant sans cesse de direction, reste constante. La réaction normale N, que la courbe exerce sur le mobile, est dirigée suivant la normale principale et est égale à $\dfrac{mv^2}{r}$; elle varie en raison inverse du rayon de courbure. Le mobile exerce contre la courbe fixe une pression $-\mathrm{N}$, égale et contraire à cette réaction normale.

(Fig. 69.)

Lorsque le mobile se meut sur une surface parfaitement polie, sans être sollicité par aucune autre force que la réaction normale de la surface, la vitesse est aussi constante; la trajectoire décrite par le mobile sur la surface a sa normale principale en chaque point normale à la surface; c'est une propriété de la ligne minimum tracée sur la surface d'un point à un autre.

104. Corollaire IV. Nous savons (n° 39) que, dans le mouvement circulaire uniforme, l'accélération est sans cesse dirigée vers le centre et égale a $\dfrac{v^2}{r}$; on en conclut que la force nécessaire pour un pareil mouvement est dirigée vers le centre et égale à $\dfrac{mv^2}{r}$. Cette force *cen-*

MOUVEMENT PRODUIT PAR UNE FORCE VARIABLE. 121

tripète est proportionnelle au carré de la vitesse et en raison inverse du rayon.

Lorsqu'un corps, placé dans une fronde, tourne d'un mouvement uniforme, la force qui produit ce mouvement circulaire est la tension du fil ; elle provient de l'effort exercé par la main qui tient l'extrémité de la corde. Si le corps pèse un kilogramme, et décrit un cercle de 1 mètre de rayon avec une vitesse de 10 mètres par seconde, la force centripète est égale à $\frac{100}{g} = \frac{100}{9,8} = 10,2$ kilogrammes.

On donne encore à la force centripète, capable de produire le mouvement circulaire uniforme, une autre expression. Le rayon OM, qui va du centre au mobile M (*fig.* 70), décrit des angles proportionnels au temps. On appelle vitesse angulaire l'angle M OM' décrit par le rayon dans l'unité de temps. Cet angle est mesuré par l'arc *ab* compris entre ses côtés dans le cercle dont le rayon est égal à l'unité. Si, par exemple, le mobile décrit la circonférence en 40 secondes, la circonférence de rayon 1 étant égale à 2π, l'arc

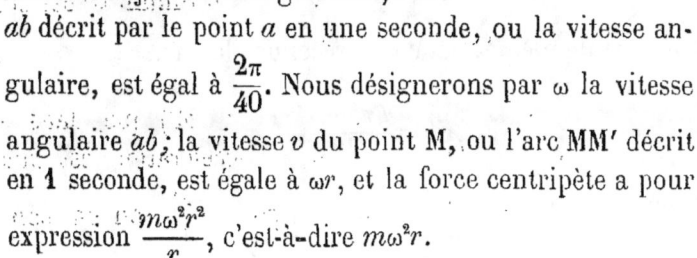

Fig. 70.

ab décrit par le point *a* en une seconde, ou la vitesse angulaire, est égal à $\frac{2\pi}{40}$. Nous désignerons par ω la vitesse angulaire *ab* ; la vitesse v du point M, ou l'arc MM' décrit en 1 seconde, est égale à ωr, et la force centripète a pour expression $\frac{m\omega^2 r^2}{r}$, c'est-à-dire $m\omega^2 r$.

Exemples.

Il est bon d'appliquer à quelques exemples les principes que nous venons d'exposer. Considérons, en premier lieu, le mouvement des planètes.

105. Première question. — *Mouvement des planètes.* Les planètes décrivent autour du soleil des orbites à peu près circulaires et d'un mouvement à peu près uniforme. Nous bornant pour le moment à une première approximation, nous supposerons les orbites rigoureusement circulaires et le mouvement uniforme. Il en résulte que chaque planète est sollicitée sans cesse par une force dirigée vers le centre du soleil. Le soleil attire en quelque sorte les planètes, comme une corde tire la pierre qu'elle fait tourner en cercle : cherchons la loi de cette attraction.

Soit m la masse d'une planète, r le rayon du cercle qu'elle décrit autour du soleil, T la durée de la révolution, F la force qui sollicite la planète vers le soleil, on a

$$v = \frac{2\pi r}{T}, \quad F = \frac{mv^2}{r} = \frac{4\pi^2 mr}{T^2}.$$

On aura de même, pour une seconde planète,

$$F' = \frac{4\pi^2 m'r'}{T'^2}.$$

On en déduit

$$\frac{F}{F'} = \frac{m}{m'} \times \frac{r}{r'} \times \frac{T'^2}{T^2}.$$

Képler a reconnu par l'observation que les carrés des

temps des révolutions sont proportionnels aux cubes des rayons; on a donc

$$\frac{T'^2}{T^2} = \frac{r'^3}{r^3};$$

on en déduit

$$\frac{F}{F'} = \frac{m}{m'} \times \frac{r'^2}{r^2} = \frac{\frac{m}{r^2}}{\frac{m'}{r'^2}},$$

ou

$$\frac{F}{\frac{m}{r^2}} = \frac{F'}{\frac{m'}{r'^2}}.$$

Ce rapport est le même pour toutes les planètes; en désignant par μ la valeur de ce rapport constant, on a

$$\frac{F}{\frac{m}{r^2}} = \mu,$$

d'où

$$F = \frac{m\mu}{r^2}.$$

Ainsi, *l'attraction que le soleil exerce sur les planètes est proportionnelle aux masses des planètes et inversement proportionnelle au carré de leurs distances au centre du soleil*. C'est la loi célèbre de Newton. Nous traiterons plus tard (liv. V, chap. I) la même question dans l'hypothèse plus exacte du mouvement elliptique.

106. Autour de certaines planètes, de Jupiter, par exemple, se meuvent des satellites, suivant les mêmes lois que les planètes autour du soleil; on en conclut que la planète attire les satellites, proportionnellement aux

masses des satellites, et en raison inverse du carré de leurs distances au centre de la planète.

L'attraction des planètes s'exerce aussi sur les corps placés à leur surface, et alors elle prend le nom de *pesanteur*. Ainsi, c'est l'attraction de la terre sur les corps placés à sa surface qui les fait tomber vers le centre ; c'est l'attraction de la terre sur la lune qui fait tourner celle-ci autour de la terre.

Le mouvement de la lune a fourni à Newton une vérification très-simple de sa loi d'attraction. Calculons la force centripète capable de faire décrire à la lune son cercle autour de la terre. La lune parcourt 1020 mètres par seconde; sa distance au centre de la terre est 60 fois le rayon de la terre, ou 6360000 × 60 mètres; on trouve ainsi, pour l'accélération,
$$\frac{1020^2}{6360000 \times 60} = 0{,}00272.$$
Telle est l'attraction que la terre exerce sur chaque unité de la masse de la lune. D'autre part, les expériences sur la chute des corps, ou les oscillations du pendule, donnent pour l'intensité de la pesanteur à la surface de la terre le nombre 9,8; c'est l'attraction de la terre sur l'unité de masse à une distance du centre égale au rayon de la terre. En comparant les deux nombres 0,00272 et 9,8, on voit que le premier est 3600 fois plus petit que le second. On en conclut que l'attraction de la terre à la distance de la lune est 3600 fois plus petite que l'attraction à sa surface; or, la distance de la lune au centre de la terre égale 60 rayons terrestres, et 3600 est le carré de 60 ; on retrouve ainsi la loi du carré des distances.

107. Le soleil attire les planètes, les planètes attirent les satellites; tous les astres, sans exception, attirent les

corps placés à leur surface. La loi de l'attraction régit, non-seulement notre système planétaire, mais encore les autres systèmes; car, dans les mouvements des étoiles doubles, on retrouve les lois de Képler. L'attraction paraît donc être une loi générale de la nature; on l'énonce ainsi : *Deux molécules matérielles quelconques s'attirent proportionnellement à leurs masses et en raison inverse du carré de leurs distances.* Soient m et m' les masses de deux molécules, r leur distance; l'attraction de ces deux molécules sera représentée par la formule

$$\frac{fmm'}{r^2},$$

dans laquelle la lettre f désigne une constante, savoir l'attraction mutuelle de deux unités de masse à l'unité de distance.

L'attraction s'exerce entre les plus petites particules matérielles : en vertu de l'attraction de ses molécules les unes sur les autres, une masse fluide doit prendre nécessairement la forme sphérique. Ainsi, c'est l'attraction qui préside à la formation des astres.

La pesanteur à la surface de la terre est la résultante des attractions de toutes les molécules qui composent le globe terrestre sur un corps placé à sa surface. Cette résultante est dirigée vers le centre de la terre. On démontre, en effet, que la résultante des attractions de toutes les molécules d'un globe sphérique composé de couches homogènes est exactement la même que si toute la masse du globe était concentrée en son centre. Ainsi, si la masse d'un globe est m, son rayon r, l'intensité de la pesanteur à sa surface, c'est-à-dire l'attraction exercée par le globe sur chaque unité de masse placée à sa surface, sera $\frac{fm}{r'^2}$.

On démontre aussi que la résultante des attractions des molécules d'un globe sphérique sur les molécules d'un autre globe sphérique est la même que si les masses des deux globes étaient concentrées en leurs centres. Cette propriété est importante. Ainsi, dans le mouvement des astres les uns autour des autres, tout se passe comme si les centres s'attiraient directement, et l'on peut supposer, pour simplifier, les astres réduits à leurs centres, c'est-à-dire les considérer comme de simples points matériels.

108. Deuxième question. — Considérons un point pesant se mouvant sur un cercle horizontal. Le point matériel de masse m est sollicité par deux forces, son poids mg représenté par la droite verticale MA (*fig.* 71), et la réaction normale N de la courbe. Cette réaction, que nous représenterons par la droite MB, est située dans le plan normal et fait avec le rayon horizontal MO un certain angle α. Ces deux forces étant normales, la vitesse est constante (n° 103); en outre, leur résultante MC doit être dirigée suivant la normale principale qui est le rayon MO du cercle, et égale à $\frac{mv^2}{r}$. On peut, d'après cela, déterminer la réaction N en grandeur et en direction; car, dans le triangle rectangle MCB, les deux côtés de l'angle droit étant connus, on a

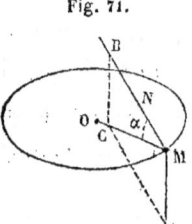

Fig. 71.

$$N = m\sqrt{g^2 + \frac{v^4}{r^2}}, \quad \tang \alpha = \frac{gr}{v^2}.$$

Plus la vitesse est grande, plus l'angle α est petit. Le mobile exerce contre le cercle fixe une pression égale et contraire à la réaction normale N que la courbe exerce sur le mobile.

109. Troisième question. — Le pendule conique, qui sert de régulateur pour les machines à vapeur, est formé d'une tige rigide OM, de longueur l, articulée à charnière par son extrémité supérieure à l'axe de rotation vertical OZ, et portant à son extrémité inférieure une masse m (*fig.* 72). Le plan ZOM tourne d'un mouvement uniforme autour de l'axe vertical OZ, avec une vitesse angulaire donnée ω (nous appelons vitesse angulaire l'angle dièdre décrit par ce plan en une seconde, angle mesuré par un angle plan, c'est-à-dire par un arc de cercle); la tige OM s'écarte plus ou moins de l'axe de rotation OZ, en tournant autour de la charnière O; nous cherchons l'angle θ que

Fig. 72.

doit faire la tige OM avec l'axe vertical OZ pour se maintenir constant pendant toute la durée du mouvement. Afin de simplifier, nous négligerons la masse de la tige OM, comparativement à la masse m de la boule placée en M. Si l'angle θ reste constant, le point M décrit un cercle horizontal de rayon MC égal à $l \sin \theta$, avec une vitesse égale à $\omega \times $ MC. Le point M est sollicité par deux forces, son poids mg représenté par la droite verticale MA, et la tension N de la tige représentée par la droite MB; pour que ce point décrive un cercle d'un mouvement uniforme, il faut que la résultante MD de ces deux forces soit dirigée suivant le rayon MC du cercle et égale à $\dfrac{mv^2}{r}$, c'est-

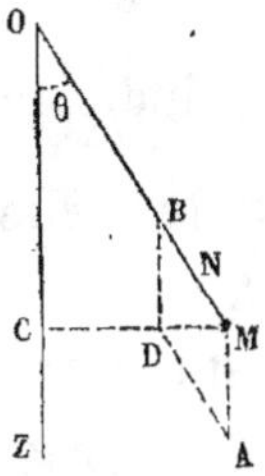

128   LIVRE II. DYNAMIQUE.

à-dire à $m\omega^2 \times MC$ ou à $m\omega^2 l \sin\theta$. Dans le triangle rectangle MBD, on a

$$MD = BD \times \tang\theta,$$

ou $\qquad m\omega^2 l \sin\theta = mg \tang\theta;$

on en déduit $\qquad \cos\theta = \dfrac{g}{\omega^2 l}.$

Cette formule donne l'angle θ, qui correspond à une vitesse angulaire de rotation ω. Pour que le pendule s'écarte de la verticale, il faut que le second membre ait une valeur moindre que l'unité, ce qui exige que l'on ait $\omega > \sqrt{\dfrac{g}{l}}$.

Plus la vitesse angulaire ω de rotation est grande, à partir de cette limite, plus l'angle θ est grand; quand la vitesse ω est très-grande, l'angle θ est voisin d'un angle droit.

110. Quatrième question. — Une courbe plane tourne d'un mouvement uniforme autour d'un axe vertical OZ situé dans son plan; quelle doit être la forme de cette courbe pour qu'un point pesant, placé en un point quelconque M de cette courbe, sans vitesse initiale relative, reste en repos relatif?

Le mobile est sollicité par deux forces, son poids mg représenté par la droite MA, et la réaction normale MB de la courbe (*fig.* 73); si le mobile reste en repos relatif sur la courbe, il décrit d'un mouvement uniforme le cercle ayant

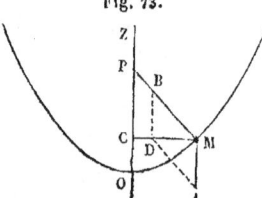
Fig. 73.

pour rayon la perpendiculaire MC abaissée du point M sur l'axe de rotation; la résultante MD des deux forces MA et MB, doit être dirigée suivant le rayon MC et égale à $m\omega^2 \times MC$. Les deux triangles semblables MCP, MDB donnent la proportion

$$\frac{CP}{MC} = \frac{DB}{MD} = \frac{mg}{m\omega^2 \times MC};$$

d'où l'on déduit

$$CP = \frac{g}{\omega^2}.$$

Ainsi la sous-normale CP est constante. Or on sait que la parabole jouit de cette propriété. Une parabole ayant pour axe OZ satisfera donc à la question.

111. Cinquième question. — *Pesanteur sensible.* La terre tourne autour de son axe d'un mouvement uniforme; la durée de la révolution, ou le jour sidéral, contenant 86400 secondes, la vitesse angulaire ω est égale à $\frac{86400}{2\pi}$, soit environ 0,00007; c'est une quantité très-petite. Si la terre, que l'on suppose avoir été une masse fluide au commencement, ne tournait pas sur elle-même, en vertu de l'attraction de ses parties les unes sur les autres, elle aurait pris la forme sphérique; la résultante des attractions exercées par les différentes parties du globe sphérique sur un corps placé à sa surface serait dirigée vers le centre, et constituerait le poids du corps; mais la rotation de la terre modifie ces résultats.

Considérons d'abord un point matériel, de masse m, placé à l'équateur et suspendu par un fil attaché à un point fixe. Ce point matériel est sollicité par deux forces, l'attraction A du globe terrestre, laquelle est ici dirigée vers le centre, et la tension N du fil, dirigée en sens contraire. Ce point décrivant un cercle, de rayon R, avec la vitesse angulaire ω, la résultante A — N des deux forces qui le sollicitent doit être dirigée vers le centre et égale à $m\omega^2 r$; on a donc

$$A - N = m\omega^2 r,$$

d'où

(1) $$N = A - m\omega^2 r.$$

Le poids du corps est une force égale et contraire à la tension du fil; on voit par là que le poids d'un corps à l'équateur est égal à l'attraction du globe diminuée de la force nécessaire pour produire le mouvement circulaire du corps. Cette force est égale à $m \times 0,033$; c'est à peu près le $\dfrac{1}{289}$ de la pesanteur.

Considérons maintenant un point matériel placé à une latitude quelconque et suspendu par un fil attaché à un point fixe; ce point matériel est sollicité par deux forces, l'attraction MA du globe et la tension MB du fil (*fig.* 74);

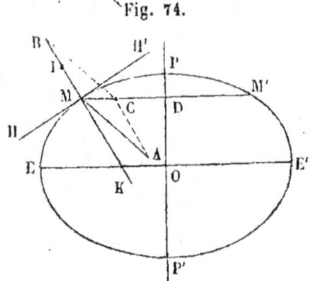
Fig. 74.

le point décrivant en un jour le parallèle MM' sur lequel il est situé, la résultante MC de ces deux forces doit être dirigée vers le centre D de ce parallèle et égale à $m\omega^2 \times$ MD. Il est nécessaire pour cela que le prolongement MK du fil fasse un certain angle KMA avec l'attraction MA. Le poids du corps est une force égale et contraire à la tension N du fil; cette force est dirigée suivant le prolongement MK du fil; on a ainsi la direction du fil à plomb ou la verticale du lieu M; l'angle MKE qu'elle fait avec l'équateur est la latitude λ. La verticale ne passe donc plus par le centre O, et comme le plan horizontal HH', ou la surface des eaux tranquilles, doit être en chaque point perpendiculaire à la verticale MK, on conçoit que la forme sphérique ne convient plus à l'équilibre et que la terre a dû prendre la forme d'un ellipsoïde de révolution aplati.

La force MC capable de produire le mouvement circulaire du point M est égale à $m\omega^2 \times$ MD; elle est très-petite. Dans le triangle MAC, on a

$$\overline{MA}^2 = \overline{CA}^2 + \overline{MC}^2 - 2.CA.MC.\cos MCA,$$

c'est-à-dire

$$A^2 = N^2 + \overline{MC}^2 + 2N.MC.\cos\lambda.$$

On peut écrire cette équation sous la forme

$$A^2 = (N + MC.\cos\lambda)^2 + \overline{MC}^2.\sin^2\lambda.$$

Le terme $\overline{MC}^2 \times \sin^2\lambda$ est une quantité très-petite du second ordre, MC étant regardée comme une quantité petite du premier ordre; on peut la négliger sans erreur sensible, ce qui réduit l'équation à

$$A = N + MC.\cos\lambda,$$

d'où $\qquad N = A - MC.\cos\lambda.$

Le rayon MD du parallèle que décrit le point M est égal à OM $\times$ sin POM; l'ellipsoïde terrestre différant peu d'une sphère, l'attraction MA fait un très-petit angle avec le rayon MO, de même que la verticale MK; l'angle POM est à peu près complémentaire de l'angle λ, le rayon OM diffère peu du rayon r de l'équateur, et l'on a approximativement

$$MD = OM \cos \lambda = r \cos \lambda,$$
$$MC = m\omega^2 r \cos \lambda;$$

et par suite

(2) $$N = A - m\omega^2 r \cos^2 \lambda.$$

L'attraction A elle-même varie avec la latitude.

Cherchons maintenant l'angle très-petit AMK que fait la verticale avec la direction de l'attraction, angle que nous désignons par α. Dans le triangle AMC, on a

$$\frac{\sin \alpha}{\sin \lambda} = \frac{MC}{MA};$$

le sinus de l'angle très-petit α différant très-peu de l'angle lui-même, on en déduit approximativement

(3) $$\alpha = \frac{MC \cdot \sin \lambda}{MA} = \frac{m\omega^2 r \sin \lambda \cos \lambda}{A} = \frac{m\omega^2 r \sin 2\lambda}{2A}.$$

L'angle α est nul à l'équateur et au pôle, maximum à la latitude de 45 degrés.

112. Sixième question. Cherchons le mouvement d'un point pesant assujetti à glisser sur une hélice tracée sur un cylindre droit vertical (*fig*. 75). Si l'on appelle α l'angle constant que font les tangentes à l'hélice avec les génératrices du cylindre et a le rayon de la base, on sait que la normale principale à l'hélice au point M, est le rayon MC du cercle horizontal passant par le point M, et que le

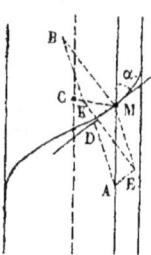

Fig. 75.

rayon de courbure r a pour valeur $\dfrac{a}{\sin^2 \alpha}$ (n° 48). Soit M une position quelconque du mobile ; le mobile est sollicité par deux forces, son poids mg représenté par la verticale MA et la réaction normale N de la courbe, réaction que nous représentons par une droite MB, située dans le plan normal à l'hélice et faisant avec la normale principale MC un certain angle β. Décomposons la force MA en deux forces, l'une $\mathrm{MD} = mg \cos \alpha$ dirigée suivant la tangente, l'autre $\mathrm{ME} = mg \sin \alpha$ dirigée suivant une normale. La force tangentielle MD fait varier la vitesse, et l'on a

$$m \mathrm{D}_t v = mg \cos \alpha,$$

ou plus simplement

$$\mathrm{D}_t v = g \cos \alpha ;$$

d'où
$$v = g \cos \alpha \times t,$$

en supposant nulle la vitesse initiale. Le mouvement sur l'hélice est uniformément accéléré. Les deux forces normales ME et MB ont une résultante MK dirigée suivant la normale principale MC et égale à $\dfrac{mv^2}{r}$ ou à $\dfrac{mv^2 \sin^2 \alpha}{a}$. Le rayon horizontal MC est perpendiculaire au plan tangent au cylindre en M et, par conséquent, à la droite ME située dans ce plan ; le triangle MKB est rectangle en K, et l'on a dans ce triangle

$$\mathrm{N} = m \sqrt{g^2 \sin^2 \alpha + \dfrac{v^4 \sin^4 \alpha}{a^2}} = m \sin \alpha \sqrt{g^2 + \dfrac{v^4 \sin^2 \alpha}{a^2}},$$

$$\tang \beta = \dfrac{ga}{v^2 \sin \alpha}.$$

A mesure que le mobile descend, la réaction normale N augmente, tandis que l'angle β diminue.

113. Septième question. Trouver le mouvement d'un point matériel placé au point A sans vitesse initiale et sollicité par une force dirigée vers un point fixe O et proportionnelle à la distance (*fig.* 76).

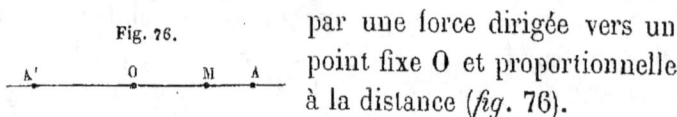

Fig. 76.

Soit M une position quelconque du mobile; désignons par x la distance OM, affectée du signe $+$ ou du signe $-$, suivant qu'elle est comptée dans le sens OA ou en sens contraire. La vitesse v et l'accélération γ seront de même positives ou négatives, suivant qu'elles seront dirigées dans le sens OA ou en sens contraire. Si m est la masse du mobile, la force qui le sollicite vers le point O peut être exprimée par $-m\mu x$, μ désignant une certaine constante; l'accélération est égale à $-\mu x$; on a donc

$$(1) \qquad D_t^2 x = -\mu x.$$

A cette équation il faut joindre les conditions initiales; en appelant a la distance initiale OA, on doit avoir pour $t=0$

$$(2) \qquad x=a, \quad v=D_t x=0.$$

La question revient donc à trouver une fonction x de t satisfaisant à l'équation (1) et vérifiant les conditions (2). D'après l'équation (1), la fonction x doit se reproduire en signe contraire et au facteur constant μ près par deux dérivations; nous savons que le sinus et le cosinus jouissent de cette propriété. Posons

$$(3) \qquad x = A \cos t\sqrt{\mu} + B \sin t\sqrt{\mu};$$

on en déduit

$$(4) \quad D_t x = -A\sqrt{\mu} \sin t\sqrt{\mu} + B\sqrt{\mu} \cos t\sqrt{\mu},$$
$$D_t^2 x = -A\mu \cos t\sqrt{\mu} - B\mu \sin t\sqrt{\mu} = -\mu x.$$

Ainsi la fonction (3) satisfait à l'équation (1), quelles que soient les deux constantes A et B. On déterminera les valeurs de ces deux constantes par les conditions initiales (2). Si dans les expressions (3) et (4) on fait $t = o$, on doit avoir

$$a = A, \quad o = B.$$

Ainsi la fonction

(5) $$x = a \cos t\sqrt{\mu},$$

d'où

(6) $$v = -a\sqrt{\mu} \sin t\sqrt{\mu},$$

satisfait à toutes les conditions du problème et, par conséquent, représente le mouvement cherché.

On voit que le mouvement est périodique ; le mobile oscille de part et d'autre du point O ; la période est égale à $\dfrac{2\pi}{\sqrt{\mu}}$; elle se compose de deux oscillations AA′, A′A égales entre elles. Cette période est indépendante de l'*amplitude* a, elle ne dépend que de la constante μ ; on dit que les oscillations sont *isochrones*.

114. Huitième question. Mouvement d'un pendule simple écarté très-peu de la verticale CO et abandonné à lui-même sans vitesse initiale.

Appelons l la longueur CA du pendule (*fig.* 77) ; a l'écart initial OA ; x l'arc variable OM, et θ l'angle variable OCM, lequel a pour mesure $\dfrac{x}{l}$.

Nous regardons la vitesse v du point M comme positive ou négative, suivant qu'elle est dirigée dans le sens OA ou

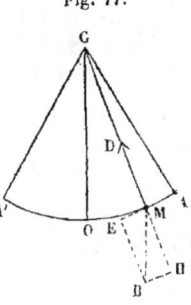

Fig. 77.

en sens inverse. Le point matériel M est sollicité par deux forces, son poids mg représenté par la droite MB et la tension MD de la tige. Décomposons la force MB en deux forces, l'une ME$=mg\sin\theta$ dirigée suivant la tangente, l'autre MH$=mg\cos\theta$ dirigée suivant le prolongement de la tige. La composante tangentielle fait varier la vitesse, et l'on a

$$D_t v = -\frac{mg\sin\theta}{m},$$

ou $$D_t^2 x = -g\sin\frac{x}{l}.$$

L'arc θ étant très-petit, on peut approximativement remplacer le sinus par l'arc, et l'équation se réduit à

(7) $$D_t^2 x = -\frac{g}{l}x.$$

La question est ramenée ainsi à la question précédente : tout se passe comme si l'arc OA était rectifié, et le mobile sollicité par une force dirigée vers le point O et proportionnelle à la distance. Il suffit, dans la formule (5) du numéro précédent, de remplacer la constante μ par $\frac{g}{l}$, ce qui donne

(8) $$x = a\cos t\sqrt{\frac{g}{l}}.$$

La durée de l'oscillation est $T = \pi\sqrt{\dfrac{l}{g}}$. Les oscillations sont isochrones, c'est-à-dire indépendantes de l'amplitude.

115. Neuvième question. Trouver le mouvement d'un point matériel animé d'une vitesse initiale donnée et sollicité par une force dirigée vers un point fixe O et proportionnelle à la distance.

Il est évident que le mobile restera dans le plan mené par le point fixe O et la vitesse initiale ; prenons dans ce plan deux axes rectangulaires OX, OY, passant par le point fixe. Soit M la position du mobile au temps t ; la force qui sollicite le mobile et qui est dirigée suivant le rayon MO peut

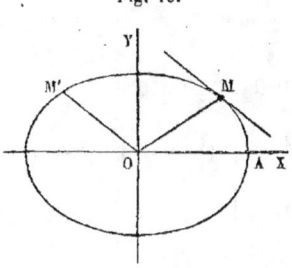

Fig. 78.

être représentée par $m\mu r$, m désignant la masse du mobile, r la distance OM, et μ une constante donnée. L'accélération, dirigée aussi suivant MO, est μr ; ses projections sur les deux axes OX et OY sont $-\mu r \cos \mathrm{MOX}$ et $-\mu r \cos \mathrm{MOY}$, ou plus simplement $-\mu x$ et $-\mu y$. On a donc les deux équations

(1) $$\begin{cases} D_t^2 x = -\mu x, \\ D_t^2 y = -\mu y, \end{cases}$$

pour déterminer le mouvement des projections du mobile sur les deux axes.

D'après ce que nous avons dit précédemment, les fonctions x et y sont de la forme

(2) $$\begin{cases} x = \mathrm{A} \cos t\sqrt{\mu} + \mathrm{B} \sin t\sqrt{\mu}, \\ y = \mathrm{A}' \cos t\sqrt{\mu} + \mathrm{B}' \sin t\sqrt{\mu}, \end{cases}$$

A, B, A', B' étant quatre constantes arbitraires que l'on déterminera par l'état initial du mobile. On obtiendra l'équation de la trajectoire en éliminant t entre les équations (2) ; de ces équations on tire

$$\cos t\sqrt{\mu} = \frac{\mathrm{B}'x - \mathrm{B}y}{\mathrm{AB}' - \mathrm{B}'\mathrm{A}},$$

$$\sin t\sqrt{\mu} = \frac{\mathrm{A}y - \mathrm{A}'x}{\mathrm{AB}' - \mathrm{BA}'};$$

en portant ces valeurs dans la relation

$$\cos^2 t\sqrt{\mu} + \sin^2 t\sqrt{\mu} = 1,$$

on a l'équation

(3) $\quad (B'x - By)^2 + (Ay - A'x)^2 = (AB' - BA')^2;$

ainsi la trajectoire est une ellipse dont le point O est le centre.

Pour simplifier les formules, supposons le mobile placé au point A, à la distance OA égale à a, avec une vitesse initiale v_0 perpendiculaire à OA ; on devra avoir, pour $t = 0$,

$$x = a, \quad y = 0, \quad D_t x = 0, \quad D_t y = v_0,$$

ce qui donne

$$A = a, \quad A' = 0, \quad B = 0, \quad B'\sqrt{\mu} = v_0;$$

les équations (2) deviennent

(4) $\quad \begin{cases} x = a \cos t\sqrt{\mu}, \\ y = \dfrac{v_0}{\sqrt{\mu}} \sin t\sqrt{\mu}, \end{cases}$

et la trajectoire a pour équation

(5) $\quad \dfrac{x^2}{a^2} + \dfrac{\mu y^2}{v_0^2} = 1.$

Les composantes de la vitesse sont données par les formules

(6) $\quad \begin{cases} D_t x = -a\sqrt{\mu} \sin t\sqrt{\mu}, \\ D_t y = v_0 \cos t\sqrt{\mu}. \end{cases}$

Il est évident que le point M', qui a pour coordonnées

$$x' = \frac{D_t x}{\sqrt{\mu}} = -a \sin t\sqrt{\mu},$$

$$y' = \frac{D_t y}{\sqrt{\mu}} = \frac{v_0}{\sqrt{\mu}} \cos t\sqrt{\mu},$$

appartient à l'ellipse; d'ailleurs le rayon OM' est parallèle à la tangente en M, c'est-à-dire à la vitesse; on a donc $v = OM' \times \sqrt{\mu}$. Ainsi la vitesse au point M est proportionnelle au rayon OM' conjugué de OM.

116. Dixième question. *Mouvement dans un milieu résistant.* Lorsqu'un point matériel se meut dans un milieu résistant, par exemple, dans l'air atmosphérique, il éprouve de la part du milieu une résistance dirigée en sens contraire de la vitesse du mobile, et dont la grandeur dépend de cette vitesse. Nous supposerons que cette résistance est une puissance de la vitesse, et nous la représenterons par mav^n, n étant un exposant positif, m la masse du mobile et a un coefficient qui dépend de la nature et de la densité du milieu. Nous supposerons, en outre, que le corps, lancé avec une vitesse initiale v_0, à partir du point O, n'est sollicité par aucune autre force que la résistance du milieu. La force qui sollicite le mobile étant dirigée en sens contraire de la vitesse, il est clair que le mouvement sera rectiligne et retardé; l'accélération étant négative et égale à $-av^n$, on a l'équation

(1) $$D_t v = -av^n.$$

Cette équation peut être mise sous la forme

$$v^{-n} D_t v = -a;$$

en prenant les fonctions primitives des deux membres, on en déduit

$$\frac{v^{1-n}}{1-n} = -at + C.$$

On déterminera la constante C par la condition que, pour $t=0$, on ait $v=v_0$, ce qui donne

$$C = \frac{v_0^{1-n}}{1-n}.$$

On obtient ainsi l'équation

(2) $\qquad v^{1-n} = v_0^{1-n} - (1-n)at,$

qui détermine la vitesse à chaque instant.

Cherchons maintenant l'espace parcouru. De l'équation (2), on déduit

$$D_t x = v = [v_0^{1-n} - (1-n)at]^{\frac{1}{1-n}},$$

et, en prenant les fonctions primitives,

$$x = -\frac{[v_0^{1-n} - (1-n)at]^{\frac{2-n}{1-n}}}{(2-n)a} + C'.$$

On déterminera la constante C' par la condition que, pour $t=0$, on ait $x=0$; on arrive ainsi à l'équation

(3) $\qquad x = \frac{v_0^{2-n} - [v_0^{1-n} - (1-n)at]^{\frac{2-n}{1-n}}}{(2-n)a}.$

En examinant l'équation (2), on voit qu'il y a plusieurs cas à distinguer, suivant que l'exposant n est inférieur, égal ou supérieur à l'unité.

I. Lorsque l'exposant n est inférieur à l'unité, la vitesse, qui va en diminuant, s'annule pour

$$t = \frac{v_0^{1-n}}{(1-n)a};$$

alors le corps s'arrête et reste en repos indéfiniment, après avoir parcouru l'espace

$$x = \frac{v_0^{2-n}}{(2-n)a}.$$

II. L'équation (2) ne s'applique pas au cas où l'exposant n est égal à l'unité. Dans ce cas, l'équation (1) devient

$$\frac{D_t v}{v} = -a;$$

on en déduit, en prenant la fonction primitive,

$$Lv = -at + C,$$

et par suite $\quad L\dfrac{v}{v_0} = -at,$

ou

(4) $\qquad v = v_0 e^{-at}.$

En prenant une seconde fois la fonction primitive, on déduit de cette équation

$$x = -\frac{v_0 e^{-at}}{a} + C',$$

et par suite

(5) $\qquad x = \dfrac{v_0(1 - e^{-at})}{a}.$

L'équation (4) montre que la vitesse ne devient jamais

nulle; elle tend vers zéro quand le temps augmente indéfiniment; ainsi le corps marche toujours, mais l'espace parcouru n'augmente pas indéfiniment; il tend vers une limite égale à $\frac{v_0}{a}$. Le mobile tend vers un point déterminé, sans jamais l'atteindre.

III. Lorsque l'exposant n est plus grand que 1, l'équation (2) se met sous la forme

$$\frac{1}{v^{n-1}} = \frac{1}{v_0^{n-1}} + (n-1)at.$$

La vitesse ne s'annule pas; elle tend vers zéro, quand t augmente indéfiniment. En examinant l'équation (3), on voit que ce cas se subdivise en plusieurs autres, suivant que l'exposant n est inférieur, égal ou supérieur à 2.

1° Quand n est plus petit que 2, l'équation (3) s'écrit

$$x = \frac{v_0^{2-n}}{(2-n)a} - \frac{1}{(2-n)a\left[\frac{1}{v_0^{n-1}} + (n-1)at\right]^{\frac{2-n}{n-1}}}.$$

Le temps t augmentant indéfiniment, l'espace parcouru augmente et tend vers une limite égale à

$$x = \frac{v_0^{2-n}}{(2-n)a}.$$

2° L'équation (3) ne s'applique pas au cas où $n=2$; dans ce cas, l'équation (2) donne

$$D_t x = v = \frac{v_0}{1 + v_0 at},$$

et, en prenant les fonctions primitives,

(6) $$x = \frac{L(1 + v_0 at)}{a}.$$

Quand t augmente indéfiniment, x augmente aussi indéfiniment.

3° Enfin, lorsque l'exposant n est plus grand que 2, l'équation (3) s'écrit

$$x = \frac{\left[\frac{1}{v_0^{n-1}} + (n-1)at\right]^{\frac{n-2}{n-1}} - \frac{1}{v_0^{n-2}}}{(n-2)a};$$

x augmente indéfiniment avec t.

En résumé, lorsque l'exposant n est inférieur à l'unité, le corps s'arrête après avoir parcouru un certain espace dans le milieu résistant; lorsque l'exposant est égal ou supérieur à l'unité, mais plus petit que 2, le mobile tend vers un point déterminé; lorsque l'exposant est égal ou supérieur à 2, l'espace parcouru augmente indéfiniment.

On a reconnu par l'expérience que, pour les grandes vitesses, la résistance est à peu près proportionnelle au carré de la vitesse, c'est-à-dire que $n = 2$; mais que, pour les très-petites vitesses, la résistance est à peu près proportionnelle à la vitesse.

117. Onzième question. — *Chute des corps dans l'air*. Nous supposerons la résistance proportionnelle au carré de la vitesse, et nous la représenterons par $\frac{mgv^2}{k^2}$, k étant une constante donnée par l'expérience; c'est la vitesse que devrait avoir le mobile pour que la résistance de l'air fût égale au poids du corps. Si on lançait le corps verticalement, et de haut en bas, avec une vitesse initiale égale à k, les deux forces qui sollicitent le corps, savoir le poids du corps et la résistance de l'air, étant égales et opposées, le mouvement serait uniforme. Mais, quand on abandonne le corps à lui-même, sans vitesse initiale, le poids étant plus grand que la résistance, la vitesse augmente ; la résistance augmentant avec la vitesse, l'accélération diminue de plus en plus, et la vitesse tend vers une limite égale à k : le mouvement tend ainsi à devenir uniforme

On a l'équation

$$(1) \qquad D_t v = g - \frac{gv^2}{k^2} = \frac{g}{k^2}(k^2 - v^2),$$

ou
$$\frac{D_t v}{k^2 - v^2} = \frac{g}{k^2}.$$

En vertu de l'égalité

$$\frac{2k}{k^2 - v^2} = \frac{1}{k+v} + \frac{1}{k-v},$$

cette équation devient

$$\frac{D_t v}{k+v} + \frac{D_t v}{k-v} = \frac{2g}{k}.$$

On en déduit, en prenant les fonctions primitives,

$$L(k+v) - L(k-v) = \frac{2gt}{k} + C.$$

Si la vitesse initiale est nulle, la constante C est nulle, et l'on a

$$L\frac{k+v}{k-v} = \frac{2gt}{k},$$

ou
$$\frac{k+v}{k-v} = e^{\frac{2gt}{k}},$$

et par suite,

$$(2) \qquad v = k \times \frac{1 - e^{-\frac{2gt}{k}}}{1 + e^{-\frac{2gt}{k}}}.$$

On voit que, lorsque t augmente indéfiniment, v augmente et tend vers une limite égale à k.

L'équation précédente peut s'écrire :

$$D_t x = v = k \frac{e^{\frac{gt}{k}} - e^{-\frac{gt}{k}}}{e^{\frac{gt}{k}} + e^{-\frac{gt}{k}}}.$$

On en déduit

$$(3) \qquad x = \frac{k^2}{g} L \frac{e^{\frac{gt}{k}} + e^{-\frac{gt}{k}}}{2}.$$

118. Douzième question. — *Mouvement des projectiles dans l'air.* Nous avons étudié le mouvement des projectiles (liv. II, chap. II), en négligeant la résistance de l'air. Pour donner une idée des modifications qui en résultent, il nous suffira de traiter le cas très-simple où la résistance est proportionnelle à la vitesse. Prenons pour axes des coordonnées, comme au numéro 80, l'horizontale OX menée par la position initiale du mobile, et la verticale OY dirigée de bas en haut (*fig.* 79). Si l'on appelle θ l'angle que fait la vitesse avec l'horizon, la résistance, qui est dirigée en sens

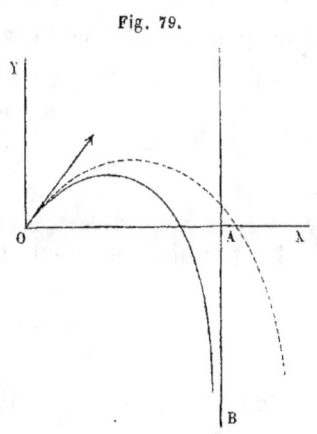

Fig. 79.

contraire de la vitesse, a pour projections $-mav\cos\theta$, $-mav\sin\theta$, c'est-à-dire $-maD_t x$, $-maD_t y$. On a ainsi les deux équations

(1) $$\begin{cases} D_t^2 x = -aD_t x, \\ D_t^2 y = -g - aD_t y. \end{cases}$$

Si l'on pose $D_t x = x'$, $D_t y = y'$, les deux équations précédentes deviennent

(2) $$\begin{cases} D_t x' = -ax', \\ D_t y' = -g - ay'. \end{cases}$$

La première de ces équations montre que la fonction x' se reproduit elle-même, à un facteur constant près, par la dérivation. On a donc

$$x' = Ae^{-at} \quad \text{ou} \quad D_t x = Ae^{-at}.$$

En prenant la fonction primitive, on en déduit

$$x = -\frac{Ae^{-at}}{a} + B.$$

On détermine les deux constantes A et B par la condition que, pour $t = 0$, on ait $x = 0$ et $D_t x = v_0 \cos\alpha$, ce qui donne

(3) $$x = \frac{v_0 \cos\alpha}{a}(1 - e^{-at}),$$

(4) $$D_t x = v_0 \cos\alpha \times e^{-at}.$$

La seconde des équations (2) peut s'écrire

$$D_t y' = -a\left(y' + \frac{g}{a}\right);$$

si l'on pose $y' + \frac{g}{a} = z$, elle devient

$$D_t z = -az.$$

et prend la même forme que la première. On a donc
$$z = A'e^{-at},$$
et par suite
$$D_t y = y' = -\frac{g}{a} + A'e^{-at};$$
on en déduit
$$y = -\frac{gt}{a} - \frac{A'e^{-at}}{a} + B'.$$

On déterminera les deux constantes A' et B' par la condition que, pour $t=0$, on ait $y=0$, et $D_t y = v_0 \sin \alpha$, ce qui donne $a + v_0 \sin \alpha$, et par suite

(5) $\qquad y = -\dfrac{gt}{a} + \dfrac{av_0 \sin \alpha + g}{a^2}(1 - e^{-at}),$

(6) $\qquad D_t y = -\dfrac{gt}{a} + \dfrac{av_0 \sin \alpha + g}{a} e^{-at}.$

En vertu de l'équation (3), l'abscisse x tend vers une valeur égale à $\dfrac{v_0 \cos \alpha}{a}$, quand t augmente indéfiniment ; on en conclut que la courbe décrite par le mobile est asymptote à une droite verticale AB menée à une distance de l'origine égale à $\dfrac{v_0 \cos \alpha}{a}$. La composante horizontale de la vitesse, donnée par l'équation (4), tend vers zéro, tandis que la composante verticale, donnée par l'équation (6), tend vers une limite égale à $-\dfrac{g}{a}$. Cette limite est la vitesse pour laquelle la résistance de l'air serait égale au poids du corps. Ainsi, le mouvement tend à devenir rectiligne et uniforme. Dans la figure, la ligne ponctuée représente la parabole que décrirait le projectile dans le vide ; la ligne pleine, la trajectoire qu'il décrit dans l'air.

CHAPITRE V.

TRAVAIL ET PUISSANCE VIVE.

Travail.

Les forces sont employées dans l'industrie pour vaincre certaines résistances, déplacer les corps, en un mot, pour effectuer certains travaux. Une idée nouvelle s'introduit ainsi dans la science, celle du *travail mécanique* des forces. Il importe de définir cette nouvelle espèce de grandeur d'une manière précise. Nous commencerons par les cas les plus simples.

Cas où la force est constante et le déplacement dans la direction de la force.

119. Considérons d'abord le cas où la force est constante en grandeur et en direction, et où le déplacement du mobile a lieu dans la direction de la force. Pour prendre un exemple très-simple, supposons qu'il s'agisse d'élever des poids à différentes hauteurs verticalement. Lorsque la hauteur est la même, il est clair que le travail est proportionnel au poids ; si le poids est de 2 kilogrammes, on peut imaginer le corps divisé en deux parties, égales chacune à 1 kilogramme ; que l'on élève d'abord le premier kilogramme à la hauteur H, on effectuera un certain travail ; que l'on élève ensuite le second kilogramme à la même hauteur H, on répétera le même travail. Ainsi, quand le poids devient double, le travail devient double ; en général, le travail est proportionnel au poids.

Supposons maintenant que l'on veuille élever un même poids P à diverses hauteurs. Si la hauteur est de 2 mètres, on peut la diviser en deux parties, égales chacune à 1 mètre ; en faisant parcourir au poids le premier mètre, on effectuera un certain travail ; en lui faisant parcourir le second mètre, on répètera le même travail ; ainsi, quand la hauteur devient double, le travail devient double ; en général, le travail est proportionnel à la hauteur.

Soit T le travail nécessaire pour élever le poids P à la hauteur H ; T' le travail nécessaire pour élever le poids P' à la hauteur H'. Appelons T_1 le travail nécessaire pour élever le poids P' à la hauteur H. Si l'on compare les travaux T et T_1, la hauteur étant la même, on a

$$\frac{T}{T_1} = \frac{P}{P'}.$$

Si l'on compare les travaux T_1 et T', le poids étant le même, on a

$$\frac{T}{T'} = \frac{H}{H'}.$$

En multipliant ces égalités membre à membre, on obtient l'égalité

$$\frac{T}{T'} = \frac{PH}{P'H'}.$$

Ainsi, les travaux nécessaires pour élever des poids à des hauteurs différentes sont proportionnels aux produits des poids par les hauteurs.

150   LIVRE II. DYNAMIQUE.

On est convenu de prendre pour unité de travail le travail nécessaire pour élever un kilogramme à un mètre de hauteur, et on lui a donné le nom de *kilogrammètre*. Supposons que le poids P' soit un kilogramme, la hauteur H' un mètre, le travail T' sera l'unité du travail, et l'égalité précédente deviendra

$$T = PH.$$

De cette manière, le travail nécessaire pour élever un poids à une certaine hauteur est égal au produit du poids par la hauteur.

En général, lorsque la force est constante et le déplacement du mobile dans la direction de la force, on appelle travail de la force, pour un certain déplacement, le produit de la force par le déplacement. Il faut bien se rappeler que la force est estimée en kilogrammes, le déplacement en mètres, et le travail en kilogrammètres.

Soit AX la direction de la force F, AB le déplacement du point d'application. Il y a deux cas à distinguer, suivant que le déplacement a lieu dans la direction même de la force (*fig.* 80), ou en sens inverse (*fig.* 81). Dans le premier cas, on dit que la force est mouvante, et l'on donne au travail le nom de *travail moteur;* dans le second cas, on dit que la force est résistante, et l'on donne au travail le nom de *travail résistant*. Afin de distinguer ces deux cas, on est convenu de donner un signe au déplacement AB du point d'application; on l'affecte du signe +, quand il a lieu dans la direction même de la force F; du

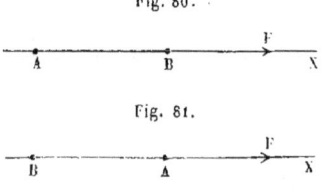

Fig. 80.

Fig. 81.

signe —, quand il a lieu en sens inverse. Le travail est alors positif dans le premier cas, négatif dans le second ; on regarde ainsi un travail moteur comme un travail positif, un travail résistant comme un travail négatif ; de sorte que, si l'on désigne par x le déplacement affecté du signe convenable, on a, dans les deux cas, $T = F \times x$. Au lieu de faire porter le signe sur le déplacement, on pourrait le faire porter sur la force : ce qui revient à regarder la force comme positive ou négative, suivant qu'elle agit dans le sens du déplacement ou en sens inverse.

Dans l'exemple que nous avons choisi plus haut, afin de donner une première idée du travail, deux forces agissent sur le corps, son poids qui le sollicite de haut en bas, et une force F qui le tire de bas en haut ; la première est une force résistante, la seconde une force motrice. Le travail de la force F est un travail moteur, représenté par $F \times H$; le travail du poids P est un travail résistant, représenté par $- P \times H$. Supposons qu'après avoir donné au corps une certaine vitesse initiale, dirigée de bas en haut, on veuille l'élever à la hauteur H d'un mouvement uniforme, il faudra que la force motrice F soit égale au poids P ; le travail moteur et le travail résistant seront égaux et de signes contraires.

Cas où la force est constante et le déplacement rectiligne, mais dans une direction différente de celle de la force.

120. Supposons qu'un mobile sollicité par différentes forces décrive la droite AB (*fig.* 82). Parmi les forces qui sollicitent le mobile se trouve une force constante F, dont la

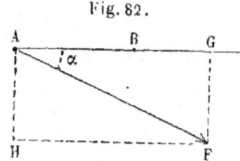

Fig. 82.

direction fait avec le déplacement AB un angle α. Rien ne sera changé dans le phénomène, si nous assujettissons le mobile à se mouvoir sur une droite rigide AB, parfaitement polie. Décomposons la force F en deux forces, l'une AG égale en valeur absolue à $F\cos\alpha$, dirigée suivant la droite AB ; l'autre AH égale à $F\sin\alpha$, perpendiculaire à cette droite. Cette seconde composante, ne faisant qu'appuyer le mobile contre la droite rigide AB, est détruite par la résistance de cette droite. Elle ne produit aucun travail ; on peut donc la négliger et remplacer la force proposée F par la force AG. On est ainsi ramené au cas précédent ; le travail de la force AG est égal au produit de cette force par le déplacement AB du point d'application, affecté du signe + ou du signe —, suivant que la force AG agit dans le sens du déplacement ou en sens inverse. Lorsque l'angle α est aigu (*fig.* 82), la composante AG est dirigée dans le sens du déplacement, et la force F est dite motrice comme la force AG. Lorsque l'angle α est obtus (*fig.* 83), la composante AG est dirigée en sens contraire et

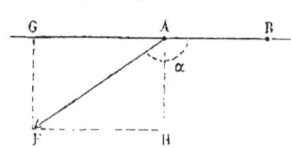

Fig. 83.

la force F est dite résistante. Le produit $F\cos\alpha$ donne cette composante avec le signe convenable, et l'on a, dans tous les cas, pour expression du travail, $F\cos\alpha \times AB$. Ainsi, on dira que le travail de la force F, pour le déplacement AB du point d'application, est égal au produit du déplacement par la projection de la force sur la direction du déplacement.

On peut écrire aussi le travail sous la forme $F \times AB\cos\alpha$, ce qui revient à considérer le travail comme étant égal au produit de la force F par la projection du déplacement sur la direction de la force.

Afin d'éclairer ceci par un exemple, supposons que l'on veuille élever un corps entre deux montants verticaux parfaitement polis, en le tirant avec une force F qui fait avec la verticale un angle α (*fig.* 84). Décomposons cette force en deux forces, l'une verticale $F \cos \alpha$, l'autre horizontale $F \sin \alpha$; la force horizontale est détruite par la résistance du montant contre lequel elle appuie le corps; pour que la force verticale puisse faire monter le corps uniformément, il faut qu'elle soit égale au poids P du corps; ainsi tout se passe comme si le corps était sollicité directement de bas en haut par la force verticale $F \cos \alpha$; le travail moteur est $F \cos \alpha \times AA'$, et est égal au travail résistant $P \times AA'$.

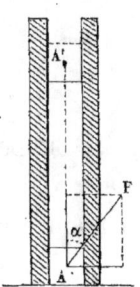

Fig. 84.

121. Nous avons dit que le travail est positif ou négatif, c'est-à-dire moteur ou résistant, suivant que l'angle α est aigu ou obtus. Quand la force est perpendiculaire au déplacement, l'angle α est droit, et le travail, tel que nous l'avons défini, devient nul.

Dans le transport horizontal des fardeaux, le poids étant vertical et le déplacement horizontal, il résulte de la définition précédente que le travail dû au poids du corps est nul. Ceci semble en contradiction avec l'expérience, mais il est facile d'expliquer cette contradiction apparente. Supposons que l'on fasse glisser un corps sur un plan horizontal en le tirant avec une force horizontale F; la force motrice F doit être égale, non pas au poids du corps, mais au frottement que ce corps exerce contre le plan. Ce frottement est la résistance à vaincre ; c'est elle qui nécessite un travail moteur. Pour évaluer le travail, on multipliera la force horizontale F par le déplacement. Ce travail dépend de l'état du plan : quand le plan est bien poli, le frottement étant très-faible, le travail nécessaire pour transporter horizontalement le corps à une distance donnée devient très-petit.

Cas où la force est variable et le déplacement rectiligne et suivant la même droite que la force.

122. Supposons que le point d'application M se meuve sur la droite X'X, et que la force variable F agisse suivant cette même droite (*fig.* 85). Nous voulons évaluer le travail de cette force pour le déplacement AB du point d'application. Partageons la longueur AB en un grand nombre de parties, et désignons par h l'une des parties MM' ; soit F la valeur de la force au point M ; considérons le produit F × MM' qui se rapporte à l'élément MM', et faisons la somme des produits qui se rapportent aux divers éléments de la ligne AB, somme que nous désignons par l'expression

$$\Sigma (F \times h).$$

Si l'on augmente indéfiniment le nombre des divisions, de manière que chacune des parties tende vers zéro, cette somme tendra vers une limite déterminée ; c'est cette limite que nous appellerons travail de la force variable F pour le déplacement AB.

Il est aisé de voir que la somme tend effectivement vers une limite déterminée. Au point M, élevons une perpendiculaire MN égale à la valeur F de la force au point M. Si l'on considère le chemin parcouru AM comme une abscisse variable x, et la force F ou l'ordonnée MN comme une fonction de x, le lieu du point N est une certaine courbe CD. Par le point N, menons une parallèle NE à la droite AB, jusqu'à la rencontre de l'ordonnée voisine M'N'; le produit $F \times h$ sera représenté par l'aire du rectangle MNEM', et la somme des produits par la somme des rectangles. Or, quand on augmente indéfiniment le nombre des divisions de la droite AB, il est clair que la somme des rectangles tend vers une limite déterminée qui est l'aire comprise entre la droite AB, la courbe CD et les deux ordonnées extrêmes AC, BD.

On a vu, en géométrie analytique, que l'aire comprise entre une courbe, l'axe des x, une ordonnée fixe AC et une ordonnée mobile MN, est une fonction primitive de l'ordonnée MN, considérée comme une fonction de l'abscisse AM. Il en résulte que le travail relatif au déplacement AM est une fonction primitive de la force, considérée comme une fonction du chemin parcouru.

Nous avons défini le travail T de la force variable F pour le déplacement AB. On appelle *effort moyen* la force constante qui produirait le même travail pour le même déplacement. Cet effort moyen a pour valeur le quotient $\frac{T}{AB}$.

Exemples.

123. Pour montrer une application de ce qui précède, cherchons le travail nécessaire pour comprimer un ressort d'une quantité donnée. On sait que la force élastique d'un

ressort est sensiblement proportionnelle à la compression. Supposons qu'il s'agisse d'un ressort à boudin dont l'extrémité A soit fixe, et que l'on comprime par une force verticale appliquée à l'extrémité supérieure (*fig.* 86).

Fig. 86. Soit AB la longueur du ressort, quand aucune force ne s'exerce sur lui; pour abaisser graduellement l'extrémité supérieure de B en C, il faudra appliquer au ressort une force verticale croissante. Si l'on désigne par a la compression exercée par une force de un kilogramme, et par x le déplacement BM, la force au point M sera $\dfrac{x}{a}$. La fonction $\dfrac{x^2}{2a}$, ayant pour dérivée $\dfrac{x}{a}$ et s'annulant pour $x = o$, représente le travail relatif au déplacement BM. Pour le déplacement BC, le travail est $\dfrac{\overline{BC}^2}{2a}$. Par exemple, si a est égal à 1 millimètre, le travail nécessaire pour comprimer le ressort de 4 centimètres est de 0,8 kilogrammètre.

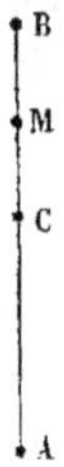

124. Proposons-nous encore d'évaluer le travail développé par la vapeur dans les machines à détente. La vapeur agit à pleine pression pendant que le piston parcourt une partie AC du corps de pompe (*fig.* 87).

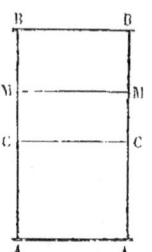

Fig. 87.

A ce moment, la communication entre la chaudière et le cylindre est interrompue, et la vapeur agit par sa détente pendant que le piston parcourt la seconde partie CB de sa course. Appelons a la course entière du piston, b la première partie AC, x le déplacement CM, S la surface du piston, P la

pression atmosphérique par mètre carré, n le nombre d'atmosphères par lequel on évalue la tension de la vapeur dans la chaudière. La pression que la vapeur exerce contre le piston pendant la première partie de sa course est une force constante $n\text{PS}$; le travail correspondant est $n\text{PS}b$. Ensuite la force diminue; quand le piston est en MM, la vapeur, qui occupait le volume AC, occupe alors le volume AM, et, d'après la loi de Mariotte, la force devient $n\text{PS} \times \dfrac{b}{b+x}$. Cette fonction de x admet comme fonction primitive
$$n\text{PS}b\text{L}(b+x)+\text{C};$$
il faut déterminer la constante C, de manière que la fonction soit nulle pour $x=0$, ce qui donne
$$\text{C}=-n\text{PS}\,b\text{L}b,$$
et, par suite, le travail pour le déplacement CM a pour expression
$$n\text{PS}\,b\text{L}\dfrac{b+x}{b}.$$

Le travail relatif à la détente CB est
$$n\text{PS}b\text{L}\dfrac{a}{b},$$
et le travail total pour chaque coup de piston
$$n\,\text{PS}b\left(1+\text{L}\dfrac{a}{b}\right).$$

Nous avons négligé la tension de la vapeur dans le condenseur.

Cas général.

125. Proposons-nous maintenant de chercher le travail d'une force quelconque, quand le point d'application dé-

158 LIVRE II. DYNAMIQUE.

crit une trajectoire curviligne AB (*fig.* 88). Inscrivons dans la courbe une ligne polygonale d'un très-grand nombre de côtés très-petits : soit MM' l'un des côtés. Appelons F la valeur de la force proposée au point M, α l'angle qu'elle fait avec la tangente MT, α_1 l'angle qu'elle fait avec la direction du côté MM'. Considérons le produit

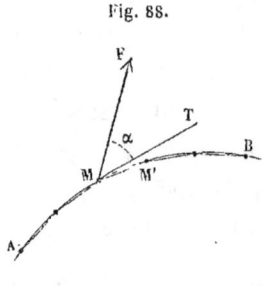

Fig. 88.

$$F \times MM' \times \cos \alpha_1 ;$$

ce produit est le travail de la force F supposée constante, pour le déplacement rectiligne MM'; formons un produit analogue pour chacun des éléments de la ligne polygonale, et faisons la somme de ces produits, somme que nous désignerons par

$$\Sigma(F \times MM' \times \cos \alpha_1).$$

Si l'on augmente indéfiniment le nombre des côtés de la ligne brisée inscrite dans la courbe AB, de manière que chacun d'eux tende vers zéro, la somme précédente tendra vers une limite déterminée; c'est cette limite qu'on appelle travail de la force F pour le déplacement AB.

Pour abréger le discours, on appelle *travail élémentaire* le produit $F \times MM' \cos \alpha_1$, de sorte que le travail de la force F, pour le déplacement AB, est la limite de la somme des travaux élémentaires.

126. Il est aisé de voir que la somme considérée précédemment tend bien vers une limite déterminée. Sur une droite, à partir d'un point fixe A, portons, les uns à la

suite des autres, les divers éléments de la ligne brisée ; l'élément MM′ prendra la position $M_1M'_1$, et la ligne brisée, développée, deviendra AB_1 (*fig.* 89). Au point M_1 élevons une perpendiculaire M_1N_1 égale à $F\cos\alpha_1$; le produit $F \times MM' \times \cos\alpha_1$ sera représenté par l'aire du rectangle $N_1M_1M'_1E_1$, et la somme des produits par une somme de rectangles. Quand on augmente indéfiniment le nombre des divisions, la longueur AB_1 augmente un peu, et tend vers une limite AB, qui est la longueur de la courbe AB ; de même, si le point M est un point déterminé de la courbe, la longueur AM_1 tend vers une limite AM, qui est la longueur de l'arc de courbe AM ; en même temps, la direction du côté MM′ ayant pour limite la tangente en M, l'angle α_1 a pour limite α, et la quantité $F\cos\alpha_1$ devient $F\cos\alpha$; l'ordonnée M_1N_1 tend donc vers l'ordonnée MN égale à $F\cos\alpha$; le lieu du point N est la courbe CD, qui a pour abscisse AM, l'arc de trajectoire AM rectifié, et pour ordonnée $F\cos\alpha$, c'est-à-dire la projection de la force sur la tangente MT. La somme des rectangles a évidemment pour limite l'aire comprise entre la courbe CD, la droite AB et les ordonnées extrêmes AC et BD.

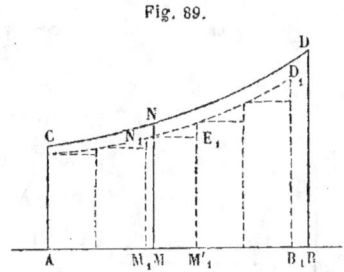

Fig. 89.

L'aire comprise entre l'ordonnée fixe AC et l'ordonnée mobile MN étant une fonction primitive de l'ordonnée MN considérée comme une fonction de l'abscisse AM, on peut dire que le travail de la force F, relatif au déplacement curviligne AM, est une fonction primitive de la composante tangentielle $F\cos\alpha$ de la force, considérée comme une fonction de l'arc parcouru AM.

Lorsqu'une force est constamment normale à la trajectoire, sa composante tangentielle ou sa projection sur la tangente étant nulle, le travail est nul.

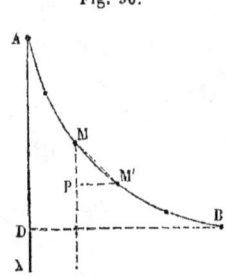

Fig. 90.

127. Considérons, en particulier, le travail d'une force F, constante en grandeur et en direction, pour un déplacement quelconque AB (*fig.* 90). Soit AX la direction de la force; le travail élémentaire pour l'élément MM' est égal à la force F multipliée par la projection MP de l'élément MM' sur la direction de la force; la force étant un facteur constant dans tous les termes, la somme des travaux élémentaires est égale à la force multipliée par la somme des projections des divers éléments de la ligne brisée inscrite dans la courbe AB, c'est-à-dire par la projection AD de cette courbe elle-même sur la direction de la force.

Il faut bien remarquer que, lorsque nous cherchons le travail d'une force pour un certain déplacement du point d'application, nous n'entendons pas que le mouvement soit produit par la force considérée; si plusieurs forces agissent en même temps sur le mobile, on évalue séparément le travail relatif à chaque force.

THÉORÈME.

128. *Le travail de la résultante de plusieurs forces, pour un déplacement quelconque du point d'application, est égal à la somme des travaux des forces proposées.*

Supposons d'abord les forces F, F', F'',... constantes, et le déplacement MM' rectiligne (*fig.* 91); appelons $\alpha, \alpha', \alpha'',\ldots$

les angles que font les forces proposées avec la droite MM', A l'angle que fait la résultante R avec cette même droite. La projection de la résultante R sur la droite MM' étant égale à la somme des projections des forces proposées, on a

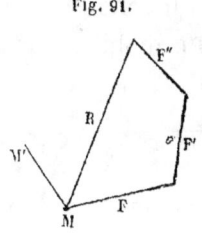
Fig. 91.

$$R \cos A = F \cos \alpha + F' \cos \alpha' + F'' \cos \alpha'' + \ldots$$

Si l'on multiplie chacun des termes de cette équation par MM', il vient

$$R \cdot MM' \cdot \cos A = F \cdot MM' \cdot \cos \alpha + F' \cdot MM' \cdot \cos \alpha' + \ldots$$

Ainsi, le travail de la résultante est égal à la somme des travaux des forces proposées.

Lorsque les forces sont variables et le déplacement curviligne, on décomposera en éléments la courbe décrite par le point d'application; le travail élémentaire de la résultante étant égal à la somme des travaux élémentaires des forces proposées, on en conclut le théorème énoncé.

Quand des forces se font équilibre sur un point matériel, la somme de leurs travaux est nulle.

Puissance vive.

129. On appelle *puissance vive* d'un corps en mouvement la moitié du produit de la masse par le carré de la vitesse. Si l'on appelle m la masse du mobile, v sa vitesse, la puissance vive est $\dfrac{mv^2}{2}$.

Il existe une relation remarquable entre la puissance vive et le travail. Pour mettre cette propriété en évidence, nous commencerons par quelques questions très-simples.

Cherchons d'abord le travail nécessaire pour imprimer à un mobile de masse m une vitesse v. Supposons le mobile placé au point O sans vitesse initiale, et sollicité par une force constante F dans la direction OX (*fig.* 92). Le mouvement est rectiligne et uniformément accéléré ; l'accélération γ de ce mouvement est égale à $\dfrac{F}{m}$. Si l'on appelle v la vitesse au temps t et x l'espace parcouru, on a

Fig. 92.

$$v = \gamma t, \quad x = \frac{\gamma t^2}{2};$$

d'où l'on déduit $\quad v^2 = 2\gamma x,$

et par suite $\quad x = \dfrac{v^2}{2\gamma} = \dfrac{mv^2}{2F}.$

Après le temps t, quand le mobile possède la vitesse v, la force cesse d'agir ; le mouvement devient alors uniforme et le mobile conserve la vitesse v. Pour avoir le travail produit par la force, il faut multiplier la force par le chemin décrit par le mobile pendant que la force agit sur lui. On a, en désignant par T ce travail positif,

$$T = F \times x = \frac{mv^2}{2}.$$

Ainsi, *pour mettre un corps en mouvement, il faut dépenser une quantité de travail moteur égale à la puissance vive que l'on veut communiquer au corps.*

Inversement, un corps est en mouvement, cherchons le travail nécessaire pour amener ce corps au repos. Supposons que le mobile passe au point O, au temps $t = 0$, avec une vitesse initiale v_0 dans le sens OX ; à partir de cet instant, une force constante le sollicite en sens inverse ; le mouvement est uniformément retardé, et l'on a

$$\gamma = \frac{F}{m}, \quad v = v_0 - \gamma t, \quad x = v_0 t - \frac{\gamma t^2}{2}.$$

Après le temps $t = \dfrac{v_0}{\gamma}$, la vitesse devient nulle, la force cesse d'agir et le mobile reste en repos au point A. L'espace OA parcouru par le mobile est

$$OA = \frac{v_0^2}{2\gamma} = \frac{mv_0^2}{2F},$$

et le travail dû à la force est

$$T = -F \times OA = -\frac{mv_0^2}{2}.$$

Ainsi, *pour arrêter un corps en mouvement, il faut une quantité de travail résistant égale à la puissance vive du corps.*

On voit par là comment des quantités égales de travail et de puissance vive se transforment l'une dans l'autre. Dans le premier exemple, une certaine quantité de travail moteur se transforme en une quantité égale de puissance vive ; dans le second exemple, une certaine quantité de puissance vive accomplit une quantité égale de travail résistant [1]. Nous allons maintenant démontrer le théorème général.

---

[1] On appelle communément *force vive* la quantité mv^2, c'est-à-dire le produit de la masse par le carré de la vitesse. Mais cette locution est très-défectueuse ; elle a d'abord l'inconvénient de rappeler l'idée de force, tandis qu'il n'y a aucune analogie entre la quantité mv^2 et la force ; en-

THÉORÈME.

130. *La variation de la puissance vive d'un mobile, pendant un certain temps, est égale à la somme des travaux des forces qui agissent sur le mobile pendant le même temps.*

La somme des travaux des forces est égale au travail de leur résultante R (n° 128). Nous avons vu (n° 126) que, si l'on considère le travail T de la force R comme une fonction de l'arc s décrit par le mobile sur la trajectoire pendant le temps t, cette fonction admet pour dérivée la projection de la force sur la tangente, c'est-à-dire $R \cos A$; on a donc

$$D_s T = R \cos A.$$

La résultante R des forces qui agissent sur le mobile étant égale au produit de l'accélération γ par la masse m du mobile (n° 100), on a $D_s T = m\gamma \cos A$; d'autre part, la projection $\gamma \cos A$ de l'accélération sur la tangente ayant pour expression $D_t v$ (n° 47), il vient

$$D_s T = m D_t v.$$

Cherchons la dérivée du travail par rapport au temps. On a

$$\frac{\Delta T}{\Delta t} = \frac{\Delta T}{\Delta s} \times \frac{\Delta s}{\Delta t},$$

suite ce n'est pas la quantité mv^2 qui se présente dans les théorèmes de mécanique, mais sa moitié $\frac{mv^2}{2}$; c'est pourquoi nous avons adopté l'expression *puissance vive*, proposée par M. Bélanger, professeur à l'École polytechnique, pour désigner la quantité $\frac{mv^2}{2}$.

et par suite
$$\lim \frac{\Delta T}{\Delta t} = \lim \frac{\Delta T}{\Delta s} \times \lim \frac{\Delta s}{\Delta t},$$
ou $\qquad D_t T = v D_s T = mv D_t v.$

Si l'on remarque que
$$mv D_t v = D_t\left(\frac{mv^2}{2}\right),$$
on a finalement $\qquad D_t T = D_t\left(\frac{mv^2}{2}\right).$

Ainsi le travail et la puissance vive sont des fonctions du temps qui ont leurs dérivées égales. Mais on sait que deux fonctions qui admettent la même dérivée ne diffèrent que par une constante; on a donc
$$T = \frac{mv^2}{2} + C.$$

Si l'on compte le travail à partir du temps $t = 0$, et que l'on appelle v_0 la vitesse du mobile à cet instant, on devra avoir
$$0 = \frac{mv_0^2}{2} + C,$$
d'où $\qquad C = -\frac{mv_0^2}{2},$

et par suite $\qquad T = \frac{mv^2}{2} - \frac{mv_0^2}{2}.$

Ainsi, la variation de la puissance vive, pendant un certain temps, est égale à la somme des travaux des forces qui agissent sur le mobile pendant ce temps.

131. CoROLLAIRE I. Quand $v_0 = 0$, on a
$$T = \frac{mv^2}{2}.$$

Ainsi, de quelque manière qu'on s'y prenne, pour imprimer à un corps en repos une vitesse v, il faut une quantité de travail moteur égale à la puissance vive.

Inversement, quand $v = o$, on a

$$T = -\frac{mv_0^2}{2}.$$

Ainsi, de quelque manière qu'on s'y prenne, pour arrêter un corps en mouvement, il faut une quantité de travail résistant égale à la puissance vive.

Pour faire bien comprendre cette transformation du travail en puissance vive et réciproquement, imaginons deux ressorts à boudin A et B, placés en regard l'un de l'autre; le premier est comprimé, le second ne l'est pas. Une bille est placée contre le premier ressort; on lâche la détente; le ressort A pousse la bille et lui imprime une vitesse v; la quantité de travail moteur, développée par le ressort, est égale à la puissance vive $\frac{mv^2}{2}$ communiquée à la bille. La bille vient frapper le second ressort et le comprime peu à peu jusqu'à ce que sa vitesse devienne nulle; la quantité de puissance vive $\frac{mv^2}{2}$ que possédait la bille est égale au travail résistant développé par le ressort B pendant sa compression. Ce ressort B se détend à son tour et imprime à la bille la vitesse v, et ainsi de suite indéfiniment. Dans le premier cas, le travail se change en puissance vive; dans le second cas, la puissance vive se change en travail, etc. Ces deux quantités, travail et puissance vive, sont donc équivalentes l'une à l'autre.

132. Corollaire II. Un corps pesant, placé au point A, avec une vitesse initiale v_0, se meut sur une courbe fixe

AB (*fig.* 93). Le corps est sollicité par deux forces, son poids mg et la réaction normale N de la courbe. La réaction normale N ne développe pas de travail. Le poids étant une force constante en grandeur et en direction, son travail (n° 127) est égal à la force mg multipliée par la projection sur la verticale de la courbe AB décrite par le mobile; si l'on appelle z cette projection AC, prise avec le signe $+$ ou avec le signe $-$, suivant qu'elle tombe de haut en bas ou de bas en haut, le travail dû au poids du corps est représenté par mgz. En désignant par v la vitesse au point B, on a, d'après le théorème précédent,

$$\frac{mv^2}{2} - \frac{mv_0^2}{2} = mgz,$$

ou $\qquad v^2 = v_0^2 + 2gz.$

Lorsque la vitesse initiale v_0 est nulle, cette équation se réduit à

$$v^2 = 2gz.$$

La vitesse au point B est la même que si le corps était tombé de la hauteur AC, en chute libre, c'est-à-dire suivant la verticale. Si l'on imagine que le corps, partant du point A, avec la même vitesse initiale, suive diverses courbes AB, AB', AB'', ... il aura la même vitesse aux points B, B', B'', ... situés dans un même plan horizontal.

Quand le corps descend, le travail du poids étant positif, la vitesse augmente; mais quand le corps monte, le travail étant négatif, la vitesse diminue. Supposons, par exemple, le mobile placé au point A (*fig.* 94), sans vitesse initiale, sur une courbe fermée, située dans un plan ver-

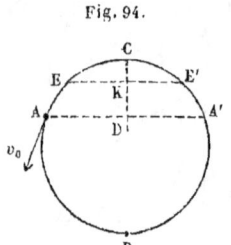

Fig. 94.

tical; le corps descend jusqu'au point le plus bas B avec une vitesse croissante; il s'élève ensuite de l'autre côté avec une vitesse décroissante, jusqu'à ce qu'il arrive au point A′, situé à la même hauteur que le point A; alors la vitesse redevient nulle; car le travail du poids pour la courbe ABA′ est nul. Le corps redescend ensuite de A′ en B, pour remonter de B en A, et ainsi de suite. Le mouvement se compose d'une suite indéfinie d'oscillations égales.

Supposons maintenant que le mobile placé en A soit animé d'une vitesse initiale v_0, dans la direction indiquée par la flèche. Le mobile descendra jusqu'au point B avec une vitesse croissante, puis remontera de l'autre côté; quand il sera arrivé au point A′ situé à la même hauteur que le point A, la vitesse redeviendra égale à v_0 et le mobile continuera à s'élever avec une vitesse décroissante. On peut concevoir que la vitesse initiale v_0 corresponde à une hauteur de chute h, ce qui revient à poser $v_0^2 = 2gh$; l'équation prend la forme

$$v^2 = 2g(h+z).$$

Soit C le point le plus haut de la courbe, CD son élévation au-dessus de l'horizontale AA′; il y a plusieurs cas à distinguer : 1° si la hauteur h, que nous figurons par KD, est moindre que CD, le mobile s'élèvera jusqu'au point E′, où il arrivera avec une vitesse nulle; puis il oscillera indéfiniment de E′ en E et de E en E′, comme nous l'avons expliqué; 2° si la hauteur h est plus grande que CD, le corps s'élèvera jusqu'au point le plus haut C, où il possédera encore une certaine vitesse; il dépassera donc le point C et se mouvra sur la courbe, indéfiniment dans le même sens, reprenant la même vitesse au même point ; 3° quand la hauteur h est égale à CD, le mobile tend vers le point C, mais sans jamais l'atteindre rigoureusement.

Exemples.

133. Première question. Supposons qu'un pendule simple soit placé dans la position horizontale OA sans vitesse initiale (*fig.* 95), ce pendule oscillera de part et d'autre de la verticale OB, décrivant le demi-cercle ABA'. Soit OM une position quelconque du pendule, θ l'angle variable MOB. Le mobile M est sollicité par deux forces, son poids mg et la tension N de la tige ; d'après ce que nous avons dit, la vitesse en M sera la même que si le mobile tombait de la hauteur OP ; on aura donc $v^2 = 2gr \cos \theta$. Décomposons le poids en deux forces, une composante tangentielle $mg \sin \theta$ et une composante normale $mg \cos \theta$, dirigée suivant le prolongement de la tige. La résultante $N - mg \cos \theta$ des deux forces normales doit être dirigée suivant le rayon MO et égale à $\dfrac{mv^2}{r}$. On a donc

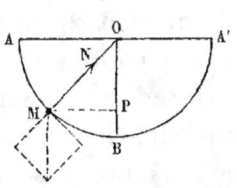

Fig. 95.

$$N - mg \cos \theta = \frac{mv^2}{r} = 2mg \cos \theta ;$$

d'où $\quad N = 3mg \cos \theta.$

Quand le mobile passe au point le plus bas B, la tension de la tige est égale à trois fois le poids du mobile.

134. Deuxième question. Considérons un pendule simple placé dans la position verticale OA, et le point matériel animé d'une vitesse initiale v_0 ; désignons par θ l'angle variable AOM, et par z la hauteur AP (*fig.* 96); si l'on pose $v_0^2 = 2gh$, on a

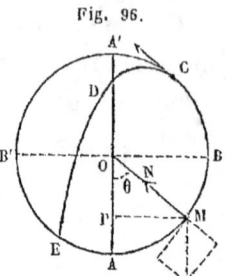

Fig. 96.

(1) $$v^2 = v_0^2 - 2gz = 2g(h-z),$$

$$N - mg\cos\theta = \frac{mv^2}{r} = \frac{2mg(h-z)}{r},$$

(2) $$N = \frac{2mg(h-z)}{r} + \frac{mg(r-z)}{r} = \frac{mg(2h+r-3z)}{r}.$$

Quand h est moindre que le diamètre $2r$, le pendule oscille de part et d'autre de la verticale. Quand h est plus grand que $2r$, le pendule tourne indéfiniment.

L'équation (2) donne la tension N de la tige ; cette tension est positive ou négative suivant qu'elle est dirigée vers le centre ou en sens inverse. Lorsque la tige du pendule est rigide, elle peut exercer sur le point M une action dans l'un et l'autre sens ; mais quand c'est un fil flexible, elle ne peut que tirer le point M vers le centre. Dans ce cas, pour que le mobile tourne indéfiniment sur le cercle, il ne suffit pas que h soit plus grand que $2r$, il faut encore que la tension N reste positive ; comme au point A′, pour $z = 2r$, on a $N = \dfrac{mg(2h-5r)}{r}$, la condition est $h > \dfrac{5r}{2}$.

Quand la hauteur h est moindre que r, il est clair que la tension est toujours positive. Mais quand h est comprise entre r et $\dfrac{5r}{2}$, la tension change de signe au point C pour lequel $z = \dfrac{2h+r}{3}$; cette valeur de z étant moindre que h, le mobile possède encore au point C une certaine vitesse v_1 donnée par la formule $v_1^2 = \dfrac{2g(h-r)}{3}$; au delà du point C la tension devient négative. Si le fil est flexible, le mobile quitte le cercle au point C et se comporte comme un point pesant lancé, à partir du point C, avec la vitesse initiale v_1 suivant la tangente au cercle; il décrit donc un arc de parabole CDE tangent au cercle au point C. On peut remarquer, en outre, que le rayon de courbure de la parabole au point C est égal au rayon r du cercle; car la tension N étant nulle au point C sur le cercle, on a pour les deux courbes $\dfrac{v^2}{r} = -g\cos\theta$.

Quand on fait tourner en cercle un vase contenant de l'eau, pour que l'eau ne quitte pas le vase à la partie supérieure du cercle, il faut que la vitesse, au point le plus bas, soit plus grande que $\sqrt{5gr}$.

Voici une autre application de la même question: imaginons que des rails de chemin de fer soient placés sur un plan incliné I (*fig.* 97) et que, à la suite, des rails courbes soient disposés suivant un cercle vertical; un wagon est placé au point I sans vitesse initiale; arrivé en E, il s'engage dans le chemin circulaire. Si l'on appelle h la hauteur AH du point

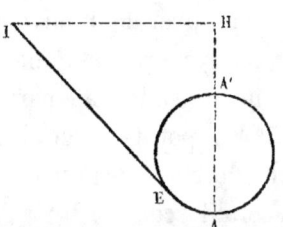

Fig. 97.

de départ I au-dessus du point le plus bas A, la vitesse en A sera égale à $\sqrt{2gh}$; il est clair que le chemin circulaire ne peut exercer sur le rayon qu'une réaction normale dirigée vers le centre; pour que le wagon ne quitte pas le cercle, il faut donc que la hauteur h soit plus grande que $\dfrac{5r}{2}$.

Exercices.

1° Un point pesant tombe d'un point donné sans vitesse initiale ; au moment où le corps est abandonné à lui-même, un second mobile, placé au-dessous du premier sur la même verticale, est lancé de bas en haut avec une vitesse donnée, trouver le point de rencontre des deux mobiles.

2° Un point pesant tombe d'un point donné A sans vitesse initiale ; dans quelle direction faut-il lancer un second mobile, à partir d'un point donné et avec une vitesse donnée, pour qu'il rencontre le premier dans sa chute, et trouver le point de rencontre ?

3° Même question, quand le premier mobile est lancé dans une direction quelconque.

4° Quand une droite coupe en deux points la parabole décrite par un projectile pesant dans le vide, les projections des vitesses aux points d'intersection sur la droite sont égales et de sens contraires.

5° Trouver le mouvement d'un point matériel animé d'une vitesse verticale donnée, et repoussé par un point fixe proportionnellement à la distance.

6° Trouver le mouvement d'un point attiré par une droite fixe proportionnellement à la distance, et animé d'une vitesse initiale parallèle à cette droite.

7° Un point matériel décrit une ellipse sous l'action d'une force perpendiculaire au grand axe, trouver la loi de cette force.

8° Un point pesant repose sur un cercle vertical et glisse sur un cercle sans frottement, trouver le point où il quitte le cercle.

9° Trouver le mouvement d'un point matériel sollicité par la pesanteur et par une force dirigée vers un point fixe et proportionnelle à la distance.

LIVRE III.

EQUILIBRE ET MOUVEMENT DES SYSTÈMES.

CHAPITRE I.

COMPOSITION DES FORCES PARALLÈLES.

135. Nous avons dit que les corps sont formés de particules très-petites, que l'on appelle *molécules ;* ces molécules, que l'on peut réduire par la pensée à de simples points matériels, sont séparées les unes des autres, et l'on se représente l'ensemble des phénomènes physiques en imaginant qu'elles agissent les unes sur les autres par attraction ou répulsion. L'action mutuelle de deux molécules consiste en deux forces égales et contraires, appliquées, l'une à la première molécule, l'autre à la seconde ; cette double force est dirigée suivant la droite qui joint les deux molécules, et son énergie varie avec la distance.

On dit qu'un corps est *solide,* lorsque les distances des molécules deux à deux ne varient pas d'une manière sensible sous l'influence des forces extérieures appliquées au corps, pourvu que ces forces ne dépassent pas certaines limites de grandeur. Négligeant ces variations extrêmement petites, on arrive à l'idée d'un corps parfaitement solide, c'est-à-dire d'un système de molécules formant une figure géométrique invariable. Il est clair que, dans la nature, il n'existe pas de corps parfaitement solide ; si petites que soient les forces extérieures qui agissent sur un corps pour le comprimer ou le dilater, elles modifient les distances des molécules, jusqu'à ce qu'un nouvel état d'équilibre s'établisse. Mais, dans la construction des machines, on emploie des matériaux tels que chacune des pièces de la machine n'éprouve pas de déformation sensible et puisse être regardée, par conséquent, comme parfaitement solide. L'état parfaitement solide est en quelque sorte l'état idéal dont doivent se rapprocher le plus possible les corps dont on fait usage en mécanique. On comprend par là de quelle importance est l'étude des conditions d'équilibre et du mouvement des corps solides. Nous nous occuperons d'abord de la composition des forces appliquées à un corps solide.

136. Nous commencerons par établir un principe dont nous nous servirons fréquemment par la suite : c'est qu'*on peut déplacer le point d'application d'une force sur la droite suivant laquelle elle agit, pourvu qu'on suppose les deux points d'application réunis par une droite rigide et inextensible*, c'est-à-dire parfaitement solide. Il est évident d'abord que deux forces égales et opposées F et —F, appliquées aux deux extrémités d'une barre rigide et inextensible AB (*fig.* 98), se font équilibre ; car il n'y a pas de raison pour que la droite se meuve dans un sens plutôt que dans l'autre. Cela posé, soit A (*fig.* 99) le point d'application d'une force F agissant suivant la droite indéfinie BA. Nous voulons transporter le point d'application de A en B sur cette droite. Appliquons au point B deux forces F et —F égales et opposées. Ces deux forces, se

faisant équilibre, ne changent rien à l'état des choses ; les deux forces F et — F, appliquées aux deux extrémités A et B de la droite rigide et inextensible, se faisant équilibre, on peut supprimer ces deux forces ; il ne reste plus alors que la force F appliquée en B. Ainsi, la force F appliquée en A est remplacée par la même force appliquée en B. Ce déplacement du point d'application peut être effectué d'un côté ou de l'autre sur la droite suivant laquelle agit la force.

Composition de forces concourantes appliquées à un corps solide.

137. Considérons différentes forces F, F′, F″... appliquées à des points A, B, C... d'un corps solide (*fig.* 100), et supposons que les droites suivant lesquelles agissent ces forces passent par un même point O du corps solide. Le corps étant supposé parfaitement solide, les droites OA, OB, OC... ont des longueurs invariables ; c'est comme si le point O était lié à chacun des points A, B, C... par une droite rigide et inextensible. D'après ce que nous avons

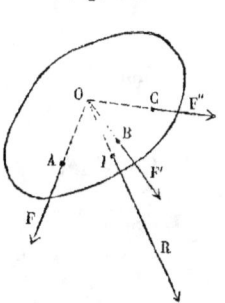

Fig. 100.

dit précédemment, on peut transporter le point d'application de la force F de A en O, celui de la force F′ de B en O, et ainsi de suite. De cette manière les forces sont appliquées à un même point matériel O ; elles admettent une résultante R, que l'on déterminera comme il a été expliqué précédemment (n° 92). Soit I le point où la droite suivant laquelle agit cette résultante R perce la surface

176 LIVRE III. ÉQUILIBRE ET MOUVEMENT DES SYSTÈMES.

du corps; on pourra transporter le point d'application de la force R de O en I, et ainsi le système des forces proposées est remplacé par la force unique R, appliquée en un point I du corps solide.

Il peut arriver que le point de concours O des droites suivant lesquelles agissent les forces proposées soit situé en dehors du corps solide. Dans ce cas, on imaginera le point O réuni invariablement au corps solide; puis, comme précédemment, on transportera au point O les points d'application des forces proposées, et l'on prendra leur résultante R. Si la droite suivant laquelle agit cette résultante rencontre le corps en un point I, on pourra l'appliquer en ce point. Mais si la droite ne rencontre pas le corps, il faudra concevoir la résultante R comme appliquée en un point extérieur, uni invariablement au corps solide.

Composition de deux forces parallèles de même sens.

138. Considérons deux forces parallèles F et F′, agissant dans la même direction et appliquées aux deux extrémités d'une droite solide AB (*fig.* 101). Aux deux extrémités de cette droite appliquons deux forces égales et opposées AC et BD; ces deux forces, se faisant équilibre, ne changent rien à l'état du système. Les deux forces F et AC, appliquées au même point A, se composent en une

Fig. 101.

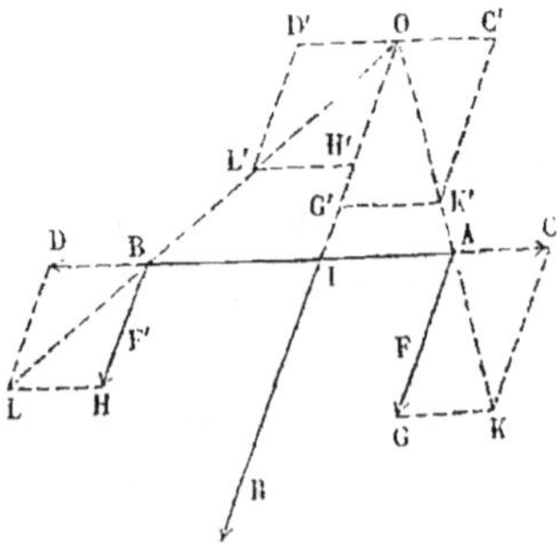

seule AK, au moyen du parallélogramme CAGK; de même, les deux forces F' et BD, appliquées au point B, se composent en une seule BL, au moyen du parallélogramme DBHL. Les droites AK et BL, étant situées dans le même plan et n'étant pas parallèles, se coupent en un point O. Transportons en ce point les deux forces AK et BL; elles seront alors représentées par les droites OK' et OL', égales respectivement à AK et à BL. Décomposons maintenant la force OK' en deux forces, l'une OG' parallèle à AG, l'autre OC' parallèle à AC; les parallélogrammes C'OG'K', CAGK étant égaux, la force OG' est égale à la force F, et la force OC' à la force AC. Décomposons de même la force OL' en deux forces, l'une OH' parallèle à BH, l'autre OD' parallèle à BD; les parallélogrammes D'OH'L', DBHL étant égaux, la force OH' est égale à la force F', et la force OD' à la force BD. Nous avons actuellement quatre forces appliquées au point O; les deux forces égales et opposées OC' et OD', se faisant équilibre, peuvent être supprimées; il reste les deux forces OG' et OH', qui s'ajoutent et donnent une résultante R égale à leur somme F + F'. Nous pouvons enfin transporter le point d'application de cette résultante au point I, où la droite suivant laquelle elle agit rencontre la droite AB.

On conclut de là que *deux forces F et F' parallèles et de même sens admettent une résultante égale à leur somme, parallèle aux forces proposées et agissant dans la même direction.*

Déterminons le point d'application I de cette résultante. Les triangles semblables AOI, ACK donnent les rapports égaux

$$\frac{IA}{IO} = \frac{AC}{CK} = \frac{AC}{F};$$

178 LIVRE III. ÉQUILIBRE ET MOUVEMENT DES SYSTÈMES.

les triangles semblables BOI, BDL donnent de même

$$\frac{IB}{IO} = \frac{BD}{DL} = \frac{BD}{F'}.$$

En divisant ces rapports égaux l'un par l'autre, on en déduit

$$\frac{IA}{IB} = \frac{F'}{F}.$$

Ainsi, *le point d'application* I *de la résultante divise la droite* AB *en deux parties* IA *et* IB *inversement proportionnelles aux forces proposées* F *et* F'.

On peut mettre proportion sous la forme

$$\frac{IA}{F'} = \frac{IB}{F} = \frac{AB}{F+F'}.$$

Si la droite AB représente la grandeur de la résultante F + F', les deux parties IA et IB représenteront celles des deux forces F' et F.

Composition de deux forces parallèles de sens contraires.

139. Soient les deux forces F et F', parallèles et de sens contraires, appliquées aux deux points A et B (*fig*. 102). Nous supposons la force F plus grande que la force F'. Nous pouvons décomposer la force F en deux forces parallèles et de même sens, l'une BC appliquée au point B et égale à F', l'autre égale à F — F' et appliquée en un certain point I situé sur le pro-

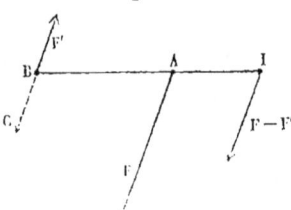
Fig. 102.

longement de la droite BA, et déterminé par la relation

$$\frac{IA}{AB} = \frac{F'}{F-F'}.$$

En effet, d'après ce que nous avons dit, la résultante des deux forces BC et $F - F'$, parallèles et de même sens, étant égale à leur somme F, et son point d'application divisant la droite BI en deux parties inversement proportionnelles aux forces, cette résultante est la force proposée F appliquée en A. Ayant ainsi remplacé la force F par les deux forces BC et $F - F'$, nous avons à considérer trois forces, savoir : les deux forces F' et BC appliquées en B, et la force $F - F'$ appliquée en I. Les deux premières, étant égales et opposées, se font équilibre ; on peut les supprimer ; il nous reste seulement la troisième. Ainsi, *les deux forces F et F', parallèles et de sens contraires, admettent une résultante égale à leur différence $F - F'$, parallèle aux forces proposées, et agissant dans le sens de la plus grande.*

Le point d'application I de la résultante est situé sur le prolongement de la droite BA, du côté de la plus grande force, et à une distance telle que l'on ait

$$\frac{IA}{AB} = \frac{F'}{F-F'};$$

d'où
$$IA = AB \times \frac{F'}{F-F'}.$$

On peut écrire ces rapports sous la forme suivante

$$\frac{IA}{F'} = \frac{AB}{F-F'} = \frac{IA+AB}{F} = \frac{IB}{F},$$

d'où
$$\frac{IA}{F'} = \frac{IB}{F}.$$

Ceci permet de comprendre dans un même énoncé la loi qui détermine le point d'application de deux forces parallèles, de même sens, ou de sens contraires. Dans les deux cas, les distances du point d'application I de la résultante aux points d'application des deux forces proposées sont inversement proportionnelles aux forces.

Nous avons supposé dans ce qui précède que les deux forces F et F', parallèles et de sens contraires, sont différentes. Lorsque les deux forces deviennent égales, la résultante F — F' devient nulle et son point d'application s'éloigne indéfiniment. Nous démontrerons plus tard que deux forces égales et parallèles de sens contraires, mais non directement opposées, n'admettent pas de résultante. On a donné à ce système de deux forces le nom de *couple* (*fig.* 103).

Fig. 103.

Composition d'un nombre quelconque de forces parallèles.

140. Considérons différentes forces parallèles et de même sens F, F', F''... appliquées à des points A, A', A''... d'un corps solide (*fig.* 104). On cherchera d'abord la résultante des deux premières forces F et F'; cette résultante R_1 est égale à leur somme $F + F'$, et l'on déterminera son point d'application I_1 en divisant la droite AA' en deux parties inversement proportionnelles aux forces. On cherchera ensuite la résultante des deux forces R_1 et F''; cette résultante R_2 est égale à leur somme

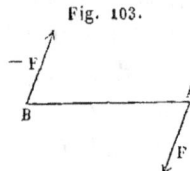

Fig. 104.

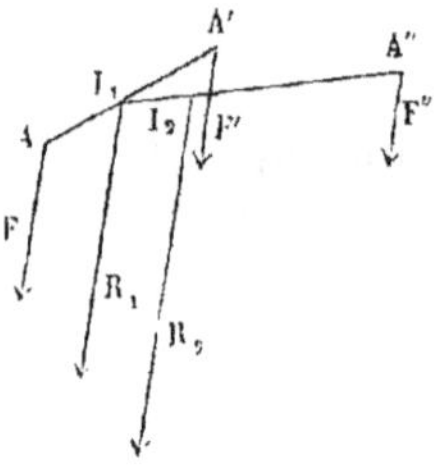

$R_1 + F''$ ou $F + F' + F''$, et l'on déterminera son point d'application I_2 en divisant la droite I_1A'' en deux parties inversement proportionnelles aux forces R_1 et F''. En continuant de cette manière, on obtiendra la résultante R de toutes les forces proposées ; on voit que cette résultante est égale à la somme des forces proposées.

141. Nous avons supposé que les forces parallèles sont toutes dirigées dans le même sens. Si les unes agissent dans un sens, les autres dans le sens opposé, on cherchera la résultante R' des premières, la résultante R'' des secondes, et la question sera ainsi ramenée à la composition de deux forces parallèles R' et R'' de sens contraires. Quand ces deux forces diffèrent, elles admettent une résultante R égale à leur différence. Quand elles sont égales et non directement opposées, elles n'admettent pas de résultante, et elles forment ce qu'on appelle un couple. Quand elles sont égales et directement opposées, elles se font équilibre.

142. Revenons au cas où les forces parallèles sont toutes dirigées dans le même sens, et appelons I le point d'application de leur résultante R.

Il résulte de la construction indiquée que la position de ce point est indépendante de la direction commune des forces parallèles, pourvu que l'on ne déplace aucun des points d'application ; car on a obtenu le point I en divisant la droite AA' en deux parties inversement proportionnelles aux forces F et F' ; si l'on change la direction des forces, la position du point I_1 ne changera pas. On a obtenu ensuite le point I_2 en divisant la droite I_2A'' en deux parties inversement proportionnelles aux forces R_1 et F'' ; la position de ce point est indépendante de la direction des forces, et ainsi de suite. Ainsi, quelle que soit la direction des forces parallèles, on arrivera toujours au même point d'application I de la résultante R. Ce point d'application de la résultante des forces parallèles, qui est indépendant de la direction commune de ces forces, s'appelle le *centre des forces parallèles*.

On peut étendre cette définition du centre des forces parallèles au cas où les forces parallèles ne sont pas toutes dirigées dans le même sens, pourvu qu'elles admettent une résultante.

On détermine par l'analyse la position de ce point, à l'aide d'un théorème que nous allons démontrer.

Théorème des moments des forces parallèles.

143. On appelle *moment* d'une force, par rapport à un plan qui lui est parallèle, le produit de la force par la distance de la force au plan.

Considérons d'abord deux forces parallèles et de même sens F et F′, et leur résultante R (*fig.* 105). Des points

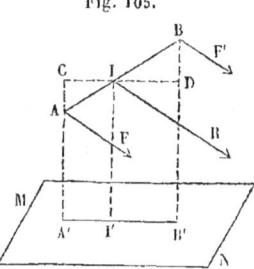

Fig. 105.

d'application de ces forces abaissons des perpendiculaires sur un plan MN parallèle aux forces; les moments des deux forces F et F′ par rapport au plan MN sont les produits F × AA′, F′ × BB′; le moment de la résultante est R × II′. Nous allons démontrer que le moment de la résultante est égal à la somme des moments des deux forces proposées.

Par le point I menons une droite CD parallèle à la droite A'B', projection de la droite AB sur le plan. Les deux triangles semblables IAC, IBD donnent les rapports égaux

$$\frac{AC}{BD} = \frac{IA}{IB}.$$

Le point I étant le point d'application de la résultante, on a

$$\frac{IA}{IB} = \frac{F'}{F}.$$

on en déduit
$$\frac{AC}{BD} = \frac{F'}{F},$$

et par suite $\quad F \times AC = F' \times BD.$

Si dans cette égalité on remplace les longueurs AC et BD par les quantités égales

$$AC = CA' - AA' = II' - AA',$$
$$BD = BB' - DB' = BB' - II',$$

il vient

$$F \times (II' - AA') = F' \times (BB' - II');$$

d'où l'on déduit

(1) $\quad (F + F') \times II' = F \times AA' + F' \times BB'.$

Ainsi, le moment de la résultante des deux forces parallèles F et F' est égal à la somme des moments de ces deux forces.

144. Supposons maintenant que les deux forces parallèles F et F′ agissent en sens contraires, et soit F la plus grande des deux forces (*fig.* 106). En faisant la même construction que précédemment, on a toujours

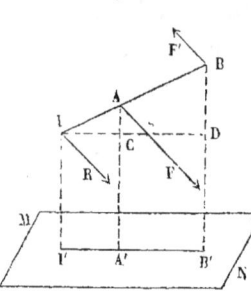

Fig. 106.

$$\frac{AC}{BD} = \frac{IA}{IB} = \frac{F'}{F},$$

et par suite,
$$F \times AC = F' \times BD.$$

Si dans cette égalité on remplace les longueurs AC et BD par les quantités égales

$$AC = AA' - CA' = AA' - II',$$
$$BD = BB' - DB' = BB' - II',$$

il vient

$$F \times (AA' - II') = F' \times (BB' - II');$$

d'où l'on déduit

(2) $\quad (F - F') \times II' = F \times AA' - F' \times BB'.$

Le moment de la résultante est égal à la différence des moments des deux forces proposées.

Mais on peut comprendre ces deux énoncés en un seul. Si l'on regarde comme positives les forces qui agissent dans un sens, comme négatives celles qui agissent en sens contraire, on voit que la résultante R est égale à la somme algébrique des forces proposées, et que le moment de la résultante est égal à la somme algébrique des moments de ces forces.

145. Ce théorème peut être étendu à un nombre quel-

conque de forces parallèles. Désignons par F, F′, F″...
les forces proposées, affectées chacune du signe + ou du
signe —, suivant qu'elle est dirigée dans un sens ou dans
l'autre. Leur résultante R est égale à la somme algébrique
des forces proposées, et l'on a

$$R = F + F' + F'' + \ldots$$

Menons un plan MN parallèle aux forces et tel que les
points d'application de toutes les forces et de la résultante soient situés d'un même côté du plan. Si l'on appelle R_1 la résultante des deux forces F et F′, on a, d'après
ce qui a été démontré,

$$m^t \text{ de } R_1 = m^t \text{ de } F + m^t \text{ de } F'.$$

Si l'on appelle R_2 la résultante des deux forces R_1 et F″,
on a de même

$$m^t \text{ de } R_2 = m^t \text{ de } R_1 + m^t \text{ de } F'',$$

et par suite

$$m^t \text{ de } R_2 = m^t \text{ de } F + m^t \text{ de } F' + m^t \text{ de } F''.$$

En continuant de cette manière, on voit que le moment
de la résultante R de toutes les forces proposées est égal
à la somme algébrique des moments de ces forces.

146. Nous avons supposé dans ce qui précède que le
plan par rapport auquel on prend les moments laisse tous
les points d'application d'un même côté. On fera disparaître cette restriction, en convenant de regarder comme
positives les perpendiculaires AA′, BB′,... situées d'un
côté du plan MN, comme négatives les perpendiculaires
CC′,... situées de l'autre côté (*fig.* 107).

Appelons z, z', z'',... les perpendiculaires abaissées des

186   LIVRE III. ÉQUILIBRE ET MOUVEMENT DES SYSTÈMES.

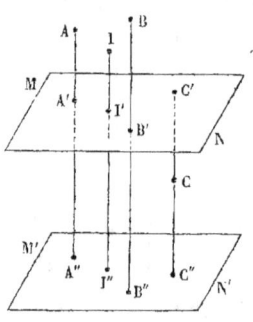

Fig. 107.

points d'application des forces proposées sur le plan MN, perpendiculaires affectées chacune du signe convenable, appelons de même Z la perpendiculaire abaissée du point d'application I de la résultante, et affectée du signe convenable. Menons un plan M'N' parallèle à MN et à une distance telle que ce plan laisse tous les points d'application d'un même côté, et désignons par h la distance des deux plans MN, M'N'. Si l'on prend les moments par rapport au plan M'N', on a

(1) $R \times II'' = F \times AA'' + F' \times BB'' + F'' \times CC'' + \ldots$

Mais on a aussi

$$R = F + F' + F'' + \ldots$$

Si l'on multiplie par h tous les termes de cette égalité, il vient

(2) $R \times h = F \times h + F' \times h + F'' \times h + \ldots$

En retranchant l'égalité (2) de l'égalité (1) membre à membre, on obtient l'égalité

$$R \times (II'' - h) = F \times (AA'' - h) + F' \times (BB'' - h)$$
$$+ F'' \times (CC'' - h) + \ldots$$

La différence des longueurs qui forme chaque parenthèse est égale à la perpendiculaire abaissée sur le plan MN et affectée du signe $+$ ou du signe $-$, suivant qu'elle est située d'un côté du plan ou de l'autre côté. On a ainsi

(3) $RZ = Fz + F'z' + F''z'' + \ldots$

147. Voici comment on se sert de ce théorème pour déterminer le centre des forces parallèles. Par un point O menons trois plans perpendiculaires entre eux (*fig.* 108). Appelons x, y, z les coordonnées du point d'application A de la force F; x', y', z' celles du point d'application B de la force F', etc.; et enfin X, Y, Z celles du point d'application I de la résultante R. Le centre des forces parallèles étant indépendant de la direc-

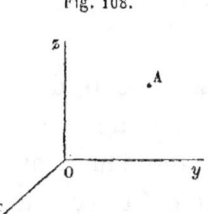

Fig. 108.

tion des forces parallèles, on supposera que ces forces deviennent parallèles successivement à chacun des plans des coordonnées, et on prendra les moments par rapport à ce plan. Si l'on rend les forces parallèles successivement à chacun des plans yoz, zox, xoy, et qu'on prenne les moments par rapport à chacun d'eux, on obtient les trois équations

(1) $$\begin{cases} RX = Fx + F'x' + \dots \\ RY = Fy + F'y' + \dots \\ RZ = Fz + F'z' + \dots, \end{cases}$$

qui déterminent les trois coordonnées X, Y, Z du centre des forces parallèles.

La grandeur de la résultante est connue et donnée par la relation

(2) $$R = F + F' + F'' + \dots$$

148. Etant donné un système de forces parallèles, si la somme algébrique des forces n'est pas nulle, elles admettent une résultante R égale à cette somme. Pour déterminer la position de la droite suivant laquelle agit la résultante, il suffit de prendre les moments des forces par rapport à deux plans *zoy*, *zox* parallèles à leur direction; ce qui donne les deux équations

$$(3) \quad \begin{cases} RX = Fx + F'x' + \ldots \\ RY = Fy + F'y' + \ldots \end{cases}$$

Les valeurs de X et de Y qu'on en déduit déterminent une droite parallèle à *oz*; c'est suivant cette droite qu'agit la résultante; on peut supposer la force appliquée à un point quelconque de cette droite.

Lorsque les forces proposées ont une somme algébrique nulle, elles n'admettent pas de résultante; elles se réduisent à un couple ou se font équilibre. Si l'on appelle R' la résultante des forces qui agissent dans un sens, — R' la résultante des forces qui agissent en sens contraire; X' et Y', X" et Y" les coordonnées des points d'application I' et I" de ces deux résultantes, et qu'on prenne les moments par rapport aux deux plans *zoy*, *zox*, on a

$$(4) \quad \begin{cases} R'(X' - X'') = Fx + F'x' + \ldots \\ R'(Y' - Y'') = Fy + F'y' + \ldots \end{cases}$$

Quand les deux résultantes R' et — R' sont directement opposées, elles agissent suivant une même droite parallèle à l'axe *oz*, et l'on a $X' = X''$, $Y' = Y''$. Les équations (4) se réduisent alors à

$$(5) \quad \begin{cases} Fx + F'x' + \ldots = 0, \\ Fy + F'y' + \ldots = 0. \end{cases}$$

Réciproquement, quand ces deux conditions sont remplies, on a

$$X' = X'', \quad Y' = Y''.$$

Les droites, suivant lesquelles agissent les deux résultantes partielles R', — R', coïncident; ces deux résultantes sont opposées et se font équilibre. Ainsi, pour que des forces parallèles se fassent équilibre, il est nécessaire et il suffit que la somme algébrique des forces soit nulle, ainsi que la somme de leurs moments par rapport à deux plans parallèles aux forces.

Mais, lorsque l'une au moins des deux sommes de moments est différente de zéro, les droites suivant lesquelles agissent les résultantes partielles R', — R' ne coïncident pas, et ces deux résultantes forment un couple.

CHAPITRE II.

CENTRES DE GRAVITÉ.

149. Les poids des diverses molécules qui composent un corps solide sont des forces parallèles et de même sens ; leur résultante, qui est égale à leur somme, s'appelle le *poids du corps*. Le point d'application de cette résultante, ou le centre des forces parallèles, porte spécialement le nom de *centre de gravité*.

D'après ce que nous avons dit précédemment, il est clair que la position du centre de gravité dans le corps ne change pas, quand on donne au corps solide diverses positions ; d'ailleurs, on peut remarquer que faire tourner le corps solide, sans changer la direction des forces, revient à changer la direction des forces parallèles par rapport au corps solide supposé immobile. Le centre de gravité d'un corps solide doit donc être regardé comme un point parfaitement déterminé, situé à l'intérieur du corps et indépendant de la position du corps.

150. Nous avons défini la masse d'un point matériel ou d'une molécule. La masse d'un corps est la somme des masses des différentes molécules qui le composent. Lorsque des parties de même volume dans le corps ont des masses égales, on dit que le corps est *homogène*, et l'on appelle *densité du corps* la masse renfermée sous l'unité de volume, c'est-à-dire la masse d'un mètre cube. Ainsi, le poids d'un mètre cube d'eau étant 1000 kilogrammes, la densité de l'eau est égale à $\frac{1000}{g}$. Si l'on appelle V le volume d'un corps homogène, d sa densité, M sa masse, P son poids, on a

$$M = dV, \quad P = Mg = gdV.$$

Quand un corps est homogène, on peut concevoir sa masse comme répartie uniformément et d'une manière continue dans tout le volume occupé par le corps. On assimile ainsi, par la pensée, le corps à un volume continu, et on ramène la recherche du centre de gravité à une question purement géométrique.

Lorsqu'un corps a une épaisseur très-petite, si l'on fait abstraction de cette épaisseur, on assimile le corps à une surface; telle est, par exemple, une feuille de tôle très-mince. Quand des aires égales ont des masses égales, on dit que la surface est homogène.

De même, lorsqu'un corps a une épaisseur et une largeur très-petites, si l'on fait abstraction de ces deux dimensions, on l'assimile à une ligne; tel est, par exemple, un fil de fer très-mince. Quand des longueurs égales ont des masses égales, on dit que la ligne est homogène. Dans ce qui va suivre, nous ne considérerons que des corps homogènes, lignes, surfaces ou volumes.

151. Lorsqu'un corps homogène a un centre de figure O, il est clair que le centre de gravité coïncide avec le centre géométrique. On peut concevoir, en effet, que le corps soit composé de molécules ou de points matériels égaux m et m', placés deux à deux symétriquement par rapport au centre O (*fig.* 109). La résultante des poids des deux points matériels m et m' est appliquée au milieu de la droite mm', c'est-à-dire au

Fig. 109.

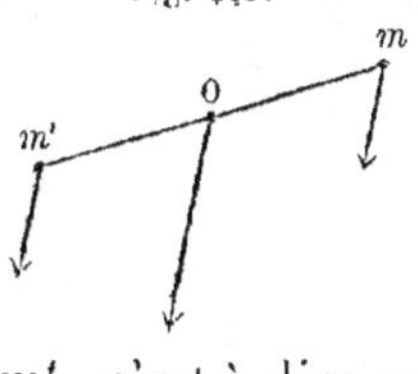

192 LIVRE III. ÉQUILIBRE ET MOUVEMENT DES SYSTÈMES.

centre du corps. En opérant de même pour chaque couple de points symétriques, on aura un certain nombre de forces appliquées au point O : la résultante totale est donc appliquée en ce point.

De même, lorsqu'un corps homogène a un plan de symétrie P (*fig.* 110), il est clair que le centre de gravité est situé dans ce plan. On peut, en effet, regarder le corps comme composé de points matériels égaux m et m', symétriquement placés deux à deux par rapport au plan P ; la résultante des poids des deux points matériels m et m' est appliquée au point i, milieu de la droite mm' et situé dans le plan P. On aura ainsi un certain nombre de forces parallèles ayant leurs points d'application dans le plan P ; le point d'application de leur résultante sera aussi situé dans le plan P.

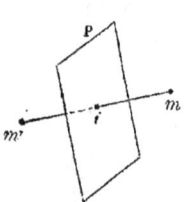
Fig. 110.

Il résulte de là que le centre de gravité d'une ligne droite homogène est au centre, ou au milieu de la droite ; que le centre de gravité d'un cercle homogène coïncide avec le centre du cercle, et que de même le centre de gravité d'une sphère homogène coïncide avec le centre de la sphère.

Centre de gravité d'un triangle.

152. Nous ferons remarquer d'abord que le centre de gravité d'un parallélogramme homogène coïncide avec le centre du parallélogramme, qui est le point d'intersection O des diagonales (*fig.* 111) ; on peut dire encore

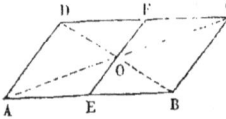
Fig. 111.

que le centre O est le milieu de la droite EF, qui joint les milieux de deux côtés parallèles.

Considérons maintenant un triangle homogène ABC (*fig.* 112); joignons le sommet A au milieu D du côté opposé BC; partageons la droite AD en un certain nombre de parties égales; par les points de division D′, D″,... menons des parallèles au côté BC, et par les points B′, C′, B″, C″,... où ces droites rencontrent les deux côtés AB et AC du trian-

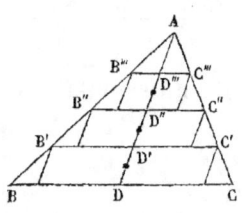

Fig. 112.

gle, menons des parallèles à la droite AD, nous formerons ainsi un certain nombre de parallélogrammes. Le centre de gravité du premier parallélogramme est situé au milieu de la droite DD′, qui joint les milieux de deux côtés parallèles; le centre de gravité du second parallélogramme est situé de même au milieu de la droite D′D″, et ainsi de suite. Les poids des divers parallélogrammes étant appliqués en des points de la droite AD, le centre de gravité de leur somme, ou le point d'application de la résultante, est situé aussi sur la droite AD. Supposons maintenant que l'on augmente indéfiniment le nombre des divisions de la droite AD, il est clair que la somme des parallélogrammes a pour limite l'aire du triangle; on en conclut que le centre de gravité du triangle est situé sur la droite AD, qui joint le sommet A au milieu du côté opposé.

De même, le centre de gravité du triangle est situé sur la droite BE, qui joint le sommet B au milieu E du côté opposé AC (*fig.* 113); il se trouve donc au point d'intersection G des deux droites AD et BE. Le centre de gravité devant aussi être situé sur la troisième médiane CF, on en

Fig. 113.

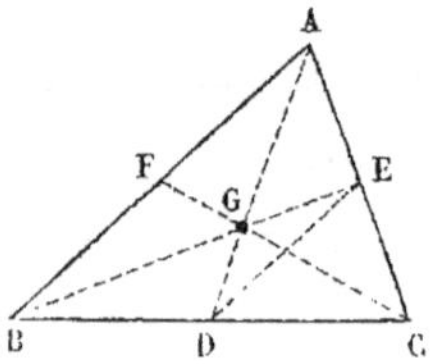

conclut que les trois médianes d'un triangle passent par le centre de gravité. La droite DE, qui divise en deux parties égales les deux côtés CB et CA du triangle, est parallèle au troisième côté AB et en est la moitié; les deux triangles DGE, AGB sont semblables et donnent les rapports égaux

$$\frac{GD}{AG} = \frac{DE}{AB} = \frac{1}{2}.$$

Ainsi, la distance GD est la moitié de AG, ou bien est le tiers de AD.

On dira donc que *le centre de gravité d'un triangle est sur une médiane, au tiers à partir de la base*.

153. On peut remarquer que le centre de gravité du triangle coïncide avec celui de trois masses égales placées aux trois sommets du triangle. En effet, la résultante des deux forces égales appliquées en B et C est une force double appliquée au milieu D de la droite BC (*fig.* 114). Pour

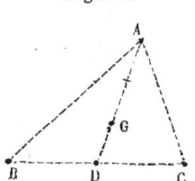

Fig. 114.

avoir le point d'application de la résultante de la force simple appliquée en A et de la force double appliquée en D, il faut diviser la droite AD en deux parties inversement proportionnelles aux forces, et par conséquent dans le rapport de 2 à 1 ; le centre de gravité des trois masses égales coïncide donc avec celui du triangle ABC.

Centre de gravité du périmètre d'un triangle.

154. Considérons le périmètre d'un triangle formé avec un fil matériel homogène (*fig.* 115). Les poids des trois côtés du triangle sont des forces parallèles appliquées en leurs milieux D, E, F, et proportionnelles aux longueurs des côtés ; il faut trouver le point d'application de la résultante de ces trois forces. Le

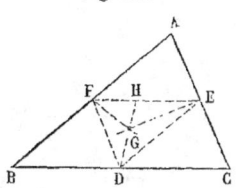

Fig. 115.

point d'application H de la résultante des forces appliquées en E et F divise la droite EF en deux parties inversement proportionnelles aux forces, et par conséquent proportionnelles aux longueurs des côtés AB et AC, ou à leurs moitiés DE et DF ; on a donc

$$\frac{HE}{HF} = \frac{AB}{AC} = \frac{DE}{DF}.$$

Dans le triangle DEF, la droite DH, qui divise le côté EF en deux parties proportionnelles aux côtés DE et DF, est bissectrice de l'angle EDF. Il faut ensuite composer la force appliquée en H et la force appliquée en D ; le point d'application de la résultante, ou le centre de gravité cherché, est situé sur la droite DH. De même, le centre de gravité est situé sur chacune des bissectrices du triangle DEF, et par conséquent à leur point d'intersection, c'est-à-dire au centre du cercle inscrit dans ce triangle. Ainsi, *le centre de gravité du périmètre d'un triangle coïncide avec le centre du cercle inscrit dans le triangle qui a pour sommets les milieux des côtés du triangle proposé.*

Centre de gravité d'un trapèze.

155. Nous remarquons d'abord que le centre de gravité de l'aire d'un trapèze homogène ABCD (*fig.* 116) est situé sur la droite EF qui joint les milieux des côtés parallèles. En effet, prolongeons les côtés non parallèles jusqu'à leur point d'intersection H ; la droite HE, qui va du sommet H au milieu du côté opposé AB, passe par le milieu de la droite parallèle DC. Le triangle HAB étant la réunion du trapèze ABCD et du triangle HDC, le poids de ce triangle est la résultante du poids du trapèze et du poids du triangle supérieur ; les points d'application des poids des deux triangles étant situés sur la droite HE, on en conclut que le point d'application du poids du trapèze, ou le centre de gravité du trapèze, est aussi situé sur cette même droite EF.

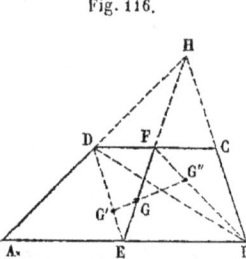

Fig. 116.

Partageons maintenant le trapèze en deux triangles par la diagonale BD : le centre de gravité G' du triangle DAB est situé sur la médiane DE, au tiers à partir du point E ; le centre de gravité G" du triangle BCD est situé sur la médiane BF, au tiers à partir du point F. Si l'on regarde les poids des triangles comme des forces parallèles appliquées en ces points G' et G", le point d'application de leur résultante sera le centre de gravité du trapèze ; on en conclut que le centre de gravité G du trapèze est situé sur la droite G'G", au point où cette droite coupe la droite EF.

156. On peut déterminer le centre de gravité du trapèze

d'une manière plus simple, et ceci nous donnera l'occasion d'appliquer le théorème des moments des forces parallèles (n° 143). Appelons a et b les deux côtés parallèles AB et CD du trapèze, h sa hauteur. Le centre de gravité G' du triangle DAB est à une distance $\frac{h}{3}$ du côté AB, et à une distance $\frac{2h}{3}$ du côté CD; de même, le centre de gravité G" du triangle BCD est à une distance $\frac{h}{3}$ du côté CD, et à une distance $\frac{2h}{3}$ du côté AB. Nous désignerons par x et y les distances du centre de gravité G du trapèze à ces deux côtés AB et CD.

Par le côté AB, menons un plan perpendiculaire au plan du trapèze, et prenons les moments des forces parallèles par rapport à ce plan. Si l'on appelle p le poids de l'unité de surface, les poids des triangles DAB, BCD sont égaux à $\frac{pah}{2}$, $\frac{pbh}{2}$, et celui du trapèze à $\frac{p(a+b)h}{2}$. Les moments des deux premières forces par rapport à la droite AB, c'est-à-dire par rapport au plan mené par cette droite, perpendiculairement au plan du trapèze, sont $\frac{pah}{2} \times \frac{h}{3}$, $\frac{pbh}{2} \times \frac{2h}{3}$, celui du poids du trapèze est $\frac{p(a+b)h}{2} \times x$; on a donc l'équation

$$\frac{p(a+b)h}{2} \times x = \frac{pah}{2} \times \frac{h}{3} + \frac{pbh}{2} \times \frac{2h}{3},$$

ou plus simplement

(1) $\qquad (a+b)x = \frac{ah}{3} + \frac{2bh}{3}.$

Si l'on prend les moments par rapport à la droite CD,

c'est-à-dire par rapport à un plan mené par cette droite perpendiculairement au plan du trapèze, on a de même

$$(2) \qquad (a+b)y = \frac{2ah}{3} + \frac{bh}{3}.$$

Ces deux équations déterminent x et y. En divisant membre à membre, on obtient la relation

$$(3) \qquad \frac{x}{y} = \frac{a+2b}{b+2a} = \frac{\frac{a}{2}+b}{\frac{b}{2}+a}.$$

Tel est le rapport des distances GP, GQ du point G aux deux côtés parallèles du trapèze (*fig.* 117). A cause des triangles semblables GEP, GFQ, le rapport $\frac{GE}{GF}$ est égal au précédent. On en déduit la construction suivante: *prolongez le côté* AB *d'une longueur* BK *égale à* CD, *le côté* CD *d'une longueur* DL *égale à* AB, *et joignez* KL ; *le point* G *où la droite* KL *rencontre la droite* EF *est le centre de gravité du trapèze.* Les triangles semblables GEK, GFL donnent en effet

$$\frac{GE}{GF} = \frac{EK}{FL} = \frac{\frac{a}{2}+b}{b+\frac{a}{2}}.$$

Centre de gravité du quadrilatère.

157. Soit le quadrilatère homogène ABCD (*fig.* 118). Partageons-le en deux triangles par une diagonale BD, et joignons les sommets A et C de ces triangles au milieu E de la base commune BD. Les centres de gravité G' et G" de ces deux triangles ABD, CBD sont sur les médianes AE, CE, au tiers de chacune d'elles à partir de la base BD. En ces deux points sont appliquées des forces égales aux poids des triangles et, par conséquent, proportionnelles à leurs surfaces ou à leurs hauteurs, puisque la base BD est commune. Pour avoir le centre de gravité G du quadrilatère, il faudra donc diviser la droite G'G" en raison inverse des hauteurs; ces hauteurs étant proportionnelles aux deux parties AF, CF de l'autre diagonale AC, on doit avoir

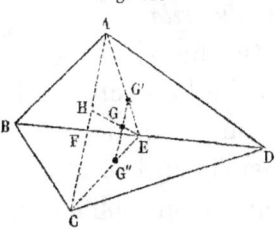

Fig. 118.

$$\frac{GG'}{GG''} = \frac{CF}{AF}.$$

Si sur la diagonale AC on prend une longueur AH égale à CF et que l'on joigne EH, le point G, où la droite EH rencontre G'G", sera le centre de gravité du trapèze; en effet, les droites AC et G'G" étant parallèles, on a

$$\frac{GG'}{GG''} = \frac{AH}{CH} = \frac{CF}{AF}.$$

Il en résulte la construction suivante : *Menez les deux diagonales* BD, AC *du quadrilatère; joignez au milieu* E *de l'une d'elles* BD *les deux sommets opposés* A *et* C *du quadrilatère, et divisez chacune des droites* AE, CE *en trois parties égales; joignez les premiers points de division* G′, G″, *à partir du point* E; *sur l'autre diagonale* AC *prenez une longueur* AH *égale à* CF *et joignez* EH; *le point d'intersection* G *des droites* G′G″, EH *est le centre de gravité du quadrilatère.*

On suivrait la même marche pour trouver le centre de gravité d'un polygone homogène quelconque. Après avoir décomposé le polygone en triangles par des diagonales, on chercherait le centre de gravité de chaque triangle et on supposerait appliquée en ce point une force proportionnelle à l'aire du triangle; la question serait ramenée ainsi à la détermination de la résultante d'autant de forces parallèles qu'il y a de triangles.

Centre de gravité d'un arc de cercle.

158. Il est évident qu'une circonférence homogène a son centre de gravité au centre du cercle.

Considérons un arc homogène ACB (*fig.* 119). Soit C le milieu de cet arc; le diamètre OC coupant l'arc en deux parties symétriques, il est clair que le centre de gravité G de l'arc de cercle est situé sur ce diamètre. Il s'agit de trouver la distance OG. Nous appellerons l la longueur de l'arc ACB, p le poids de l'unité de longueur, et nous désignerons par x la distance cherchée OG. Imaginons l'arc ACB divisé en un certain nombre de parties égales, et

Fig. 119.

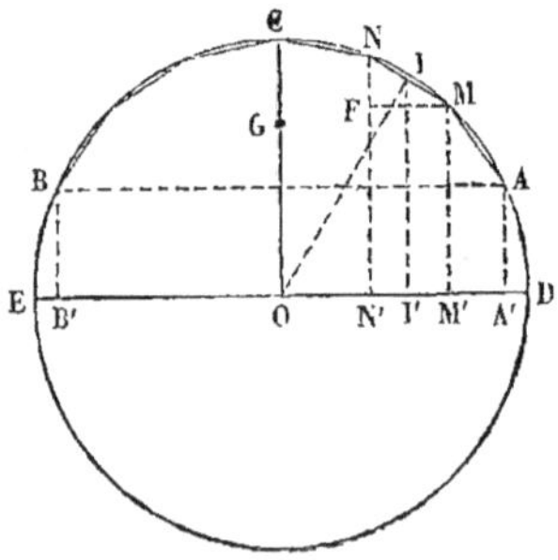

inscrivons dans l'arc une ligne brisée régulière homogène; par le diamètre DE, parallèle à la corde AB qui sous-tend l'arc ACB, menons un plan perpendiculaire au plan du cercle et prenons les moments par rapport à ce plan ; nous dirons plus simplement que nous prenons les moments par rapport à la droite DE. Le poids d'un côté quelconque MN de la ligne brisée est appliqué au milieu I de ce côté ; le moment de cette force, par rapport au diamètre DE, est le produit de la force $p \times$ MN par la perpendiculaire II'; le centre de gravité de la ligne entière est situé sur le diamètre OC ; en appelant l' la longueur de cette ligne, x' la distance de son centre de gravité au point O, et écrivant que le moment de la résultante est égal à la somme des moments des composantes, on a

$$pl'x' = \Sigma\,(p \times \mathrm{MN} \times \mathrm{II}'),$$

ou plus simplement

(1) $\qquad l'x' = \Sigma\,(\mathrm{MN} \times \mathrm{II}').$

Nous transformerons le produit MN $\times$ II'. Du point N abaissons une perpendiculaire NN' sur le diamètre DE, et par le point M menons une parallèle MF à ce diamètre. Les triangles OII', MNF sont semblables, comme ayant les côtés perpendiculaires chacun à chacun, savoir : OI perpendiculaire à MN, II' perpendiculaire à MF et OI' perpendiculaire à NF ; ces triangles semblables donnent les rapports égaux

$$\frac{\mathrm{MN}}{\mathrm{OI}} = \frac{\mathrm{MF}}{\mathrm{II}'},$$

d'où l'on déduit

$$\mathrm{MN} \times \mathrm{II}' = \mathrm{OI} \times \mathrm{MF} = \mathrm{OI} \times \mathrm{M'N'},$$

en remarquant que la longueur MF est égale à la longueur

M′N′, projection du côté MN sur le diamètre DE. Si l'on remplace le produit MN×II′ par le produit égal OI×M′N′, l'équation (1) devient

(2) $$l'x' = \Sigma\,(OI \times M'N').$$

Le facteur OI, rayon du cercle inscrit dans la ligne brisée régulière, étant commun à tous les termes, le second membre est égal au produit de ce facteur par la somme A′B′ des projections des différents côtés de la ligne brisée sur le diamètre DE; mais la projection A′B′ de la ligne brisée est égale à la corde AB qui sous-tend l'arc ACB, corde dont nous désignerons la longueur par a. On a ainsi

(3) $$l'x' = OI \times A'B' = OI \times a.$$

Supposons maintenant que le nombre des côtés de la ligne brisée augmente indéfiniment; la ligne brisée a pour limite l'arc ACB; le rayon OI du cercle inscrit dans la ligne brisée tend vers le rayon r du cercle proposé; on en conclut

(4) $$lx = r \times a,$$

d'où
$$\frac{x}{r} = \frac{a}{l}.$$

Ainsi, *le centre de gravité d'un arc de cercle est situé sur le rayon qui divise l'arc en deux parties égales et sa distance au centre est au rayon comme la corde qui sous-tend l'arc est à la longueur de l'arc.*

Cherchons, par exemple, le centre de gravité de la demi-circonférence DCE; on a ici $a = 2r$, $l = \pi r$, d'où
$$x = \frac{2r}{\pi}.$$

Centre de gravité d'un secteur.

159. A cause de la symétrie, le centre de gravité d'un secteur homogène OACB (*fig.* 120) est situé sur le dia-

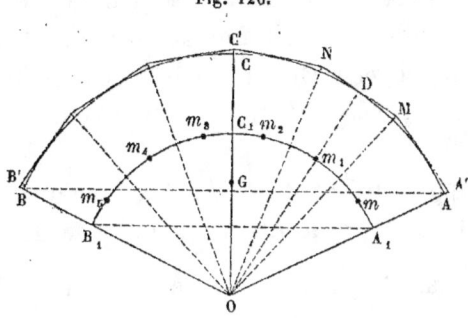

Fig. 120.

mètre OC qui coupe l'arc ACB en deux parties égales. Divisons l'arc ACB en un certain nombre de parties égales ; par le milieu de chacun des arcs menons une tangente, de manière à former une ligne brisée régulière A'C'B' circonscrite à l'arc ACB. Le secteur polygonal OA'C'B' se compose d'un certain nombre de triangles isocèles égaux, tels que OMN ; le rayon OD, qui va du centre au point de contact D, est la médiane de ce triangle ; le centre de gravité m_1 du triangle est situé sur la médiane OD, aux deux tiers à partir du centre. Du point O comme centre, avec un rayon OA_1 égal aux deux tiers du rayon OA, décrivons un arc de cercle $A_1C_1B_1$ compris entre les rayons OA et OB qui limitent le secteur ; les rayons OA, OM, ON, OC,... qui divisent l'arc ACB en parties égales, diviseront aussi l'arc $A_1C_1B_1$ en un même nombre de parties égales ; le point m_1, centre de gravité du triangle OMN, est situé au milieu de la division correspondante. On peut supposer la masse de chacun des triangles concentrée en son centre de gravité ;

c'est comme si l'on avait des molécules égales m, m_1, m_2, m_3, m_4, m_5, distribuées uniformément sur l'arc $A_1C_1B_1$. Supposons maintenant que l'on augmente indéfiniment le nombre des divisions de l'arc ACB, le secteur polygonal OA'C'B' aura pour limite le secteur OACB ; les molécules égales, distribuées uniformément sur l'arc $A_1C_1B_1$, et dont le nombre augmente indéfiniment, formeront une ligne matérielle homogène. On en conclut que le centre de gravité G du secteur OACB coïncide avec celui de l'arc de cercle $A_1C_1B_1$.

Si l'on appelle r le rayon OA, l la longueur de l'arc ACB, a celle de la corde AB et x la distance OG, le rayon OA_1 étant égal à $\frac{2r}{3}$, l'arc A_1C_1B est égal à $\frac{2l}{3}$, la corde A_1B_1 à $\frac{2a}{3}$, et l'on a, d'après la formule démontrée précédemment,

$$\frac{x}{\frac{2r}{3}} = \frac{\frac{2a}{3}}{\frac{2l}{3}} = \frac{a}{l},$$

d'où
$$x = \frac{2ar}{3l}.$$

On demande, par exemple, le centre de gravité d'un demi-cercle. On fera $a = 2r$, $l = \pi r$; d'où $x = \frac{4r}{3\pi}$.

On obtiendrait le centre de gravité d'un segment, en considérant le segment comme la différence entre un secteur et un triangle.

CENTRES DE GRAVITÉ.   205

Centre de gravité d'un prisme triangulaire.

160. Il est évident que le centre de gravité d'un parallélipipède homogène coïncide avec le centre du parallélipipède.

Soit un prisme triangulaire homogène ABCA'B'C' (*fig.* 121). Menons la médiane AD du triangle ABC; divisons-la en un certain nombre de parties égales; par les points de division, menons des plans parallèles à la face latérale BCC'B' du

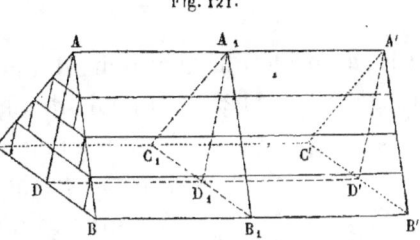
Fig. 121.

prisme, et, par les points où ces plans rencontrent les arêtes AB, AC, conduisons des plans parallèles au plan DAA', nous inscrirons ainsi dans le prisme triangulaire un certain nombre de parallélipipèdes.

Le centre de chacun de ces parallélipipèdes est situé dans le plan DAA', et aussi dans le plan $A_1B_1C_1$ qui divise les arêtes latérales du prisme en deux parties égales; il est situé par conséquent sur la médiane A_1D_1 du triangle $A_1B_1C_1$. Le centre de gravité de la somme des parallélipipèdes est donc situé sur la médiane A_1D_1. Si l'on augmente indéfiniment le nombre des divisions de la médiane AD, la somme des parallélipipèdes a pour limites le prisme triangulaire; on en conclut que le centre de gravité du prisme triangulaire est situé sur

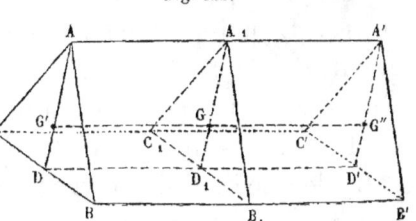
Fig. 122.

la médiane A_1D_1. Etant situé de même sur chacune des autres médianes, il coïncide avec le centre de gravité du triangle $A_1B_1C_1$ (*fig.* 122). On peut dire aussi que le centre de gravité du prisme est au milieu de la droite $G'G''$ qui joint les centres de gravité des bases parallèles du prisme.

Centre de gravité d'un prisme quelconque.

161. Considérons maintenant un prisme quelconque homogène (*fig.* 123). A l'aide de plans diamétraux, on le divisera en un certain nombre de prismes triangulaires. Par le point A_1, milieu d'une arête latérale AA', menons un plan parallèle aux plans des bases; ce plan coupera le prisme suivant un polygone $A_1B_1C_1D_1$, égal aux bases du prisme. D'après ce que nous venons de dire, les centres de gravité des prismes triangulaires $ABEA'B'E'$, $BCEB'C'E'$, $CDEC'D'E'$ coïncident avec les centres de gravité G_1, G_2, G_3 des triangles $A_1B_1E_1$, $B_1C_1E_1$, $C_1D_1E_1$. Il faut en ces points appliquer des forces égales aux poids des prismes triangulaires; mais ces poids sont proportionnels aux volumes, et par suite aux surfaces des bases $A_1B_1E_1$, $B_1C_1E_1$, $C_1D_1E_1$, puisque la hauteur est la même. Aux centres de gravité G_1, G_2, G_3 des triangles sont donc appliquées des forces proportionnelles aux aires de ces triangles; on en conclut que le centre de gravité du prisme coïncide avec le centre de gravité G du polygone $A_1B_1C_1D_1$.

Il est évident que les centres de gravité des sections pa-

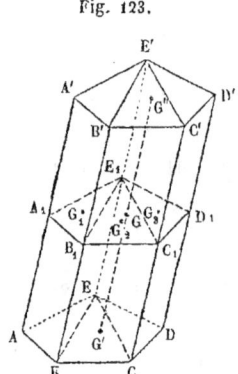

Fig. 123.

rallèles sont situés sur une même droite parallèle aux arêtes latérales du prisme. On voit par là que *le centre de gravité G du prisme est au milieu de la droite qui joint les centres de gravité G', G" des deux bases.*

Ce théorème peut être étendu à un cylindre homogène quelconque; car le volume du cylindre est la limite du volume d'un prisme inscrit dans le cylindre, quand on augmente indéfiniment le nombre des côtés de la base, de manière que chacun d'eux tende vers zéro. Les centres de gravité G', G" des bases du prisme tendent vers les centres de gravité des bases du cylindre, et le centre de gravité du prisme vers celui du cylindre.

Centre de gravité d'un tétraèdre.

162. Soit ABCD (*fig.* 124) un tétraèdre homogène. Joignons le sommet A au centre de gravité E de la face opposée BCD; divisons la droite AE en un certain nombre de parties égales, et, par les points de division E', E", E''', ..., menons des plans parallèles au plan BCD; ces plans couperont le tétraèdre suivant des triangles B'C'D', B"C"D", ..., semblables au triangle BCD. Il est évident, à cause de la similitude, que les centres de gravité de ces triangles sont situés en E', E", E''', ..., sur la droite AE qui joint le sommet A au centre de gravité E de la base BCD. Par les points B', C', D' menons des droites parallèles à la

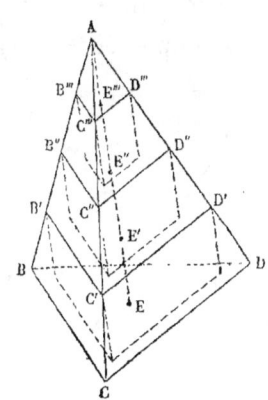

Fig. 124.

droite AE jusqu'à leur rencontre avec le plan BCD, de manière à former un premier prisme triangulaire, ayant pour base supérieure B'C'D'. Par les points B″, C″, D″ menons de même des droites parallèles à AE jusqu'à leur rencontre avec le plan B'C'D', de manière à former un second prisme triangulaire, et ainsi de suite. Le centre de gravité du premier prisme est au milieu de la droite E'E, qui joint les centres de gravité des deux bases; celui du second prisme est de même au milieu de la droite E″E', et ainsi de suite. Il en résulte que le centre de gravité de la somme des prismes est sur la droite AE. Si maintenant on augmente indéfiniment le nombre des divisions de la droite AE, il est clair que la somme des prismes a pour limite le volume du tétraèdre proposé. On en conclut que le centre de gravité du tétraèdre est situé sur la droite AE qui joint le sommet A au centre de gravité de la face opposée.

De même, le centre de gravité du tétraèdre est situé sur la droite BF, qui joint le sommet B au centre de gravité F de la face opposée ACD (*fig.* 125); il est donc à l'intersection des deux droites AE, BF. Soit I le milieu du côté CD; le point E est sur la droite BI, au tiers à partir du point I; de même le point F est sur la droite AI, au tiers à partir du point I; les deux droites AE, BF, situées dans un même plan AIB, se rencontrent en un point G. Dans le triangle AIB, la droite EF, qui divise les deux côtés IA et IB dans le même rapport, est parallèle au troisième côté AB et en est le tiers;

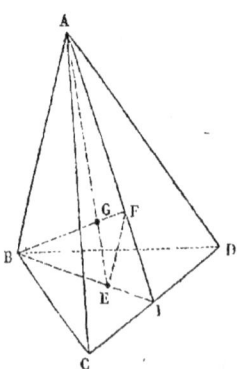

Fig. 125.

CENTRES DE GRAVITÉ.   209

les deux triangles EGF, AGB sont semblables et donnent les rapports égaux

$$\frac{GE}{AG} = \frac{EF}{AB} = \frac{1}{3};$$

la distance GE est le tiers de AG, ou le quart de AE.

163. On peut remarquer que le centre de gravité d'un tétraèdre coïncide avec celui de quatre masses égales placées aux quatre sommets. En effet, nous avons vu déjà que le centre de gravité de trois masses égales placées aux trois sommets du triangle BCD coïncide avec le centre de gravité E de ce triangle. Pour trouver le point d'application de la force simple appliquée en A et de la force triple appliquée en E, il faut diviser la droite AE dans le rapport de 3 à 1, ce qui donne bien le point G, centre de gravité du tétraèdre.

Centre de gravité d'une pyramide.

164. Une pyramide quelconque peut être décomposée en pyramides triangulaires par des plans diagonaux. Divisons l'arête SA (*fig.* 126) en quatre parties égales, et par le premier point de division A_1, à partir de la base, menons un plan parallèle au plan de la base; ce plan coupera la pyramide suivant un polygone $A_1B_1C_1D_1E_1$, semblable au polygone de base ABCDE. Le centre de gravité de la pyramide triangulaire SABE est situé sur la droite qui joint

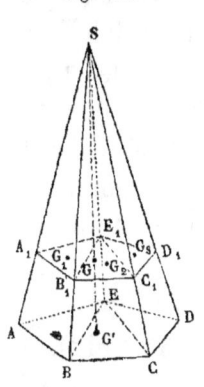

Fig. 126.

14

le sommet S au centre de gravité de la base ABE, et au quart à partir de la base; il coïncide donc avec le centre de gravité G_1 du triangle semblable $A_1B_1E_1$. De même, les centres de gravité des pyramides triangulaires SBCE, SCDE coïncident avec les centres de gravité G_2, G_3 des triangles $B_1C_1E_1$, $C_1D_1E_1$. Il faut, en ces points G_1, G_2, G_3, appliquer des forces égales aux poids des pyramides triangulaires; mais ces poids sont proportionnels aux volumes et par suite aux surfaces des bases, puisque la hauteur est la même, ou encore aux surfaces des triangles $A_1B_1E_1$, $B_1C_1E_1$, $C_1D_1E_1$. On en conclut que le centre de gravité de la pyramide proposée coïncide avec le centre de gravité G du polygone $A_1B_1C_1D_1E_1$.

Soit G' le centre de gravité du polygone ABCDE. En vertu de la similitude, le centre de gravité G du polygone $A_1B_1C_1D_1E_1$ est sur la droite SG', au quart à partir de la base. On dira donc, d'une manière générale, que *le centre de gravité d'une pyramide homogène quelconque est situé sur la droite qui joint le sommet au centre de gravité de la base, et au quart à partir de la base.*

Ce théorème s'étend évidemment à un cône.

Il est facile maintenant de trouver le centre de gravité d'un solide homogène quelconque. On décomposera le solide en pyramides; on déterminera le centre de gravité de chacune d'elles, et on y supposera appliquée une force égale au poids de la pyramide. Il suffira ensuite de trouver le point d'application de la résultante d'autant de forces parallèles qu'il y a de pyramides.

Centre de gravité d'un tronc de pyramide.

165. Si l'on coupe une pyramide par un plan parallèle à la base, on obtient un tronc de pyramide (*fig.* 127).

La droite qui joint le sommet S au centre de gravité G' de la base supérieure, passe par le centre de gravité G″ de la base supérieure. Le centre de gravité G_1 de la pyramide totale est situé sur cette droite, ainsi que le centre de gravité G_2 de la pyramide supérieure ; le poids de la pyramide totale étant la résultante du poids de la pyramide supérieure et du poids du tronc de pyramide, le centre de gravité G du tronc devra être situé sur la droite G_1G_2, ou G'G″. On voit

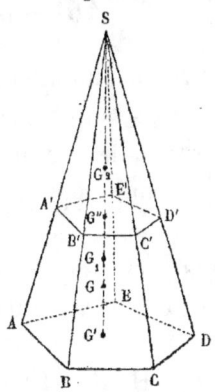

Fig. 127.

par là que le centre de gravité G du tronc de pyramide est situé sur la droite G'G″ qui joint les centres de gravité des deux bases parallèles.

Pour déterminer dans quel rapport le point G divise la droite G'G″, nous appliquerons le théorème des moments des forces parallèles. Appelons S la surface de la base supérieure, S' celle de la base inférieure, x et y les distances du centre de gravité G aux deux bases ; nous désignerons, en outre, par H la hauteur de la pyramide totale, et par H' celle de la pyramide supérieure. Les volumes des deux pyramides étant proportionnels à H^3 et H'^3, et les poids étant proportionnels aux volumes, on peut représenter les poids des deux pyramides par H^3 et H'^3. Prenons les moments par rapport au plan de la base, et écrivons que le moment du poids de la pyramide totale appliqué en G_1 est égal à la somme des moments du poids du tronc et du poids de la pyramide supérieure appliqués en G et G_2, nous aurons

$$H^3 \times \frac{H}{4} = (H^3 - H'^3)x + H'^3\left(H - H' + \frac{H'}{4}\right);$$

d'où

(1) $\qquad 4(H^3 - H'^3)x = H^4 - 4HH'^3 + 3H'^4.$

Prenons maintenant les moments par rapport au plan de la base supérieure; les deux points d'application G et G_1 sont situés d'un côté de ce plan, le point G_2 de l'autre côté; pour appliquer le théorème, nous regarderons les distances des deux premiers points au plan comme positives, celle du troisième point comme négative, ce qui nous donnera l'équation

$$H^3\left(H - H' - \frac{H}{4}\right) = (H^3 - H'^3)y - H'^3 \times \frac{H'}{4},$$

d'où

(2) $\qquad 4(H^3 - H'^3)y = H'^4 - 4H'H^3 + 3H^3.$

Le second membre de l'équation (1) est divisible une première fois par $H - H'$, et l'on a

$$H^4 - 4HH'^3 + 3H'^4 = (H - H')(H^3 + H^2H' + HH'^2 - 3H'^3);$$

le quotient étant divisible une seconde fois par $H - H'$, il vient

$$H^4 - 4HH'^3 + 3H'^4 = (H - H')^2(H^2 + 2HH' + 3H'^2).$$

Si l'on remarque que le second membre de l'équation (2) se déduit du premier membre de l'équation (1) par la permutation des lettres H et H', on écrira de suite

$$H'^4 - 4H'H^3 + 3H^4 = (H' - H)^2(H'^2 + 2H'H + 3H^2).$$

Les deux équations (1) et (2) deviennent ainsi

$$4(H^3 - H'^3)x = (H - H')^2(H^2 + 2HH' + 3H'^2),$$
$$4(H^3 - H'^3)y = (H - H')^2(H'^2 + 2HH' + 3H^2).$$

CENTRES DE GRAVITÉ. 213

On en déduit

(3) $$\frac{x}{y} = \frac{H^2 + 2HH' + 3H'^2}{H'^2 + 2HH' + 3H^2}.$$

Les surfaces S et S′ des bases étant proportionnelles à H^2 et à H'^2, et par suite les longueurs H et H′ étant proportionnelles à $\sqrt{S}$ et à $\sqrt{S'}$, la formule précédente s'écrira

(4) $$\frac{x}{y} = \frac{S + 2\sqrt{SS'} + 3S'}{S' + 2\sqrt{SS'} + 3S}.$$

On déterminera, par exemple, le centre de gravité d'un tronc de cône à base circulaire, à l'aide de la formule

$$\frac{x}{y} = \frac{r^2 + 2rr' + 3r'^2}{r'^2 + 2rr' + 3r^2},$$

dans laquelle r et r' désignent les rayons des bases.

Centre de gravité d'une zone.

166. Considérons la zone engendrée par l'arc AB tournant autour du diamètre OD (*fig.* 128). La portion CD du diamètre comprise entre les plans des circonférences décrites par les extrémités de l'arc AB est la hauteur de la zone. Si par le diamètre OD on mène deux plans quelconques, ces plans étant des plans de symétrie, le centre de gravité de la zone sera situé dans chacun d'eux, et par conséquent sur le diamètre OD, qui est leur intersection. Il tombe, en outre, entre les points C et D; car il est évident que, lorsqu'un corps est placé tout entier d'un même côté d'un

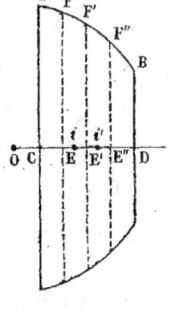

Fig. 128.

plan, son centre de gravité est placé aussi de ce côté du plan; la zone étant comprise entre les deux plans CA, DB, son centre de gravité sera compris entre les points C et D. Je dis qu'il est au milieu de la droite CD. En effet, divisons la droite CD en un certain nombre de parties égales, et par les points de division E, E′, E″,... menons des plans perpendiculaires à CD, ces plans diviseront la zone en un même nombre de parties égales. Le centre de gravité de la zone engendrée par l'arc AF est situé sur la droite CE, entre les points C et E; de même, le centre de gravité de la zone FF′ est en un point de la droite EE′, et ainsi de suite.

Il faut regarder les poids des zones partielles comme des forces égales appliquées, une à chaque division de la droite CD. Il est clair que, si l'on déplace tous les points d'application sur la droite CD, dans un même sens, on déplacera aussi le point d'application de la résultante dans le même sens. Amenons en C le point d'application qui est entre C et E, en E celui qui est entre E et E′, en E′ celui qui est entre E′ et E″, et enfin en E″ celui qui est entre E″ et D; après ce déplacement, le point d'application de la résultante sera en i, au milieu de la droite CE″; il en résulte que le centre de gravité cherché est à droite du point i. Amenons de même en E le point d'application qui est entre C et E, en E′ celui qui est entre E et E′, en E″ celui qui est entre E′ et E″, et enfin en D celui qui est entre E″ et D; après ce second déplacement, le point d'application sera en i', au milieu de la droite DE; il en résulte que le centre de gravité est à gauche du point i'. Le centre de gravité est donc entre les deux points i et i', qui sont situés de part et d'autre du milieu de la droite CD et dont la distance ii' est égale à une division. Si maintenant l'on augmente indéfiniment le nombre des divisions, l'intervalle ii' se resserrant de plus en plus, on en conclut que le *centre de la zone coïncide avec le milieu de sa hauteur* CD.

Par exemple, le centre de gravité de la surface d'un hémisphère est au milieu du rayon.

Centre de gravité d'un secteur sphérique.

167. Comme dernier exemple, cherchons le centre de gravité du volume engendré par le secteur AOC tournant autour d'un diamètre OC (*fig.* 129); il est évident d'abord que le diamètre OC, étant un axe de symétrie, ou l'intersection de deux plans de symétrie, contient le centre de gravité. Du point O comme centre, avec un rayon égal aux trois quarts du rayon OA, décrivons une sphère; le cône AOB détachera sur cette sphère une zone $A_1C_1B_1$.

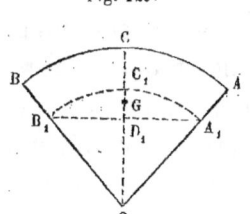

Fig. 129.

Décomposons la zone ACB en un grand nombre de parties équivalentes; les surfaces coniques, ayant pour sommet le centre O de la sphère et pour bases ces portions équivalentes de la zone, diviseront aussi la zone $A_1C_1B_1$ en parties équivalentes, et décomposeront le secteur sphérique en petits volumes équivalents.

Afin de préciser le raisonnement, nous désignerons par α l'un des éléments de la zone ACB, par α_1 l'élément correspondant de la zone $A_1C_1B_1$ et par v le petit volume qui a pour base α. Menons un plan tangent en un point de la petite surface α, et sur le contour de cette surface prenons trois points tels, que le plan passant par ces trois points

216   LIVRE III. ÉQUILIBRE ET MOUVEMENT DES SYSTÈMES.

laisse toute la surface α à l'extérieur; si l'on remplace la surface α par le premier plan, on augmente le volume v et on éloigne son centre de gravité du centre de la sphère; si on la remplace, au contraire, par le second plan, on diminue le volume v et on rapproche son centre de gravité du centre de la sphère; on a ainsi deux petits cônes à base plane comprenant le volume v; les centres de gravité de ces deux cônes sont situés très-près de la surface α_1, l'un à l'extérieur, l'autre à l'intérieur. Et quand on augmente indéfiniment le nombre des divisions de la zone ACB, les centres de gravité des deux cônes tendent vers un même point limite situé sur la zone $A_1C_1B_1$. En concentrant la masse de chacun des volumes v en son centre de gravité, on a autant de molécules égales distribuées uniformément sur la surface de la zone $A_1C_1B_1$; on en conclut que le centre de gravité du secteur sphérique coïncide avec celui de la zone $A_1C_1B_1$, et par conséquent est situé au milieu de la hauteur C_1D_1 de la zone.

Théorèmes de Guldin.

168. Proposons-nous d'évaluer la surface décrite par une ligne plane AB tournant autour d'une droite X'X située dans son plan (*fig.* 130). Inscrivons une ligne brisée dans la ligne courbe. Soit MN l'un des éléments de la ligne brisée; la droite MN engendre la surface latérale d'un tronc de cône; cette surface a pour mesure la circonférence engendrée par le milieu I de MN, multipliée par le côté MN du tronc.

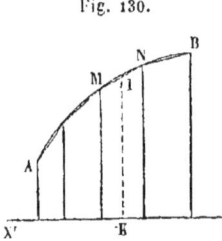

Fig. 130.

La surface engendrée par la ligne brisée a donc pour expression

$$2\pi \, \Sigma \, (MN \times IK),$$

le signe Σ s'étendant à tous les éléments de la ligne brisée. Imaginons que la courbe AB et la ligne brisée soient des lignes matérielles homogènes, dont le poids de l'unité de longueur est égal à l'unité ; désignons par l et l_1 les longueurs de ces lignes, et par y et y_1 les distances de leurs centres de gravité à l'axe X'X. Le centre de gravité de la droite MN coïncidant avec son milieu I, le produit MN $\times$ IK est le moment de cette droite par rapport à l'axe X'X ; la somme des moments des divers éléments étant égale au moment du poids total de cette ligne appliquée en son centre de gravité, on a

$$\Sigma \, (MN \times IK) = l_1 y_1,$$

et par suite la surface engendrée par la ligne brisée a pour expression $2\pi l_1 y_1$ ou $l_1 \times 2\pi y_1$. Concevons maintenant que l'on augmente indéfiniment le nombre des côtés de la ligne brisée, de manière que chacun d'eux tende vers zéro, l'expression précédente aura pour limite $l \times 2\pi y$. Ainsi, *la surface engendrée par une ligne plane tournant autour d'un axe situé dans son plan est égale à la longueur de cette ligne multipliée par la circonférence que décrit son centre de gravité.*

Comme application, cherchons la surface du tore engendré par un cercle de rayon r tournant autour d'un axe situé dans son plan, à une distance a du centre du cercle plus grande que le rayon. D'après le théorème précédent, la surface de ce solide a pour mesure la circonférence $2\pi r$ du cercle mobile, multipliée par la circonférence $2\pi a$ décrite par son centre, c'est-à-dire $4\pi^2 ar$.

169. Proposons-nous maintenant d'évaluer le volume engendré par une aire plane tournant autour d'un axe X'X situé dans son plan (*fig.* 131). L'aire plane est comprise entre deux ordonnées AB et CD perpendiculaires à l'axe; divisons la [droite BD en un certain nombre de parties égales, et par les points de division menons des ordonnées perpendiculaires. Par les points M et N, où l'une des ordonnées rencontre le contour de l'aire, menons des droites MM′, NN′, jusqu'à l'ordonnée suivante ; le volume engendré par le rectangle MNN′M′, étant égal à la différence des cylindres engendrés par les deux rectangles MPP′M′, NPP′N′, a pour mesure

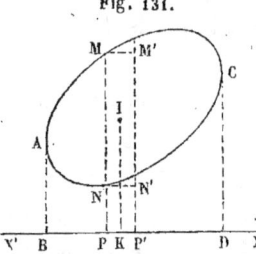

Fig. 131.

$$\pi(\overline{MP}^2 - \overline{NP}^2) \times PP',$$

ou $\qquad \pi(MP - NP)(MP + NP) \times PP'.$

La distance IK du centre de gravité I du rectangle MNN′M′ à l'axe X'X est égale à $\dfrac{MP + NP}{2}$; la quantité précédente devient donc

$$2\pi\, MN \cdot IK \cdot PP',$$

ou $\qquad 2\pi\, MNN'M' \times IK,$

et le volume engendré par la somme des rectangles a pour expression

$$2\pi \Sigma (MNN'M' \times IK).$$

Appelons S l'aire plane proposée, y la distance de son centre de gravité à l'axe, S_i la somme des rectangles, y_i la distance du centre de gravité de cette somme à l'axe, on a, d'après le théorème des moments,

$$S_i y_i = \Sigma (MNN'M' \times IK),$$

et le volume engendré par la somme des rectangles a pour mesure $2\pi S_i y_i$, ou $S_i \times 2\pi y_i$. Si l'on augmente indéfiniment le nombre des divisions de la droite BD, la somme S_i des rectangles a pour limite l'aire proposée S, et le volume engendré a pour limite $S \times 2\pi y$. Ainsi, *le volume engendré par une aire plane tournant autour d'un axe situé dans son plan est égal à l'aire multipliée par la circonférence que décrit son centre de gravité.*

Le volume du tore a pour mesure $\pi r^2 \times 2\pi a$ ou $2\pi^2 r^2 a$.

Centre de gravité des masses fluides.

170. Nous avons défini le centre de gravité d'un corps solide : c'est le point d'application de la résultante des poids des divers points matériels qui composent le corps; afin de trouver cette résultante, il est nécessaire de supposer les points matériels liés invariablement les uns aux autres, c'est-à-dire le corps solide; le centre de gravité est un point parfaitement déterminé du corps solide et indépendant de la position du corps. Considérons maintenant une masse fluide, liquide ou gazeuse; concevons la masse solidifiée dans la forme qu'elle occupe à un certain moment et cherchons le centre de gravité du corps solide ainsi obtenu, nous aurons ce qu'on peut appeler le centre de gravité de la masse fluide à ce moment. Si la masse fluide change de forme, le centre de gravité se déplace lui-même à l'intérieur.

Travail de la pesanteur.

171. Proposons-nous d'évaluer le travail de la pesanteur, quand un corps vient d'une position A à une position A' (*fig.* 132). Appelons p le poids d'une molécule quelconque m, z sa distance à un plan horizontal fixe MN, P le poids total du corps, et Z la distance de son centre de gravité à ce plan. En appliquant le théorème des moments des forces parallèles, nous aurons

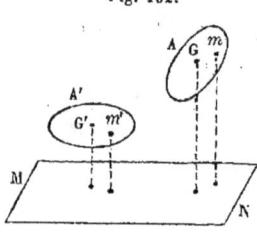
Fig. 132.

$$(1) \qquad PZ = \Sigma pz,$$

le signe Σ s'étendant à toutes les molécules du corps. Après le déplacement du corps, la molécule m vient en m'; soit G' le centre de gravité du corps dans sa nouvelle position; appelons z' la distance du point m' au plan MN, Z' celle du centre de gravité G', nous aurons de même

$$(2) \qquad PZ' = \Sigma pz'.$$

Si l'on retranche, membre à membre, l'équation (2) de l'équation (1), en ôtant de chaque produit pz le produit pz' qui correspond à la même molécule, il vient

$$(3) \qquad P(Z - Z') = \Sigma p(z - z').$$

La longueur $z - z'$ étant l'abaissement de la molécule m, le produit $p(z - z')$ est le travail du poids de cette molécule; le second membre est la somme des travaux des poids de toutes les molécules; c'est le travail total développé par la pesanteur. On voit donc que, *dans le déplacement d'un corps quelconque, la somme des travaux dus aux poids des différentes molécules qui composent le corps est égale au poids total multiplié par le déplacement vertical du centre de gravité.*

Le travail total est positif ou négatif, suivant que le centre de gravité s'abaisse ou s'élève; certaines molécules peuvent s'abaisser, d'autres s'élever; le travail de la pesanteur est positif pour les premières, négatif pour les dernières. Lorsque le centre de gravité reste dans le même plan horizontal, le travail total est nul; il y a, en quelque sorte, compensation entre les travaux positifs et les travaux négatifs des diverses molécules.

CHAPITRE III.

COMPOSITION DES FORCES QUELCONQUES APPLIQUÉES A UN CORPS SOLIDE.

172. Dans le premier chapitre de ce livre, nous nous sommes occupés de la composition des forces concourantes et des forces parallèles ; nous nous occuperons maintenant de la composition d'un système quelconque de forces appliquées à un corps solide et des conditions d'équilibre. Mais auparavant nous établirons quelques principes qui nous seront utiles.

Nous dirons qu'un corps solide est libre, lorsqu'on peut le déplacer d'une manière quelconque dans l'espace. Il est évident que, si une seule force agit sur un corps solide libre en repos, elle le fera mouvoir d'une certaine manière.

Lorsqu'on fixe un point O d'un corps solide (*fig.* 133), le corps ne peut que tourner autour de ce point. Supposons qu'une seule force F agisse sur le corps en repos. Si la droite suivant laquelle agit la force passe par le point O, on pourra transporter la force au point O ; alors elle sera détruite par la résistance du point fixe, et le corps restera en repos. Mais, si la direction de la force ne passe pas par le point O, la force fera tourner le corps autour de ce point d'une certaine manière.

Fig. 133.

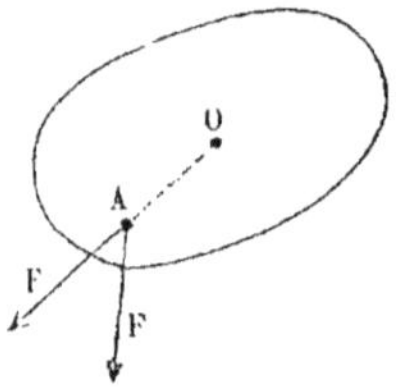

Lorsqu'on fixe deux points O et O' d'un corps solide (*fig.* 134), on fixe par là même la droite OO', et le corps ne peut que tourner autour de cette droite, dans un sens ou dans l'autre. Supposons qu'une seule force F agisse sur

COMPOSITION DES FORCES APPLIQUÉES A UN CORPS SOLIDE. 223

le corps en repos. Si la direction de la force rencontre l'axe en un point I, la force, transportée au point I, sera détruite par la résistance de ce point fixe, et le corps restera en repos. Si la force F est parallèle à l'axe OO', comme il n'y

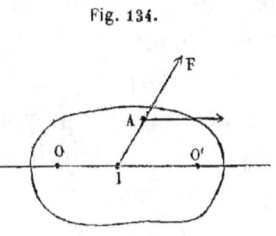

Fig. 134.

a pas de raison pour que le corps tourne dans un sens plutôt que dans l'autre, le corps restera encore en repos; la force tend simplement à faire glisser le corps le long de l'axe, mouvement qui est empêché par la résistance de l'axe. Dans les deux cas précédents, la force est dans un même plan avec l'axe; mais, si la force F n'est pas dans un même plan avec l'axe, c'est-à-dire n'est pas située dans le plan mené par son point d'application A et l'axe OO', il est clair qu'elle fera tourner le corps autour de l'axe, du côté vers lequel elle est dirigée.

173. Cherchons les conditions d'équilibre de deux forces F et F' appliquées en deux points A et B d'un corps solide (*fig.* 135). Nous supposerons le corps en repos; dire que les forces se font équilibre, c'est dire que le corps restera en repos. Le corps étant en repos, si l'on fixe un ou plusieurs de ses points, il est clair que le repos ne sera pas troublé et que, par conséquent, l'équilibre subsistera. Fixons le point A, la force F sera détruite par la résistance de ce point fixe;

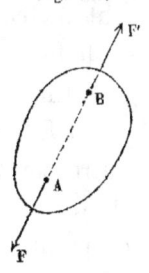

Fig. 135.

nous avons maintenant un corps solide ayant un point fixe A et sollicité par une seule force F'; d'après ce que nous avons dit, pour que le corps reste en repos, il est nécessaire que cette force F' passe par le point A. Les deux forces F et F', étant appliquées au même point A, ont une résultante R ; si l'on rend de nouveau le corps libre, cette force unique R, qui remplace les deux forces proposées, fera mouvoir le corps et il n'y aura pas équilibre. Il est donc nécessaire, pour l'équilibre, que cette résultante soit nulle, c'est-à-dire que les deux forces F et F' soient égales et opposées. Ainsi, *pour que deux forces se fassent équilibre sur un corps solide libre, il faut que ces deux forces soient égales et opposées.*

174. Cherchons maintenant les conditions d'équilibre de trois forces F, F', F'' appliquées en trois points A, B, C d'un corps solide libre (*fig.* 136). Le corps étant supposé en repos, il restera en repos. L'équilibre ne sera pas troublé, si l'on fixe deux points quelconques du corps. Fixons le point C et un point quelconque D de la droite F'; la force F'' est détruite par la résistance du point fixe C ; de même,

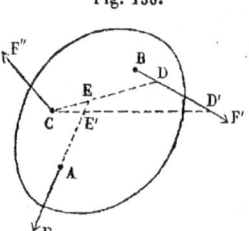

Fig. 136.

la force F', que l'on peut supposer appliquée en D, est détruite par la résistance de ce point. Nous avons actuellement un corps ayant un axe fixe CD, et sollicité par la seule force F ; pour l'équilibre, comme nous l'avons vu, il est nécessaire que la force F rencontre l'axe CD en un point E, ou lui soit parallèle. En fixant le point C et un autre point D' de la droite F', nous verrons de même que la force F rencontre la droite CD' en un point E' ou lui est parallèle. Ainsi, la force F rencontre les deux droites CD, CD', ou bien rencontre l'une et est parallèle à l'autre. On en conclut que cette force est située dans le plan CDD', et par conséquent que les deux forces F et F' sont dans un même plan, passant par le point d'application C de la troisième force F″. Mais comme ce point C est un point quelconque de la droite F″, il en résulte que les trois forces sont dans un même plan. Ainsi, *une première condition pour que trois forces se fassent équilibre sur un corps solide libre, c'est que les trois forces soient situées dans un même plan.*

Si les trois forces situées dans le même plan ne sont pas parallèles, deux au moins, par exemple F et F′ (*fig.* 137), se coupent en un point O et admettent une résultante R appliquée au point O. Pour l'équilibre, la force F″ doit être égale et opposée à cette résultante R; elle passera donc aussi par le point O, et l'on est ramené au cas de trois forces appliquées à un même point matériel O (n° 95).

Fig. 137.

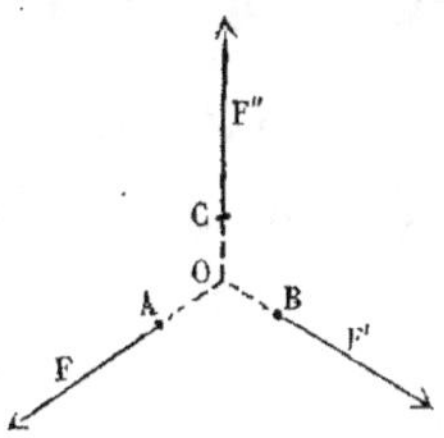

Si les trois forces sont parallèles, deux au moins, par exemple F et F′, seront de même sens et admettront une résultante égale à leur somme; la troisième force F″ doit être égale et opposée à cette résultante.

175. On démontre par des considérations analogues que, lorsque quatre forces F, F′, F″, F‴ (*fig.* 138), appliquées à un corps solide, se font équilibre, ces quatre forces sont situées sur une surface réglée du second ordre. Menons une droite MN qui rencontre les trois premières forces, et fixons cette droite. Les trois premières forces étant détruites par la résistance de la droite, il faut, pour l'équi-

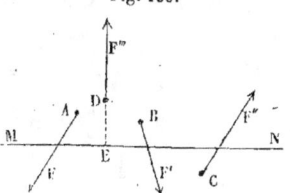

Fig. 138.

libre, que la force F''' rencontre l'axe en un point E ou lui soit parallèle. Si l'on fait glisser la droite MN sur les trois forces F, F', F'', cette droite engendre une surface du second ordre ; la force F''', rencontrant la droite mobile dans chacune de ses positions, est située sur la même surface. La surface du second ordre est, en général, un hyperboloïde à une nappe; les quatre forces F, F', F'', F''' appartiennent à un même système de génératrices. Si les trois premières forces sont parallèles à un même plan, la surface est un paraboloïde hyperbolique, et la quatrième force est aussi parallèle à ce même plan.

176. On déduit de ce qui précède plusieurs conséquences importantes. Et d'abord, deux forces F et F' (*fig*. 139),

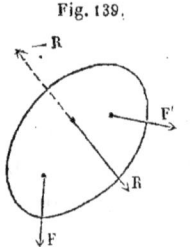

Fig. 139.

appliquées à un corps solide libre et non situées dans le même plan, n'admettent pas de résultante unique; car, si les deux forces F et F' admettaient une résultante R, elles seraient tenues en équilibre par la force $-R$ égale et opposée à R, ce qui est impossible, puisque les deux forces F et F' ne sont pas dans un même plan (n° 174).

177. Deux forces F et $-F$, égales, parallèles et de sens contraires, mais non opposées, n'admettent pas non plus de résultante

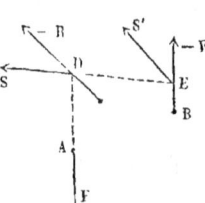

Fig. 140.

unique. En effet, si les deux forces F et $-F$ étaient tenues en équilibre par une force $-R$ (*fig*. 140), ces trois forces seraient situées dans un même plan. Supposons que la force $-R$ ne soit pas parallèle aux deux autres forces, les deux forces F et —R se coupant en D, admettent une résultante S qui fait un certain angle avec la force F. Cette résultante S rencontre la force —F en un point E, et donne avec elle une résultante S' qui n'est pas nulle; donc il n'y a pas équilibre. Supposons maintenant que la force —R soit parallèle aux forces proposées; combinée avec la force parallèle de même sens, par exemple avec —F, elle donnera une résultante égale à —(R+F); cette résultante, combinée avec la force parallèle F, de sens contraire, mais différente, donnera une résultante —R qui n'est pas nulle; il n'y aurait donc pas équilibre. Ainsi, deux forces égales, parallèles et de sens contraires, mais non directement opposées, ne peuvent être tenues en équilibre par une seule force; en d'autres termes, elles n'admettent pas de résultante unique. On a appelé couple l'ensemble de ces deux forces (n° 139).

Composition d'un système quelconque de forces.

178. Après avoir établi ces préliminaires, considérons un système quelconque de forces F, F', F'', F''', ... appliquées en différents points A, B, C, D, ... d'un corps solide (*fig.* 141). Nous ferons voir que l'on peut réduire ces forces, d'abord à trois, puis à deux.

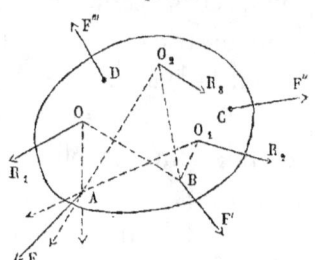

Fig. 141.

Prenons dans le corps trois points arbitraires, non en ligne droite, O, O_1, O_2, que nous joindrons à chacun des points A, B, C, ... par des lignes droites. Décomposons la force F en trois forces, dirigées respectivement suivant les droites OA, O_1A, O_2A. Il suffit pour cela de construire un parallélipipède ayant la force F pour diagonale et ses arêtes dans les directions indiquées ; puis, déplaçant le point d'application de chaque force sur sa direction, transportons ces composantes, la première au point O, la deuxième au point O_1, la troisième au point O_2. Décomposons de même la force F' en trois forces, dirigées suivant les droites OB, O_1B, O_2B, et transportons ces forces en O, O_1, O_2, et ainsi de suite. Nous obtiendrons ainsi trois faisceaux de forces appliquées, les premières au point O, les deuxièmes en O_1, les troisièmes en O_2. Les forces appliquées en O ont une résultante R_1, les forces appliquées en O_1 ont une résultante R_2, et de même les forces appliquées en O_2 ont une résultante R_3. Le système des forces proposées est ainsi remplacé par le système des trois forces R_1, R_2, R_3, appliquées en trois points arbitraires O, O_1, O_2 du corps solide.

Nous avons décomposé la force F en trois forces, dirigées suivant les droites OA, O_1A, O_2A ; cette décomposition est possible toutes les fois que le point A n'est pas situé dans le plan des trois points O, O_1, O_2 ; car alors les trois droites forment un trièdre, et l'on peut construire le parallélipipède dont la diagonale est F. Si le point A était situé dans le plan OO_1O_2, sans que la force F y fût elle-même, on déplacerait le point d'application de la force F sur sa direction, de manière à l'amener hors du plan. Si la force F était située dans le plan, on la décomposerait en deux forces dirigées suivant les droites OA, O_1A, à l'aide d'un parallélogramme.

179. Nous avons remplacé les forces proposées par trois

forces R_1, R_2, R_3, appliquées en trois points arbitraires O, O_1, O_2. Voyons maintenant comment on réduit ces trois forces à deux. Soit OL (*fig.* 142) la droite d'intersection du plan mené par le point O et la force R_2, et du plan mené par le point O et la force R_3. Prenons un point O' arbitrairement sur cette droite. La force R_2, située dans le premier plan, peut être décomposée en deux forces, dirigées suivant les droites OO_1, $O'O_1$, à l'aide d'un parallélogramme ; nous transporterons ces deux com-

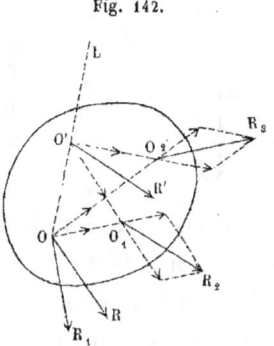

Fig. 142.

-posantes, l'une au point O, l'autre au point O'. De même, la force R_3, située dans le second plan, peut être décomposée en deux forces, dirigées suivant les droites OO_2, $O'O_2$, et nous transporterons ces deux composantes, l'une en O, l'autre en O'. Nous avons maintenant trois forces appliquées au point O, et deux appliquées en O'; les trois premières ont une résultante R, les deux autres une résultante R'. De cette manière, le système des trois forces R_1, R_2, R_3, et par conséquent le système des forces proposées, est remplacé par le système des deux forces R, R'. Si les deux forces R_2, R_3 étaient situées dans un même plan avec le point O, on mènerait par le point O une droite quelconque OL dans ce plan.

180. Il y a une infinité de manières de réduire le système des forces proposées à deux résultantes. Nous remarquons d'abord que, sans déplacer les points d'application O et O' des deux résultantes, on peut faire varier ces deux résultantes. Concevons, en effet, que l'on applique aux deux

230 LIVRE III. ÉQUILIBRE ET MOUVEMENT DES SYSTÈMES.

extrémités de la droite OO' (*fig.* 143) deux forces égales et opposées f et $-f$; les deux forces R et f, appliquées en O, donnent une résultante S ; les deux forces R' et $-f$, appliquées en O', donnent une résultante S' ; le système des deux forces R, R' est ainsi remplacé par le système équivalent des deux forces S, S'. La résultante S' est située dans un plan déterminé, le plan mené par le point O et la force R'.

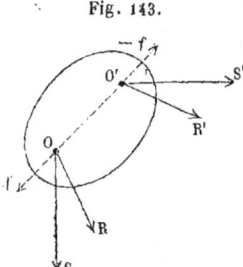

Fig. 143.

Le point d'application O de la première résultante est un point arbitraire du corps solide; laissant ce point O fixe, on peut déplacer le point O' à volonté sur la droite O'S', et par conséquent dans le plan OO'R'.

181. En général, les deux résultantes R et R', auxquelles on ramène toutes les forces proposées, ne sont pas situées dans un même plan ; dans ce cas, comme nous l'avons vu n° 176, ces deux forces n'admettent pas de résultante unique ; en d'autres termes, il est impossible de tenir en équilibre, avec une seule force, ces deux résultantes ou le système des forces proposées. Ainsi, de quelque manière qu'on s'y prenne pour opérer la réduction des forces, on n'arrivera jamais à une résultante unique.

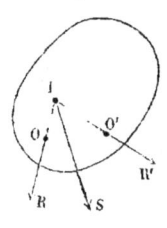

Fig. 144.

Examinons le cas où les deux résultantes R et R', auxquelles on ramène les forces proposées, sont situées dans un même plan. Si ces deux forces ne sont pas parallèles, elles se rencontrent en un point I (*fig.* 144), et donnent une résultante unique S appliquée au point I.

COMPOSITION DES FORCES APPLIQUÉES A UN CORPS SOLIDE. 231

Si les deux résultantes sont parallèles, sans être égales et de sens contraires, elles admettent aussi une résultante unique. Lorsque les deux résultantes sont parallèles, égales et de sens contraires, elles n'admettent pas de résultante unique et elles forment un couple. Enfin, quand les deux résultantes sont égales et directement opposées, elles se font équilibre.

Telles sont les diverses circonstances qui se présentent dans la composition des forces appliquées à un corps solide.

Conditions d'équilibre d'un corps solide.

182. A l'aide de ce qui précède, il nous est facile de trouver les conditions d'équilibre d'un système de forces appliquées à un corps solide.

Supposons d'abord le corps solide libre dans l'espace. *Si l'on ramène les forces proposées à deux résultantes,* comme nous l'avons expliqué, *la condition nécessaire et suffisante pour que les forces proposées se fassent équilibre sur le corps solide libre, c'est que les deux résultantes soient égales et opposées* (n° 173).

Supposons maintenant le corps solide assujetti à tourner autour d'un point fixe. Si l'on prend ce point fixe pour point d'application de l'une des résultantes R, cette force R étant détruite par la résistance du point fixe, il est nécessaire et il suffit, pour l'équilibre, que l'autre résultante R' passe aussi par ce point (n° 172). Les deux résultantes étant appliquées au point fixe admettent une résultante unique passant en ce point. Ainsi, *la condition nécessaire et suffisante pour que des forces se fassent équilibre sur un corps solide ayant un point fixe, c'est que ces forces se réduisent à une résultante unique passant en ce point.* Cette résultante unique est la pression que supporte le point fixe.

Enfin, lorsque le corps solide est assujetti à tourner autour d'un axe fixe, on peut prendre un point de l'axe pour point d'application de l'une des résultantes. Cette première résultante étant détruite par la résultante du point fixe, il est nécessaire et il suffit pour l'équilibre que l'autre résultante soit située dans un même plan avec l'axe (n° 172). Ainsi, *la condition nécessaire et suffisante pour que des forces se fassent équilibre sur un corps ayant un axe fixe, c'est qu'elles se réduisent à deux résultantes, l'une appliquée en un point de l'axe, l'autre située dans un même plan avec l'axe.*

Moment d'une force par rapport à un axe.

183. Les conditions d'équilibre, que nous venons de donner, nécessitent la détermination des deux résultantes; on pourrait y arriver par une construction synthétique; mais, en général, il est plus commode de traduire ces constructions géométriques par des équations analytiques. Quelques notions nouvelles nous sont nécessaires pour cela.

Lorsque plusieurs forces sont situées dans un même plan, on appelle *moment* de chacune des forces par rapport à un point du plan le produit de cette force par la perpendiculaire abaissée du point sur la force. Ainsi, le moment de la force F par rapport au point O est le produit de cette force par la perpendiculaire OD abaissée du point O sur la direction de la force (*fig.* 145). Le moment est égal au double de l'aire du triangle OMA, lequel a pour sommet le point O et pour base la droite MA qui représente la force. Si l'on prend OM pour base, le double de l'aire de ce triangle a aussi pour mesure le produit de la base OM par la hauteur du triangle, qui est égale à la projection MA' de la droite MA sur une droite MX perpendiculaire à OM. Ainsi, on peut dire que le moment de la force F appliquée en M, par rapport au point O, est le produit de la distance OM par la projection MA' de la force sur une droite perpendiculaire à OM.

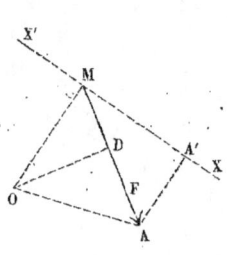

Fig. 145.

Lorsque plusieurs forces appliquées au point M sont situées dans le même plan, il convient de donner des signes aux moments. Si l'on regarde le point O comme un point fixe, chacune des forces tendra à faire tourner le plan autour du point O dans un sens ou dans l'autre. Menons par le point M une droite X'X perpendiculaire à OM et projetons les forces sur cette droite, il est clair que les forces qui se projettent dans la direction MX font tourner dans un sens, et que celles qui se projettent dans la direction MX' font tourner en sens contraire. Si l'on regarde les premières projections comme positives, les autres comme négatives, on conviendra de donner au moment de chaque force le signe de sa projection. D'après cela, le moment de chaque force est égal, en grandeur et en signe, au produit de sa projection par la distance OM.

184. Cela posé, considérons deux forces F et F' appliquées à un même point matériel M (*fig.* 146) ; leur résultante R est représentée par la diagonale MC du parallélogramme construit sur les longueurs MA et MB qui représentent les deux forces proposées. Le moment de chacune de ces forces par rapport à un point quelconque O,

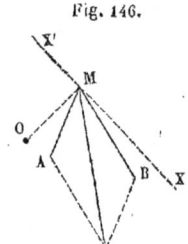

Fig. 146.

pris dans le plan du parallélogramme, est égal, comme nous l'avons vu, au produit de la projection de la force sur la droite X'X perpendiculaire à OM par la distance OM. Mais on sait que la projection de la résultante R est égale à la somme algébrique des projections des deux forces F et F'; on en conclut que *le moment de la résultante est égal à la somme algébrique des moments des deux composantes*.

Lorsque le point O est situé sur la résultante, la résultante ayant son moment nul, les moments des deux forces F et F' sont égaux et de signes contraires.

185. On appelle *moment d'une force par rapport à une droite ou axe quelconque* le produit de la projection de la force sur un plan perpendiculaire à l'axe par la plus courte distance entre la force et l'axe. Soit F une force appliquée au point M; OZ, un axe quelconque (*fig.* 147) :

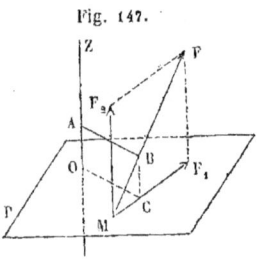

Fig. 147.

par le point M menons un plan P perpendiculaire à l'axe; projetons la force F sur le plan P, et du point O, où le plan P coupe l'axe, abaissons une perpendiculaire OC sur la force F_1, projection de la force F; cette droite OC est égale et parallèle à la perpendiculaire commune AB entre la force F et l'axe OZ, et mesure la plus courte distance de ces deux droites. Le moment de la force F par rapport à l'axe OZ est le produit de sa projection F_1 sur le plan P par la plus courte distance OC; on voit que le moment est le même que celui de la projection F_1 par rapport au point O.

Il convient de donner un signe au moment. Imaginons que l'axe OZ et le point d'application M de la force fassent partie d'un corps solide assujetti à tourner autour de l'axe : on regardera comme positives les forces qui tendent à faire tourner le corps dans un sens ; comme négatives, celles qui tendent à le faire tourner en sens contraire. Si l'on décompose la force F en deux forces, l'une F_1 perpendiculaire à l'axe, l'autre F_2 parallèle à l'axe, cette dernière tendant simplement à faire glisser le corps le long de l'axe, et étant détruite par la résistance de l'axe, on n'aura à tenir compte que de la force F_1 ; ainsi la force F produit la même rotation autour de l'axe OZ que sa projection F_1 sur un plan perpendiculaire. D'après cela, nous pourrons affecter les moments des forces autour de l'axe OZ des mêmes signes que les moments de leurs projections par rapport au point O.

Nous remarquons que le moment de la force F par rapport à l'axe OZ ne peut être nul que de deux manières, soit que la projection F_1 soit nulle, ce qui a lieu quand la force est parallèle à l'axe, soit que la plus courte distance soit nulle, ce qui a lieu quand la force rencontre l'axe ; en un mot, le moment d'une force par rapport à un axe est nul, quand la force est dans un même plan avec l'axe.

186. Considérons deux forces F et F' agissant sur un point matériel M, et appelons R leur résultante. La projection R_1 de la résultante sur le plan P perpendiculaire à l'axe OZ est la résultante des projections F_1 et F'_1 des deux forces proposées. Mais nous avons démontré (n° 184) que, dans le plan P, et par rapport au point O, le moment de la résultante R_1 est égal à la somme algébrique des mo-

ments des deux forces F_1 et F'_1; on en conclut que, par rapport à l'axe OZ, le moment de la résultante R est égal à la somme algébrique des moments des deux forces proposées F et F'.

Ce théorème peut être étendu à un nombre quelconque de forces appliquées à un même point matériel, et nous dirons que *le moment de la résultante, par rapport à un axe quelconque, est égal à la somme algébrique des moments des composantes.*

187. Considérons maintenant un système de forces F, F', F''', ... appliquées en différents points d'un corps solide. Nous avons expliqué (n° 178) comment on ramène d'abord toutes ces forces à trois résultantes R_1, R_2, R_3, appliquées en trois points arbitraires O, O_1, O_2 du corps. Pour cela, nous avons décomposé la force F, appliquée en A, en trois forces dirigées suivant les droites OA, O_1A, O_2A. Nous remarquons que la projection de la force F sur un axe quelconque est égale à la somme algébrique des projections de ses trois composantes, et que le moment de cette force, par rapport au même axe, est égal à la somme algébrique des moments de ses trois composantes. Nous avons transporté ces composantes sur leurs directions, l'une en O, l'autre en O_1, la troisième en O_2; il est clair que, quand on déplace le point d'application d'une force sur sa direction, sa projection, ou son moment par rapport à un axe quelconque, ne changent pas. Nous avons ensuite cherché la résultante R_1 des forces appliquées en O, la résultante R_2 des forces appliquées en O_1, et la résultante R_3 des forces appliquées en O_2; la projection de chacune de ces résultantes sur un axe quelconque est égale à la somme des projections de ses composantes, et de même le moment de chacune de ces résultantes, par rapport au même axe, est égal à somme des moments de ses composantes. Il résulte de là, 1° que la somme des projections des trois résultantes R_1, R_2, R_3 sur un axe quelconque est égale à la somme des projections des forces proposées ; 2° que la somme des moments des trois résultantes, par rapport au même axe, est égale à la somme des moments des forces proposées.

Nous avons ramené ensuite (n° 179) les trois forces R_1, R_2, R_3 à deux résultantes R, R'. Pour cela, nous avons décomposé chacune des forces R_2 et R_3 en deux composantes, dans le plan passant par cette force et le point O, déplacé ces deux composantes sur leurs directions pour les amener, l'une en O, l'autre en O', puis composé les trois forces appliquées en O et les deux forces appliquées en O', ce qui donne les deux résultantes R et R'. Or, ces opérations, comme nous l'avons vu, ne changent, ni la somme des projections, ni la somme des moments. De là, on conclut les deux théorèmes suivants :

Théorème I. *Quand un système de forces appliquées à un corps solide a été réduit à deux résultantes, la somme des projections des deux résultantes sur un axe quelconque est égale à la somme des projections des forces proposées.*

Théorème II. *La somme des moments de ces deux résultantes, par rapport à un axe quelconque, est égale à la somme des moments des forces proposées.*

188. Voyons ce que deviennent ces théorèmes, quand les forces proposées se font équilibre sur le corps solide (n° 182). Si le corps solide est libre, les deux résultantes étant égales et opposées, leurs projections sur un axe

quelconque sont égales et de signes contraires; leurs moments, par rapport au même axe, sont aussi égaux et de signes contraires. Ainsi :

Corollaire I. *Lorsque des forces se font équilibre sur un corps solide libre dans l'espace, 1° la somme de leurs projections sur un axe quelconque est nulle; 2° la somme de leurs moments, par rapport à un axe quelconque, est nulle.*

Lorsque le corps solide a un point fixe, les forces admettent une résultante unique passant en ce point; le moment de cette résultante, par rapport à un axe quelconque mené par ce point, est nul, car la plus courte distance de la force à l'axe est nulle. Il en résulte :

Corollaire II. *Lorsque des forces se font équilibre sur un corps solide ayant un point fixe, la somme des moments des forces, par rapport à un axe quelconque passant par le point fixe, est nulle.*

Lorsque le corps solide a un axe fixe, les forces se réduisent à deux résultantes, l'une appliquée en un point de l'axe, l'autre située dans un même plan avec l'axe. Le moment de la première résultante, par rapport à l'axe fixe, est nul; le moment de la seconde résultante est nul aussi. Cela est évident, quand elle rencontre l'axe; lorsqu'elle est parallèle à l'axe, sa projection sur un plan perpendiculaire à l'axe étant nulle, son moment est encore nul. Ainsi :

Corollaire III. *Quand des forces se font équilibre sur un corps solide ayant un axe fixe, la somme de leurs moments, par rapport à l'axe fixe, est nulle.*

Équations d'équilibre.

189. Nous pouvons maintenant, à l'aide de ce qui précède, établir par des équations les conditions nécessaires et suffisantes pour l'équilibre des forces appliquées à un corps solide. Supposons d'abord le corps solide libre dans l'espace. Par un point arbitraire O de l'espace, menons trois axes rectangulaires Ox, Oy, Oz (*fig.* 148). Appelons a, b, c les angles que la force F fait avec les axes, x, y, z les coordonnées de son point d'application, p, q, r les plus courtes distances de cette force aux axes. Appelons de même a', b', c' les angles que la force F' fait avec les axes, etc. Si les forces se font équilibre, la somme des projections sur chacun des axes étant nulle, ainsi que la somme des moments par rapport à chacun d'eux, on a les six équations

Fig. 148.

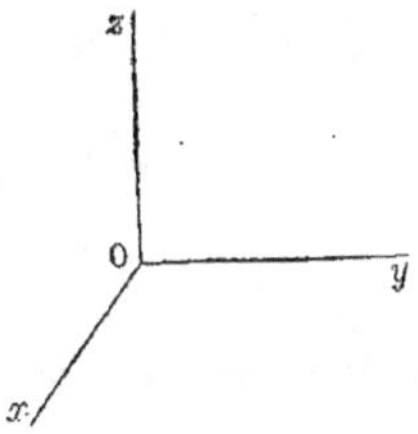

$$(1) \begin{cases} \Sigma(F\cos a) = 0, \\ \Sigma(F\cos b) = 0, \\ \Sigma(F\cos c) = 0, \end{cases} \quad (2) \begin{cases} \Sigma(F\sin a \times p) = 0, \\ \Sigma(F\sin b \times q) = 0, \\ \Sigma(F\sin c \times r) = 0, \end{cases}$$

en donnant à chaque moment le signe convenable.

La réciproque est vraie : quand des forces, agissant sur un corps solide libre, vérifient ces six équations, il y a équilibre. En effet, on peut réduire toutes ces forces à deux résultantes R et R', dont l'une soit appliquée au point O. Appelons A, B, C les angles que fait la première résultante avec les axes, A', B', C' ceux que fait la seconde résultante. La somme des projections des deux résultantes sur chacun des trois axes est égale à la somme des projections des forces proposées. Ces dernières sommes étant nulles par hypothèse, on a

$$R \cos A + R' \cos A' = 0,$$
$$R \cos B + R' \cos B' = 0,$$
$$R \cos C + R' \cos C' = 0;$$

on en déduit

$$\frac{\cos A}{\cos A'} = \frac{\cos B}{\cos B'} = \frac{\cos C}{\cos C'} = -\frac{R'}{R}.$$

Le nouveau rapport

$$\frac{\sqrt{\cos^2 A + \cos^2 B + \cos^2 C}}{\pm\sqrt{\cos^2 A' + \cos^2 B' + \cos^2 C'}} = \pm 1,$$

formé avec les trois premiers, est égal à chacun d'eux ; on prendra -1, puisque le quatrième rapport $-\dfrac{R'}{R}$ est négatif. On a ainsi

$$R' = R, \cos A' = -\cos A, \cos B' = -\cos B, \cos C' = -\cos C,$$

ce qui apprend que les deux résultantes sont égales et de sens contraires.

La somme des moments des deux résultantes, par rapport à chacun des axes, est égale aussi à la somme des moments des forces proposées ; ces dernières sommes étant nulles par hypothèse, les premières le sont également. La résultante R passant par le point O, son moment par rapport à chacun des axes est nul ; il en résulte que le moment de la seconde résultante R', par rapport à chacun des axes, est nul. Mais on sait que, lorsque le moment d'une force par rapport à un axe est nul, cette force rencontre l'axe ou lui est parallèle ; il peut arriver que la force R' soit pa-

COMPOSITION DES FORCES APPLIQUÉES A UN CORPS SOLIDE. 241

rallèle à l'un des trois axes ; mais alors elle rencontrera les deux autres, et passera par leur point d'intersection O. Les deux résultantes R et R', qui sont égales et de sens contraires, étant appliquées au même point O, se font équilibre. Ainsi, quand des forces, agissant sur un corps solide libre, vérifient les six équations (1), ces forces se font équilibre.

190. Supposons actuellement que le corps solide ait un point fixe O. Menons par ce point trois axes rectangulaires Ox, Oy, Oz. Si les forces proposées se font équilibre, la somme de leurs moments, par rapport à chacun des axes, est nulle, et l'on a les trois équations

(2) $$\begin{cases} \Sigma(F \sin a \times p) = 0, \\ \Sigma(F \sin b \times q) = 0, \\ \Sigma(F \sin c \times r) = 0. \end{cases}$$

La réciproque est vraie : quand des forces, agissant sur un corps solide ayant un point fixe O, vérifient les trois équations (2), il y a équilibre. En effet, on peut réduire ces forces à deux résultantes, dont l'une R soit appliquée au point O. En vertu des équations (2), le moment de la seconde résultante R', par rapport à chacun des trois axes, étant nul, cette force R' passe par le point O ; les deux forces R et R' se réduisent ainsi à une résultante unique appliquée au point fixe O, et il y a équilibre.

191. Considérons enfin le cas où le corps solide a un axe fixe. Prenons un point quelconque O de cet axe pour origine des coordonnées, et cet axe lui-même pour axe des z. Si les forces proposées se font équilibre, la somme de

leurs moments, par rapport à l'axe fixe, est nulle, et l'on a l'équation

$$(3) \qquad \Sigma(F \sin c \times r) = 0.$$

Réciproquement, quand l'équation (3) est vérifiée, il y a équilibre; car si l'on réduit les forces proposées à deux résultantes, dont l'une R soit appliquée au point O de l'axe fixe, en vertu de l'équation (3), le moment de l'autre résultante R', par rapport à l'axe Oz, étant nul, cette force sera située dans un même plan avec l'axe, et par conséquent il y aura équilibre.

En résumé, les conditions nécessaires et suffisantes pour l'équilibre des forces appliquées à un corps solide, s'expriment par six équations, quand le corps solide est libre; par trois équations, quand le corps solide a un point fixe; et enfin par une seule équation, quand le corps solide a un axe fixe.

192. Les équations (2) des moments renferment les plus courtes distances des forces à chacun des trois axes; mais il est clair que chaque force est définie complétement par les coordonnées x, y, z de son point d'application M (*fig.* 149), sa grandeur F, et les angles a, b, c qu'elle fait avec les axes; on doit donc pouvoir exprimer les moments de chaque force à l'aide des quantités que nous venons d'énumérer.

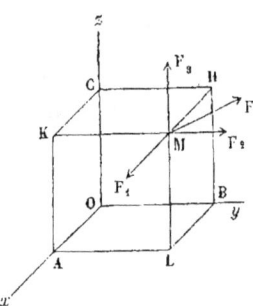
Fig. 149.

Il est nécessaire de faire une convention sur les signes à donner aux moments. Par rapport à l'axe Ox, nous regarderons comme positifs les moments des forces qui tendent à faire tourner le corps autour de cet axe de Oy vers Oz; comme négatifs, les moments des forces qui tendent à faire tourner en sens contraire. Par rapport à l'axe Oy, nous regarderons comme positifs les moments des forces qui tendent à faire tourner le corps autour de cet axe de Oz vers Ox. Par rapport à l'axe Oz, nous regarderons comme positifs les moments des forces qui tendent à faire tourner le corps autour de cet axe de Ox vers Oy.

Construisons le parallélipipède rectangle dont la diagonale est OM; les trois arêtes OA, OB, OC de ce parallélipipède, affectées des signes convenables, sont les coordonnées du point M. Décomposons la force F en trois composantes $F_1 = F\cos a$, $F_2 = F\cos b$, $F_3 = F\cos c$, parallèles aux axes; le moment de la force F, par rapport à chacun des axes, est égal à la somme des moments de ses trois composantes. Évaluons les moments par rapport à l'axe Ox. La force F_1 étant parallèle à l'axe, son moment est nul. La force F_3 est perpendiculaire à l'axe Ox; la perpendiculaire commune entre cette force et l'axe est la droite AL, qui, affectée d'un signe convenable, est la coordonnée y; la valeur absolue du moment est donc celle du produit $F_3 \times y$. Si la force F_3 et la coordonnée y sont positives, comme l'indique la figure, on voit que la force tend à faire tourner le corps autour de l'axe Ox de Oy vers Oz; le moment est positif, et égal à $F_3 \times y$ ou $Fy\cos c$. Il est clair que, si la force F_3 change de signe, elle tend à faire tourner le corps en sens contraire, et que par conséquent le signe du moment change également. De même, si la coordonnée y change de signe, la force tendant à faire tourner le corps autour de l'axe en sens contraire, le moment change de signe. On en conclut que le moment de la force F_3, par rapport à l'axe Ox, est exprimé dans tous les cas par $Fy \cos c$, avec le signe convenable. La force F_2 est perpendiculaire à l'axe Ox; sa plus courte distance est AK ou z. Quand la force F_2 et la coordonnée z sont positives, on voit que la force tend à faire tourner le corps autour de l'axe Ox de Oz vers Oy; le moment est négatif; il a pour valeur, dans tous les cas, $-Fz \cos b$. Ainsi, le moment de la force F, par rapport à l'axe Ox, a pour expression $F(y \cos c - z \cos b)$. On verrait de même que le moment, par rapport à l'axe Oy, est $F(z \cos a - x \cos c)$, et par rapport à l'axe Oz, $F(x \cos b - y \cos a)$. De cette manière, les trois équations (2) s'écrivent sous la forme

(4)
$$\begin{cases} \Sigma F(y \cos c - z \cos b) = 0, \\ \Sigma F(z \cos a - x \cos c) = 0, \\ \Sigma F(x \cos b - y \cos a) = 0. \end{cases}$$

Travail virtuel.

193. Nous avons démontré directement (n° 187) que, lorsqu'on réduit à deux résultantes un système de forces appliquées à un corps solide, la somme des projections des forces proposées sur un axe quelconque est égale à la somme des projections des deux résultantes, et que de même la somme des moments des forces proposées, par rapport au même axe, est égale à la somme des moments des deux résultantes. Ceci est pour ainsi dire évident, et c'est à l'aide de ces deux théorèmes fondamentaux que nous avons établi les équations d'équilibre. On a coutume de déduire ces deux théorèmes de la considération du mouvement virtuel, et du travail correspondant des forces.

Lorsque les points d'un système sont liés entre eux d'une certaine manière, on appelle mouvement *virtuel* tout déplacement possible, c'est-à-dire compatible avec les liaisons du système. Considérons, par exemple, un seul point matériel ; si ce point est libre, tout déplacement dans une direction quelconque est un moment virtuel. Si le point matériel est assujetti à rester sur une surface ou sur une courbe donnée, tout déplacement sur la surface ou sur la courbe est un moment virtuel.

194. Dans ce qui suit, nous supposerons les déplacements ou les mouvements virtuels très-petits, et nous prendrons les travaux élémentaires des forces pour ces déplacements très-petits. Reprenons la définition du travail dans le cas général (n° 125), c'est-à-dire lorsque la force est variable et que le point d'application décrit une courbe AB (*fig.* 150). Nous avons inscrit dans la courbe une ligne polygonale d'un très-grand nombre de côtés très-petits : soit MM' l'un des côtés, F la valeur de la force au point M, α l'angle qu'elle fait avec la tangente MT, α_1 l'angle qu'elle fait avec la direction du côté MM' ; nous avons appelé travail élémentaire de la force F, pour le déplacement très-petit MM', le produit

$$F \times MM' \times \cos \alpha_1,$$

et travail de la force, pour le déplacement AB, la limite de la somme des travaux élémentaires.

Afin de donner aux théorèmes un sens plus précis, il convient de modifier la définition du travail élémentaire : en désignant par Δt le temps que le mobile met à parcourir l'arc MM', et par v la vitesse du mobile au point M, vitesse dirigée suivant la tangente MT, nous appellerons travail élémentaire de la force F, pendant le temps très-petit Δt, le produit

$$F v \cos \alpha . \Delta t.$$

C'est le travail qui aurait lieu si, pendant la temps Δt, la force était constante et le mouvement rectiligne et uniforme ; car, si le mobile se mouvait d'un mouvement rectiligne et uniforme avec la vitesse v qu'il a au point M, il décrirait sur la tangente MT une longueur MM', égale à $v\Delta t$: à ce déplacement correspond un travail $Fv\Delta t \cos \alpha$, la force étant supposée constante. Cette modification dans la définition du travail élémentaire n'apporte aucun changement dans la définition du travail total ; on peut dire encore que le travail de la force F, pour le déplacement AB, est égal à la limite de la somme des travaux élémentaires.

195. Pour le faire voir, nous nous servirons d'un théorème qui est d'un usage fréquent en mathématiques, c'est que la limite de la somme d'un nombre très-grand de quantités très-petites, dont chacune tend vers zéro et dont le nombre augmente indéfiniment, ne change pas quand on remplace chacune de ces quantités par une autre dont le rapport à la première a pour limite l'unité. Soient

$$a, \quad a', \quad a'', \quad \ldots$$
$$b, \quad b', \quad b'', \quad \ldots$$

deux suites de quantités positives qui se correspondent deux à deux. On sait que la valeur de la fraction

$$(1) \qquad \frac{a + a' + a'' + \ldots}{b + b' + b'' + \ldots}$$

est une moyenne entre les valeurs des fractions

(2) $$\frac{a}{b},\ \frac{a'}{b'},\ \frac{a''}{b''},\ \ldots$$

c'est-à-dire est comprise entre la plus petite et la plus grande de ces fractions. Nous supposons que, lorsque les quantités $a, a', a'', \ldots b, b', b''$ tendent vers zéro, tandis que leur nombre augmente à l'infini, chacun des rapports (2) tend vers l'unité; il est clair que le rapport (1), qui est compris entre le plus grand et le plus petit des précédents, tend aussi vers l'unité. Si donc l'une des deux sommes

$$a + a' + a'' + \ldots,$$
$$b + b' + b'' + \ldots$$

a une limite, l'autre aura la même limite.

Nous avons défini le travail de la force F, pour le déplacement AB du point d'application, la limite de la somme

$$\Sigma\,(\mathrm{F}.\,\mathrm{MM}'\cos\alpha_1).$$

Considérons la somme

$$\Sigma\,(\mathrm{F}v\cos\alpha.\Delta t).$$

Le rapport d'un terme de la première somme au terme correspondant de la seconde est

$$\frac{1}{v}\cdot\frac{\mathrm{MM}'}{\Delta t}\cdot\frac{\cos\alpha_1}{\cos\alpha};$$

quand Δt tend vers zéro, ce rapport a pour limite l'unité. Les deux sommes ont donc la même limite.

196. Revenons aux mouvements virtuels. Nous impri-

248 LIVRE III. ÉQUILIBRE ET MOUVEMENT DES SYSTÈMES.

mons à un système de points matériels un déplacement virtuel très-petit pendant le temps Δt ; soit MM′ le déplacement du point matériel M (*fig.* 151). La limite du rapport $\dfrac{MM'}{\Delta t}$, quand Δt tend vers zéro, est la *vitesse virtuelle* v du point M, vitesse dirigée suivant la tangente MT ; le travail élémentaire $Fv\cos\alpha\,\Delta t$, tel que nous venons de le définir, est ce que nous appellerons le *travail virtuel* de la force F agissant sur le point M ; c'est le travail de la force F supposée constante pour un déplacement MM′, égal à $v\Delta t$, suivant la tangente.

Nous avons démontré (n° 128) que, pour un déplacement rectiligne quelconque, le travail de la résultante de plusieurs forces appliquées à un même point matériel est égal à la somme des travaux des composantes. Ce théorème s'applique évidemment aux travaux virtuels.

197. Nous avons démontré ensuite (n° 136) que l'on peut déplacer le point d'application d'une force sur sa direction. Nous allons faire voir que ceci ne change pas le travail élémentaire de la force. Soit AB (*fig.* 152) une droite de longueur invariable, à laquelle on fait éprouver un déplacement quelconque, et que l'on transporte de la position AB à la portion voisine A′B′ pendant le temps Δt. Menons par le point A′ une droite A′B$_1$, égale et parallèle à AB ; on peut concevoir que la droite a été d'abord transportée parallèlement à elle-même, d'un mouvement de translation, de la position AB à la position parallèle A′B$_1$, et qu'ensuite elle a tourné autour d'un axe mené par le point A' perpendiculairement au plan $B_1A'B'$, pour venir dans la position A'B'. Sur la droite BB_1 prolongée prenons une longueur BD_1 égale au rapport $\frac{BB_1}{\Delta t}$ ou $\frac{AA'}{\Delta t}$, c'est-à-dire à la vitesse moyenne AC_1 du point A ; à partir du point D_1, sur une parallèle à la corde B_1B', prenons la longueur D_1E_1 égale au rapport $\frac{B_1B'}{\Delta t}$, et joignons BE_1. A cause de la similitude des deux triangles BB_1B', BD_1E_1, la droite BE_1 sera sur le prolongement de BB', et l'on aura $BE_1 = \frac{BB'}{\Delta t}$, c'est-à-dire que la droite BE_1 représentera la vitesse moyenne du point B. Faisons maintenant tendre Δt vers zéro : les droites AC_1 et BD_1, égales et parallèles, ont pour limite des droites AC et BD égales et parallèles (*fig*. 153); l'angle $A'B_1B'$ devenant droit, la droite D'_1E_1 a pour limite une droite DE perpendiculaire à AB. Les droites AC et BE représentent les vitesses v et v' des points A et B; la projection de la droite BE sur la droite BA est égale à la projection de la droite BD, plus la projection de la droite DE. Cette dernière projection étant nulle, puisque la droite DE est perpendiculaire à BA, il en résulte que la projection de la droite BE est égale à celle de BD, et par conséquent à celle de la droite AC. On conclut de là que, *lorsqu'une droite se meut d'une manière quelconque dans l'espace, les projections des vitesses de deux points quelconques* A *et* B *de la droite sur la droite elle-même sont égales.*

Fig. 153.

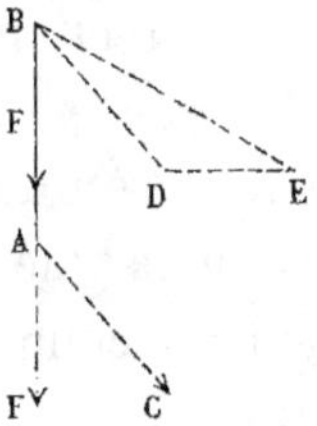

Supposons qu'une force F, agissant suivant la droite BA, soit appliquée en A ou en B; appelons α et α' les angles que font avec la droite BA les vitesses AC et BE des points A et B, les projections de ces vitesses sur la droite BA étant égales, on a

$$v \cos \alpha = v' \cos \alpha';$$

si l'on multiplie ces deux quantités égales par $F\Delta t$, on a les deux produits égaux

$$F v \cos \alpha \cdot \Delta t = F v' \cos \alpha' \cdot \Delta t.$$

Ainsi, le travail élémentaire de la force F reste le même, que la force soit appliquée en A ou en B.

198. Pour réduire à deux résultantes un système de forces appliquées à un corps solide, nous avons décomposé chacune des forces proposées en trois autres, dirigées suivant les droites qui joignent le point d'application à trois points O, O_1, O_2 pris à volonté dans le corps solide, puis déplacé le point d'application de chacune des composantes sur sa direction, et réuni les composantes appliquées en chacun des points O, O_1, O_2 ; nous avons ensuite réduit ces trois résultantes à deux par des opérations analogues. Imaginons que l'on imprime au corps solide un déplacement quelconque dans l'espace : les opérations précédentes n'altèrent pas la somme des travaux élémentaires ; on en conclut :

THÉORÈME III. *Lorsqu'on réduit à deux résultantes un système de forces appliquées à un corps solide, la somme des travaux élémentaires de ces deux résultantes est égale à la somme des travaux élémentaires des forces proposées, quel que soit le déplacement du corps solide dans l'espace.*

199. Ce théorème comprend, comme cas particuliers, les deux théorèmes I et II (n° 187). Concevons d'abord que l'on donne au corps solide un mouvement de translation rectiligne et uniforme, parallèlement à une droite ou axe quelconque ; tous les points du corps auront la même vitesse v parallèle à cette droite ; si l'on appelle a, a', a'' ... les angles que font avec l'axe les forces proposées F, F', F'' ..., A et A' ceux que font les résultantes R et R' avec cette même droite, et si l'on écrit que la somme des travaux élémentaires des deux résultantes est égale à la somme des travaux élémentaires des forces proposées, on aura

$$R \cos A . v \Delta t + R' \cos A' . v \Delta t = \Sigma F \cos a . v \Delta t,$$

ou, en divisant tous les termes par $v \Delta t$,

$$R \cos A + R' \cos A' = \Sigma F \cos a.$$

Ainsi, la somme des projections des deux résultantes sur une droite quelconque, est égale à la somme des projections des forces proposées.

200. Concevons maintenant que l'on fasse tourner le corps solide autour d'un axe fixe OZ (*fig.* 154), d'un mouvement uniforme, avec la vitesse angulaire ω. Le point d'application M de la force F décrivant un cercle de rayon OM dans le plan P perpendiculaire à l'axe, sa vitesse est perpendiculaire à OM dans ce plan P. Décomposons la force F en deux forces, l'une F_2 parallèle à l'axe, l'autre F_1 perpendiculaire ; le travail élémentaire de la force F est égal à la somme des travaux élémentaires de ses deux composantes ; la force F_2 étant perpendiculaire à la vitesse, son travail est nul : il reste à évaluer le travail de la force F_1. Abaissons du point O une perpendiculaire OC

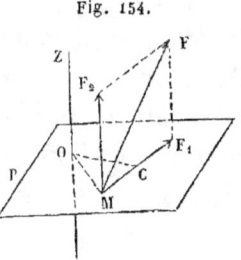

Fig. 154.

sur la force F_1, et supposons cette force appliquée en C ; la vitesse du point C étant dirigée suivant CF, et égale à $\omega \times OC$, le travail élémentaire de la force F_1 est $F_1 \omega \times OC \times \Delta t$ ou $F_1 \times OC \times \omega \Delta t$. Ainsi, le travail élémentaire de la force F pendant le temps Δt, est égal à l'angle de rotation $\omega \Delta t$, multiplié par le moment de la force par rapport à l'axe.

On regarde la vitesse angulaire de rotation ω comme positive ou négative, suivant que le corps tourne autour de l'axe dans un sens ou dans l'autre ; pour que la relation précédente entre le travail élémentaire et le moment subsiste dans tous les cas, on adoptera la même convention pour le signe du moment.

Si l'on écrit maintenant que la somme des travaux élémentaires des deux résultantes est égale à la somme des travaux élémentaires des forces proposées, et si l'on supprime le facteur commun $\omega \Delta t$, on en conclut que la somme des moments des deux résultantes est égale à la somme des moments des forces proposées.

201. La considération des mouvements virtuels permet de comprendre dans un seul énoncé les conditions d'équilibre d'un corps solide, que ce corps soit libre, ou qu'il soit assujetti à tourner autour d'un point fixe ou d'un axe fixe. Lorsque le corps solide est libre dans l'espace, s'il y a équilibre, les deux résultantes sont égales et opposées ; on peut les supposer appliquées au même point ; alors il est évident que leurs travaux élémentaires sont égaux et de signes contraires, quel que soit le déplacement du corps solide ; donc la somme des travaux élémentaires des forces proposées est nulle. Lorsque le corps solide est assujetti à tourner autour d'un point fixe, les forces proposées, pour se faire équilibre, doivent se réduire à une résultante

unique appliquée au point fixe ; le travail de cette résultante étant nul pour tout déplacement du corps autour du point fixe, on en conclut que la somme des travaux élémentaires des forces proposées est nulle. Enfin, lorsque le corps solide est assujetti à tourner autour d'un axe fixe, les forces doivent se réduire à deux résultantes, l'une appliquée en un point de l'axe, l'autre située dans un même plan avec l'axe. Le seul mouvement virtuel ou possible est une rotation autour de l'axe, dans un sens ou dans l'autre : la première résultante, appliquée à un point fixe, a un travail nul ; la seconde, rencontrant l'axe ou étant parallèle à l'axe, a aussi un travail nul ; donc la somme des travaux élémentaires des forces proposées est nulle. Ainsi, on peut énoncer dans tous les cas le théorème suivant :

Théorème IV. *Lorsque des forces se font équilibre sur un corps solide, libre, ou assujetti à tourner autour d'un point ou d'un axe fixe, la somme des travaux élémentaires des forces est nulle pour tout mouvement virtuel d'un corps solide.*

202. La réciproque est vraie : lorsque la somme des travaux élémentaires est nulle pour tout mouvement virtuel, les forces se font équilibre sur le corps solide. Considérons d'abord le cas où le corps solide est assujetti à tourner autour d'un axe fixe : il n'y a qu'un mouvement virtuel, la rotation du corps solide autour de l'axe fixe, dans un sens ou dans l'autre ; si l'on réduit les forces proposées à deux résultantes, dont l'une soit appliquée en un point O pris à volonté sur l'axe, la somme des travaux élémentaires de ces deux résultantes étant nulle, ainsi que le travail de la résultante R appliquée au point fixe O, le travail de la seconde résultante R' est nul aussi. Pour

cela, il faut que la force R' soit perpendiculaire à la vitesse virtuelle de son point d'application O', et par conséquent soit située dans le plan normal au cercle que décrit le point O'. Ce plan normal passant par l'axe fixe, on voit que la résultante R' est dans un même plan avec l'axe; ainsi, il y a équilibre.

Supposons maintenant que le corps solide ait un point fixe O; réduisons les forces proposées à deux résultantes dont l'une R soit appliquée au point O, le travail élémentaire de l'autre résultante R' sera nul pour tout déplacement du corps solide autour du point O. Le point d'application O' de cette seconde force se meut sur la sphère décrite du point O comme centre avec OO' pour rayon, mais dans une direction quelconque, et il y a une infinité de mouvements virtuels. La force R', ayant un travail élémentaire nul, est normale à toutes les courbes tracées par le point O' sur la sphère; elle est donc normale à cette sphère et par conséquent dirigée suivant le rayon OO'; ainsi il y a équilibre.

Lorsque le corps solide est libre dans l'espace, tous les déplacements sont possibles. Après avoir réduit les forces à deux résultantes R et R', imaginons que l'on fasse tourner le corps autour du point d'application O de la première résultante d'une manière quelconque, nous en conclurons, comme précédemment, que la seconde résultante R' passe aussi par le point O. Je dis maintenant que ces deux résultantes sont égales et opposées; autrement, elles admettraient une résultante unique et, en déplaçant le point O sur cette résultante, on aurait un travail différent de zéro. Ainsi,

Théorème V. *Lorsque des forces agissent sur un corps so-*

COMPOSITION DES FORCES APPLIQUÉES A UN CORPS SOLIDE. 255

lide, libre, ou assujetti à tourner autour d'un point ou d'un axe fixe, et que *la somme de leurs travaux élémentaires est nulle pour tout mouvement virtuel du corps solide, il y a équilibre.*

Équilibre d'un corps solide s'appuyant contre un plan fixe.

203. Lorsqu'un corps solide, sollicité par différentes forces F, F', ..., s'appuie par un point A contre un plan très-résistant et parfaitement poli, le plan exerce contre le corps une réaction normale appliquée au point A ; si cette réaction normale, que nous désignerons par N, tient en équilibre les forces F, F', ..., ces forces admettront une résultante unique R, égale et opposée à la force N. Quand cette condition est remplie, la résultante R est détruite par la résistance du plan, et il y a équilibre. Ainsi, *la condition nécessaire et suffisante pour que des forces se fassent équilibre sur un corps solide qui s'appuie par un point contre un plan rigide et parfaitement poli, c'est que ces forces se réduisent à une résultante unique, passant par le point d'appui, normale au plan, et appuyant le corps contre le plan.*

Considérons, par exemple, un corps pesant reposant par un point A sur un plan horizontal (*fig.* 155). Ce corps est sollicité par son poids P appliqué en son centre de gravité; la condition d'équilibre, c'est que la verticale abaissée du centre de gravité G passe par le point d'appui A. Quand cette condition est remplie, la force P, passant par le point A et normale au plan, est détruite par la résistance du plan. Il est clair que le corps exerce sur le plan une pression égale à son poids P.

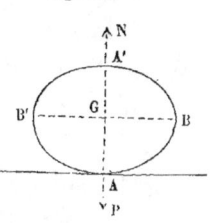

Fig. 155.

204. Ceci nous donne l'occasion de distinguer deux sortes d'équilibre, l'équilibre stable et l'équilibre instable. On dit que l'équilibre est *stable*, lorsque le corps, dérangé très-peu de sa position d'équilibre, tend à y revenir. Dans le cas contraire, on dit que l'équilibre est *instable*. Pour en montrer un exemple, considérons un cylindre elliptique homogène, reposant par une arête latérale sur un plan horizontal. Le centre de gravité G du cylindre coïncide avec le centre de l'ellipse qu'on obtient en coupant le cylindre en deux parties égales par un plan perpendiculaire aux arêtes. On peut se borner à considérer cette ellipse reposant par un point A sur une droite horizontale. Le rayon GA devant être vertical et par conséquent perpendiculaire à la tangente en A qui est horizontale, le point de contact A est l'un des quatre sommets de l'ellipse. Nous ferons voir que, lorsque le point de contact est l'un des sommets du petit axe AA' (*fig.* 155), l'équilibre est stable ; mais que, si, au contraire, le point de contact est l'un des sommets du grand axe, l'équilibre est instable.

Supposons d'abord que l'ellipse repose sur le plan par un des sommets du petit axe. Quand on dérange l'ellipse de sa position d'équilibre, la perpendiculaire GH (*fig.* 156),

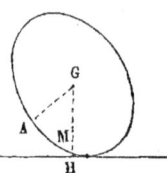

Fig. 156.

abaissée du centre de gravité sur le plan horizontal, étant plus grande que le rayon GM, qui est lui-même plus grand que la moitié GA du petit axe, le centre de gravité G s'élève. Si l'on abandonne ensuite le corps à lui-même, le centre de gravité tend à redescendre, et le corps revient à sa position primitive, qu'il dépasse en vertu de la vitesse acquise, et de part et d'autre de laquelle il oscille. Donc l'équilibre est stable.

COMPOSITION DES FORCES APPLIQUÉES A UN CORPS SOLIDE. 257

Supposons maintenant que l'ellipse repose sur le plan horizontal par une des extrémités B de son grand axe (*fig.* 157). Quand on dérange le corps de sa position d'équilibre, la perpendiculaire GH étant plus petite que le rayon GM qui va du centre au point de contact, et ce rayon étant plus petit que la moitié GB du grand axe, le centre de gravité

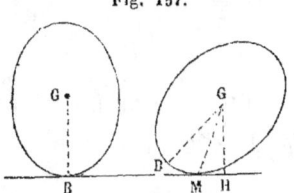

Fig. 157.

G s'abaisse. Si l'on abandonne ensuite le corps à lui-même, le centre de gravité tendant à descendre, le corps ne reviendra pas à sa première position; il s'éloignera encore davantage, et se rapprochera d'une position d'équilibre stable. Ainsi, quand l'ellipse repose par le sommet B, il y a équilibre instable.

205. Lorsqu'un corps solide s'appuie par deux points A et B contre un plan (*fig.* 158), le plan exerce sur le corps deux réactions normales N, N', appliquées en A et en B; ces deux réactions parallèles ont une résultante $N + N'$ appliquée en un point I de la droite AB. Si la force $N + N'$ tient en équilibre les autres forces qui agissent sur le corps

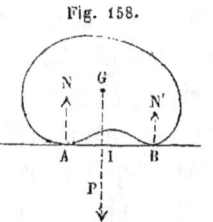

Fig. 158.

solide, ces dernières forces admettront une résultante unique, égale et opposée à la force $N + N'$. Par exemple, un corps pesant, qui repose par deux points A et B sur un plan horizontal, sera en équilibre, si la verticale abaissée du centre de gravité G rencontre la droite AB en un point I situé entre les deux points A et B. Il est facile de calculer les pressions partielles que le corps exerce contre le plan en A et B; il suffit de décomposer le poids P du corps en deux forces parallèles appliquées, l'une en **A**, l'autre en **B**. On a

$$\frac{N}{IB} = \frac{N'}{IA} = \frac{P}{AB}.$$

206. Lorsqu'un corps solide s'appuie par trois points A, B, C contre un plan (*fig.* 159), le plan exerce sur le corps trois réactions normales N, N', N″ appliquées en ces trois points; ces réactions ont une résultante égale à leur somme N + N' + N″ appliquée en un point I situé à l'intérieur du triangle ABC. Pour l'équilibre, il faut donc que les autres forces qui agissent sur le corps solide aient une résultante unique, normale au plan, passant par un point I intérieur au triangle ABC, et appuyant le corps contre le plan. Par exemple, un corps pesant, reposant par trois points A, B, C sur un plan horizontal, sera en équilibre, si la verticale abaissée du centre de gravité tombe à l'intérieur du triangle ABC. Voyons comment se répartit la pression aux trois points d'appui. Prolongeons la droite AI jusqu'à sa rencontre en K avec le côté BC; décomposons la pression totale P appliquée en I en deux forces parallèles, l'une N appliquée en A, l'autre N_1 appliquée en K, à l'aide des relations

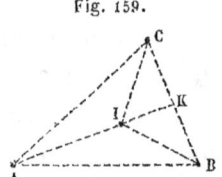

Fig. 159.

$$\frac{N}{IK} = \frac{N_1}{AI} = \frac{P}{AK}.$$

Nous décomposerons ensuite la force N_1 en deux forces parallèles N' et N″ appliquées en B et C. Nous remarquons que les deux longueurs IK et AK sont proportionnelles aux aires des triangles BIC, BAC, ce qui donne

$$\frac{N}{BIC} = \frac{P}{BAC}.$$

Il en résulte que, si l'on représente la pression totale par l'aire du triangle ABC, les pressions partielles supportées par les points A, B, C sont proportionnelles aux aires des triangles BIC, CIA, AIB.

207. Quand le nombre des points d'appui surpasse trois, si l'on forme un polygone convexe, ayant pour sommets certains points d'appui, et comprenant tous les autres, pour que le corps soit en équilibre, il faut que les forces proposées admettent une résultante unique, normale au plan, passant à l'intérieur de ce polygone convexe, et de plus appuyant le corps contre le plan. On trouve dans ce cas que la répartition des pressions est indéterminée.

Supposons, par exemple, qu'il y ait quatre points d'appui A, B, C, D, formant un quadrilatère convexe (*fig.* 160). Soit I le point où la résultante perce le plan; joignons le point A au point I et prolongeons cette droite jusqu'en un point E, situé à l'intérieur du triangle BCD; nous pouvons décomposer la pression totale P en deux forces parallèles, l'une N appliquée en A, l'autre N, appliquée en E; cette dernière, à son tour, se décomposera en trois autres appliquées aux trois points B, C, D. On voit qu'en faisant varier la position du point E, on peut effectuer la décomposition d'une infinité de

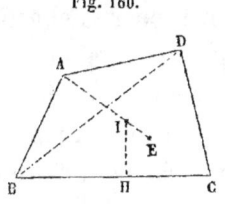

Fig. 160.

manières. Cette indétermination tient à l'hypothèse de la solidité parfaite ; dans la nature, les corps ne sont pas parfaitement solides, et la répartition des pressions se fait d'une manière déterminée qui résulte de leur constitution moléculaire.

208. Nous avons dit que, lorsqu'un corps pesant repose sur un plan horizontal par plusieurs points A, B, C, D, la condition d'équilibre, c'est que la verticale du centre de gravité perce le plan horizontal en un point I situé à l'intérieur du polygone convexe ABCD. L'équilibre est stable ; mais on conçoit que l'équilibre ait un degré plus ou moins grand de stabilité. Voici comment on évalue le degré de stabilité. Supposons qu'on veuille faire tourner le corps autour du côté BC ; le moment du poids P du corps solide, par rapport à l'axe BC, est égal au produit de ce poids par la perpendiculaire IH abaissée du point I sur le côté BC ; pour qu'une force puisse faire tourner le corps autour de BC, il faut que son moment, par rapport à BC, soit de sens contraire et au moins égal à celui du poids P ; c'est pourquoi le produit $P \times IH$ est appelé *moment de stabilité* par rapport au côté BC. Il en est de même par rapport à chacun des autres côtés. Le degré de stabilité générale du corps solide sera indiqué par le plus petit moment, c'est-à-dire par le moment relatif au côté le plus rapproché du point I ; c'est autour de ce côté qu'il est le plus facile de faire tourner le corps.

CHAPITRE IV.

PROPRIÉTÉS GÉNÉRALES DU MOUVEMENT DES SYSTÈMES.

209. On se représente les corps comme composés de molécules ou de points matériels agissant les uns sur les autres; l'action qui s'exerce entre deux molécules consiste en deux forces égales et opposées, appliquées, l'une à la première molécule, l'autre à la seconde molécule; c'est une loi générale de la nature que l'on énonce souvent en disant que l'action est égale à la réaction. Lorsque cette double force tend à rapprocher les molécules, on dit qu'il y a attraction; lorsqu'elle tend, au contraire, à les éloigner, on dit qu'il y a répulsion. Outre ces forces intérieures qui s'exercent entre les diverses molécules composant le système considéré, des forces extérieures peuvent encore être appliquées à différents points de ce système. Une force extérieure appliquée à un point du système provient des actions qui s'exercent entre cette molécule et celles d'un autre système placé à une certaine distance du premier.

Nous appellerons m la masse d'un point matériel quelconque du système, x, y, z ses coordonnées par rapport à trois axes rectangulaires fixes. Il est clair que le mouvement de chaque point matériel est produit par l'ensemble des forces, tant extérieures qu'intérieures, qui agissent sur ce point; si donc on désigne par F l'une quelconque de ces

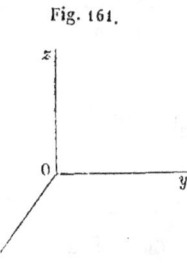

Fig. 161.

forces, et par a, b, c les angles qu'elle fait avec les axes, on a les trois équations (n° 102)

(1) $\begin{cases} m D_t^2 x = \Sigma\, F \cos a, \\ m D_t^2 y = \Sigma\, F \cos b, \\ m D_t^2 z = \Sigma\, F \cos c, \end{cases}$

le signe Σ s'étendant à toutes les forces qui agissent sur le point considéré. On aura trois équations de même forme pour chacun des points matériels du système proposé.

On peut faire entre ces équations diverses combinaisons qui fassent disparaître les forces intérieures.

Mouvement du centre de gravité.

210. Si l'on ajoute membre à membre les équations de la forme

$$m D_t^2 x = \Sigma\, F \cos a,$$

qui se rapportent au mouvement de la projection de chaque point sur l'axe ox; si l'on ajoute de même celles qui se rapportent à l'axe oy, puis celles qui se rapportent à l'axe oz, on obtient les trois équations suivantes :

(2) $\begin{cases} \Sigma\, m D_t^2 x = \sum F \cos a, \\ \Sigma\, m D_t^2 y = \sum F \cos b, \\ \Sigma\, m D_t^2 z = \sum F \cos c. \end{cases}$

Le signe Σ dans le premier membre s'étend à toutes les molécules du système; le signe $\sum$, dans le second membre, à toutes les forces qui agissent sur les diverses molécules. Les actions mutuelles que les molécules du système exercent les unes sur les autres étant des forces deux à deux égales et opposées, leurs projections sont égales et de signes contraires, et, par conséquent, se détruisent dans les seconds membres des équations (2). Ainsi, les trois équations (2) sont indépendantes des forces intérieures ; elles ne dépendent que des forces extérieures. Ces forces extérieures, comme nous l'avons dit, proviennent des actions qui s'exercent entre certaines molécules du système proposé et les molécules des corps extérieurs.

211. On peut énoncer ces équations de plusieurs manières. On appelle *quantité de mouvement* d'un point matériel le produit de la vitesse v par la masse m de ce point. Il convient de considérer ce produit mv comme une nouvelle quantité géométrique portée sur la tangente à la trajectoire, dans le même sens que la vitesse. Cette quantité de mouvement a pour projection sur les trois axes des coordonnées,

(2) $\qquad m D_t x, \quad m D_t y, \quad m D_t z.$

Les équations (2) peuvent s'écrire sous la forme

(3) $\begin{cases} D_t(\Sigma m D_t x) = \sum F \cos a, \\ D_t(\Sigma m D_t y) = \sum F \cos b, \\ D_t(\Sigma m D_t z) = \sum F \cos c. \end{cases}$

Elles signifient que

THÉORÈME I.

La dérivée de la somme des projections sur un axe quelconque des quantités de mouvement des différents points du système est égale à la somme des projections des forces extérieures sur ce même axe.

212. Lorsque les points du système ne sont sollicités par aucune force extérieure, et, par conséquent, ne sont soumis qu'à leurs actions mutuelles, les seconds membres

des équations (3) sont nuls; les sommes des projections des quantités de mouvement, ayant leurs dérivées nulles, sont constantes, et l'on a les trois équations

$$(4) \quad \begin{cases} \Sigma m D_t x = A, \\ \Sigma m D_t y = B, \\ \Sigma m D_t z = C, \end{cases}$$

dans lesquelles les lettres A, B, C désignent des quantités constantes. Ainsi,

Corollaire. *Lorsque les points du système ne sont soumis qu'à leurs actions mutuelles, la somme des projections des quantités de mouvement sur un axe quelconque est constante.*

213. Le théorème précédent acquiert une signification très-simple à l'aide du centre de gravité. Si l'on considère le centre de gravité du système dans la position qu'il occupe à chaque instant, on obtient un point géométrique G, qui ne coïncide pas avec un point physique déterminé du système, à cause de la déformation de ce système, mais qui occupe successivement diverses positions dans l'espace. On conçoit très-nettement le mouvement de ce point G; nous lui supposerons une masse M égale à la somme des masses des différents points du système, et nous appellerons X, Y, Z ses coordonnées.

En appliquant aux masses des diverses molécules du système le théorème des moments des forces parallèles par rapport à chacun des plans des coordonnées (n° 147), on a les trois équations

$$(5) \quad \begin{cases} MX = \Sigma mx, \\ MY = \Sigma my, \\ MZ = \Sigma mz, \end{cases}$$

qui déterminent les coordonnées du centre de gravité. Si l'on prend les dérivées par rapport au temps, on en déduit les équations

$$(6) \quad \begin{cases} MD_t X = \Sigma m D_t x, \\ MD_t Y = \Sigma m D_t y, \\ MD_t Z = \Sigma m D_t z, \end{cases}$$

qui donnent à chaque instant la vitesse du centre de gravité, en grandeur et en direction. En prenant une seconde fois les dérivées, on obtient de nouvelles équations

$$(7) \quad \begin{cases} MD_t^2 X = \Sigma m D_t^2 x, \\ MD_t^2 Y = \Sigma m D_t^2 y, \\ MD_t^2 Z = \Sigma m D_t^2 z, \end{cases}$$

qui donnent l'accélération du centre de gravité.

En vertu des équations (7), les équations (2) se mettent sous la forme

$$(8) \quad \begin{cases} MD_t^2 X = \sum F \cos a, \\ MD_t^2 Y = \sum F \cos b, \\ MD_t^2 Z = \sum F \cos c. \end{cases}$$

Ces équations déterminent le mouvement d'un point matériel de masse M, placé au centre de gravité du système. D'après la remarque faite précédemment, les seconds membres sont indépendants des forces intérieures ; on en déduit :

THÉORÈME II.

Le mouvement du centre de gravité d'un système est le même que si toute la masse y était concentrée, et que si toutes les forces extérieures y étaient transportées parallèlement à elles-mêmes.

214. Il résulte de là que les actions des points du système les unes sur les autres n'ont pas d'influence sur le mouvement du centre de gravité. Lorsque les points du système ne sont soumis qu'à leurs actions mutuelles, le mouvement du centre de gravité est rectiligne et uniforme; si la vitesse initiale est nulle, il reste en repos.

Cette loi s'étend aux êtres vivants. La volonté fait naître des actions mutuelles entre les diverses parties de l'organisme, elle met en jeu les forces musculaires; mais ces forces, comme toutes les forces de la nature, sont deux à deux égales et opposées, et par conséquent n'ont pas d'influence sur le mouvement du centre de gravité. Aussi, n'est-ce qu'en réagissant sur les corps extérieurs qu'un être vivant peut modifier le mouvement de son centre de gravité.

215. Dans le chapitre II du livre II, nous avons étudié le mouvement d'un point matériel soumis à l'action de la pesanteur, et nous avons vu que, si l'on néglige la résistance de l'air, le point décrit une parabole. Tout ce que nous avons dit à cet égard s'applique au mouvement du centre de gravité d'un corps soumis à l'action de la pesanteur; car les forces qui sollicitent les molécules, c'est-à-dire les poids des molécules, transportées parallèlement à elles-mêmes au centre de gravité, donnent le poids total P du corps. Ainsi, le mouvement du centre de gravité est le même que celui d'un point matériel de masse M sollicité par une force verticale P égale à Mg. Considérons, par exemple, le mouvement d'une bombe lancée avec une certaine vitesse initiale : le centre de gravité décrit une parabole; si, à un certain instant, la bombe éclate, les forces intérieures qui produisent l'explosion n'ayant pas d'influence sur le mouvement du centre de gravité, ce point géométrique continuera son mouvement parabolique, comme si rien n'était survenu, tandis que les fragments iront de différents côtés.

216. On peut expliquer de la même manière le recul des canons, et, en général, des armes à feu. Afin de simplifier le raisonnement, supposons le canon placé sur un plan de glace parfaitement poli. Soit M le poids du canon et de son affût, m celui du boulet, la masse totale est $M + m$; le centre de gravité G de tout le système est immobile. Quand on enflamme la poudre, le boulet est lancé vers la droite avec une vitesse horizontale v ; le centre de gravité G de tout le système devant continuer à rester immobile, il faut que le canon et son affût parcourent en sens inverse une longueur proportionnelle. Si x est le chemin Gm décrit par le boulet pendant un certain temps, x' le chemin GM décrit en sens inverse par le centre de gravité du canon et de son affût, on doit avoir $mx - Mx' = o$; d'où $x' = \frac{m}{M} x$. De même, si v' est la vitesse du canon après l'explosion, on aura $mv - Mv' = o$, d'où $v' = \frac{m}{M} v$. La vitesse de recul du canon est très-petite par rapport à la vitesse du boulet, parce que la masse du canon est très-grande par rapport à celle du boulet.

Fig. 162.

217. Quand un homme marche sur un plan horizontal, le sol exerce sur la plante des pieds une réaction normale N, et, en outre, un frottement horizontal F dans le sens de la marche ; c'est cette force horizontale F qui, transportée au centre de gravité, produit le mouvement de

translation horizontal. Si l'homme était placé sur un plan de glace parfaitement poli, la force horizontale de frottement F étant nulle, et le centre de gravité n'étant plus sollicité que par les deux forces verticales P et N de sens contraires, il pourrait bien abaisser ou élever son centre de gravité, mais il lui serait impossible de le déplacer horizontalement; s'il avançait une partie de son corps d'un côté, une autre partie reculerait de l'autre côté, de manière que le centre de gravité restât toujours sur la même verticale.

Théorème des moments des quantités de mouvement.

218. Reprenons les équations (1) qui déterminent le mouvement d'un point quelconque du système,

(1)
$$\begin{cases} m\mathrm{D}_t^2 x = \Sigma\,\mathrm{F}\cos a, \\ m\mathrm{D}_t^2 y = \Sigma\,\mathrm{F}\cos b, \\ m\mathrm{D}_t^2 z = \Sigma\,\mathrm{F}\cos c. \end{cases}$$

Si l'on multiplie la première par y, la seconde par x, et qu'on retranche la première de la seconde, on a l'équation

$$m(x\mathrm{D}_t^2 y - y\mathrm{D}_t^2 x) = \Sigma\,\mathrm{F}(x\cos b - y\cos a),$$

que l'on peut écrire sous la forme

$$\mathrm{D}_t[m(x\mathrm{D}_t y - y\mathrm{D}_t x)] = \Sigma\,\mathrm{F}(x\cos b - y\cos a).$$

En ajoutant les équations de cette sorte, qui se rapportent aux différents points du système, on obtient l'équation

$$\mathrm{D}_t[\Sigma m(x\mathrm{D}_t y - y\mathrm{D}_t x)] = \sum \mathrm{F}(x\cos b - y\cos a).$$

En combinant de la même manière la seconde des équations (1) avec la troisième, la troisième avec la première, et ajoutant, on obtient les trois équations

$$(9) \begin{cases} D_t[\Sigma m(xD_ty - yD_tx)] = \sum F(x\cos b - y\cos a), \\ D_t[\Sigma m(yD_tz - zD_ty)] = \sum F(y\cos c - z\cos b), \\ D_t[\Sigma m(zD_tx - xD_tz)] = \sum F(z\cos a - x\cos c). \end{cases}$$

Le signe $\sum$, dans le second membre, s'étend à toutes les forces qui agissent sur les différents points du système.

La quantité $F(x\cos b - y\cos a)$ représente le moment, par rapport à l'axe oz, de la force F appliquée à la molécule m, dont les coordonnées sont x, y, z (n° 192). Il est clair que les moments par rapport à une même droite de deux forces égales et opposées sont égaux et de signes contraires ; les forces intérieures, qui sont deux à deux égales et opposées, disparaissent donc des seconds membres des équations précédentes. De même, la quantité $m(xD_ty - yD_tx)$ représente le moment, par rapport à l'axe oz, de la quantité de mouvement de la molécule m. Ainsi :

THÉORÈME III.

La dérivée de la somme des moments, par rapport à un axe quelconque, des quantités de mouvement des différents points du système est égale à la somme des moments des forces extérieures, par rapport au même axe.

219. Il résulte des théorèmes I et III que les actions des points du système les unes sur les autres ne peuvent modifier, ni la somme des projections des quantités de mouvement sur un axe quelconque, ni la somme des moments de ces quantités de mouvement par rapport au même axe. Lorsque les points du système ne sont sol-

licités par aucune force extérieure, les seconds membres des équations (9) sont nuls; les sommes des moments des quantités de mouvement, ayant leurs dérivées nulles, sont constantes, et l'on a les trois équations

$$(10) \quad \begin{cases} \Sigma m(x D_t y - y D_t x) = L, \\ \Sigma m(y D_t z - z D_t y) = I, \\ \Sigma m(z D_t x - x D_t z) = K, \end{cases}$$

dans lesquelles les lettres I, K, L désignent trois quantités constantes. Ainsi,

Corollaire I. *Lorsque les points du système ne sont soumis qu'à leurs actions mutuelles, la somme des moments des quantités de mouvement, par rapport à un axe quelconque, est constante* [1].

220. Pour montrer une application de ces principes, considérons un corps solide tournant autour d'un axe fixe avec la vitesse angulaire ω. La vitesse de chaque molécule est égale à ωr, r désignant la perpendiculaire abaissée de la molécule sur l'axe; elle est perpendiculaire à l'axe et à une distance r de l'axe; le moment de la quantité de mouvement de cette molécule, par rapport à l'axe de rotation, est égale au produit de cette quantité de mouvement $m\omega r$ par sa distance r à l'axe, ce qui donne $m\omega r^2$. Si l'on fait la somme des moments des quantités de mouvement de toutes les molécules du corps solide, comme la vitesse angulaire ω est facteur constant dans tous les termes, on aura l'expression $\omega \times \Sigma m r^2$. La quantité $\Sigma m r^2$, c'est-à-dire la somme des produits que l'on obtient en multipliant la masse de chaque molécule par le carré de sa distance à l'axe, s'appelle *moment d'inertie* du corps solide par rapport à l'axe. Ainsi, quand un corps solide tourne

---

[1] Cette propriété est aussi connue sous le nom de théorème des aires.

autour d'un axe fixe, la somme des moments des quantités de mouvement, par rapport à cet axe, est égale à la vitesse angulaire de rotation, multipliée par le moment d'inertie du corps solide relatif à l'axe de rotation.

Supposons qu'aucune force extérieure n'agisse sur le corps solide, ou, s'il y a des forces extérieures, que ces forces se fassent équilibre autour de l'axe, c'est-à-dire que la somme de leurs moments par rapport à l'axe soit nulle (n° 191). Les réactions que les différents points de l'axe fixe exercent sur le corps étant des forces appliquées à l'axe et ayant par conséquent leurs moments nuls, il résulte du théorème précédent que la somme des moments des quantités de mouvement par rapport à l'axe est constante. Cette somme ayant pour expression $\omega \times \Sigma mr^2$, et le moment d'inertie Σmr^2 du corps solide étant invariable, on en conclut que la vitesse angulaire de rotation ω reste constante. Ainsi,

Corollaire II. *Quand un corps solide tourne autour d'un axe fixe, si les forces extérieures se font équilibre, le mouvement de rotation est uniforme.*

Si, par suite d'actions intérieures, le corps solide se contractait, chaque molécule se rapprochant de l'axe, le moment d'inertie diminuerait; la somme des moments des quantités de mouvement $\omega \times \Sigma mr^2$ devant rester constante, la vitesse angulaire ω augmenterait. C'est ce qui arriverait, par exemple, si, par le refroidissement, le volume de la terre diminuait; sa vitesse de rotation autour de l'axe augmenterait et par conséquent la durée du jour, ou le temps qu'elle met à faire un tour entier, diminuerait.

Ces propriétés s'appliquent aux êtres vivants, ainsi que nous l'avons déjà fait remarquer, à propos du mouvement du centre de gravité (n° 214). Un être vivant, en repos et isolé dans l'espace, ne peut, par ses actions intérieures, imprimer à tout son corps un mouvement de rotation autour d'une droite ; s'il fait tourner une partie de son corps autour d'un axe dans un sens, il faudra qu'une autre partie tourne en même temps en sens inverse, afin que la somme des moments des quantités de mouvement reste nulle.

Théorème des puissances vives.

221. En étudiant le mouvement d'un point matériel (n° 130), nous avons démontré que la variation de la puissance vive d'un point matériel, pendant un temps quelconque, est égale à la somme des travaux des forces qui agissent sur ce point pendant le même temps ; on a ainsi, pour chaque point d'un système,

$$\frac{mv^2}{2} - \frac{mv_0^2}{2} = \Sigma TF,$$

le signe Σ s'étendant à toutes les forces qui agissent sur ce point. Si l'on ajoute membre à membre les équations qui se rapportent aux différents points du système, on a l'équation

(11) $$\Sigma \frac{mv^2}{2} - \Sigma \frac{mv_0^2}{2} = \sum TF,$$

le signe $\sum$, dans le second membre, s'étendant à toutes les forces, tant intérieures qu'extérieures, qui agissent sur les différents points du système. On en conclut :

THÉORÈME IV.

La variation de la somme des puissances vives de tous les points d'un système matériel pendant un temps quelconque, est égale à la somme des travaux de toutes les forces, tant intérieures qu'extérieures, qui agissent sur les différents points pendant le même temps.

222. Il est un cas où le travail des forces intérieures est nul, c'est lorsque les points du système restent à des distances invariables les unes des autres, c'est-à-dire forment un système solide. Dans ce cas, les forces intérieures étant deux à deux appliquées aux extrémités d'une droite de longueur invariable, et d'ailleurs étant égales et opposées, ont des travaux élémentaires égaux et de signes contraires (n° 197). On en conclut :

Corollaire. *Dans le mouvement d'un corps solide, la variation de la somme des puissances vives de tous les points du corps, pendant un certain temps, est égale à la somme des travaux des forces extérieures qui agissent sur le corps pendant le même temps.*

Le théorème général des puissances vives a une grande importance : c'est sur cette loi que repose la mécanique industrielle ; elle permet aussi d'établir une corrélation entre les diverses branches de la physique qui étaient restées séparées jusqu'à ce jour. Mais pour que ce théorème ait toute sa généralité, il faut avoir soin, dans l'évaluation du travail, de tenir compte du travail des forces intérieures. Si deux molécules se repoussent et que leur distance diminue, il en résulte un travail négatif qui diminue le second membre de l'équation (11), et par conséquent diminue la somme des puissances vives ; si, au contraire, les molécules s'éloignent, la force répulsive produit un travail positif qui augmente la somme des puissances vives : c'est comme un ressort que l'on comprime ou qui se détend. De même, dans l'évaluation des puissances vives, il faut avoir égard, non-seulement aux mouvements visibles des molécules, mais encore à leurs mouvements vibratoires extrêmement petits ; à ces mouvements vibratoires correspond une certaine quantité de puissance vive, qui diminue d'autant la somme des puissances vives dues aux grands mouvements.

LIVRE IV.

DES MACHINES.

CHAPITRE I.

NOTIONS GÉNÉRALES SUR LES MACHINES.

223. Les machines ont pour but de vaincre certaines résistances, par exemple d'élever des fardeaux, de scier des billes de bois pour en faire des planches, de broyer des grains de blé pour en faire de la farine, etc. La résistance à vaincre est, dans le premier cas, la pesanteur; dans les autres cas, la cohésion moléculaire.

Pour vaincre une résistance, une force motrice est nécessaire. Si l'on considère d'une manière générale toutes les forces qui agissent sur une machine en mouvement, on les distinguera en forces motrices et en forces résistantes. Comme nous l'avons expliqué (n°s 119 et 120), on appelle force motrice une force qui se projette sur le déplacement du point d'application dans le sens même de ce déplacement; force résistante, une force qui se projette en sens inverse. Le travail des premières est positif, celui des secondes est négatif. Si l'on désigne par T_m la somme des travaux des forces motrices, ou le travail moteur, et par T_r la somme des valeurs absolues des travaux des forces résistantes, ou le travail résistant, la somme des travaux de toutes les forces qui agissent sur la machine sera représentée par $T_m - T_r$, et l'on aura, en vertu du théorème général des puissances vives, démontré dans le chapitre précédent (n° **211**);

$$(1) \qquad \Sigma \frac{mv^2}{2} - \Sigma \frac{mv_0^2}{2} = T_m - T_r.$$

La variation de la somme des puissances vives de toutes les parties de la machine, pendant un temps quelconque, est égale à l'excès du travail moteur sur le travail résistant.

224. Lorsque la machine marche d'un mouvement uniforme, la variation de la puissance vive est nulle et, par conséquent, le travail moteur est égal au travail résistant.

Dans un grand nombre de machines, par exemple dans les machines à vapeur, le mouvement n'est pas précisément uniforme, mais périodique, c'est-à-dire, qu'après certains temps égaux, la vitesse redevient la même ; il est clair que, pendant un nombre entier de périodes, le travail moteur est égal au travail résistant.

Si, pendant un certain temps, le travail moteur est plus grand que le travail résistant, la puissance vive augmente et la vitesse s'accroît ; on peut dire que l'excès du travail moteur sur le travail résistant s'est transformé en puissance vive.

Si, au contraire, le travail moteur est moindre que le travail résistant, il y a diminution de puissance vive et, par suite, de vitesse. Le travail résistant est égal au travail moteur, plus la puissance vive perdue par la machine ; on peut dire, dans ce cas, qu'une partie de la puissance vive que possédait la machine s'est transformée en travail moteur. C'est ce qui a lieu dans le mouvement périodique ; dans la première moitié de la période, je suppose, le travail moteur est plus grand que le travail résistant, l'excédant se change en puissance vive et la vitesse augmente ; pendant la seconde moitié, au contraire, le travail moteur est plus petit que le travail résistant ; une partie de la puissance vive se change en travail et vient en aide au travail moteur pour accomplir le travail résistant ; alors la vitesse diminue et reprend sa valeur primitive.

Des circonstances analogues se présentent, lorsqu'une machine part du repos, marche pendant un certain temps d'une manière normale, et ensuite se ralentit pour revenir au repos. Pendant la première partie du mouvement, il faut dépenser une quantité de travail moteur égale au travail résistant, plus la quantité de puissance vive que l'on veut communiquer à la machine. Pendant la période de marche normale, le travail moteur égale le travail résistant. Enfin, dans la dernière période, il n'est plus nécessaire de communiquer à la machine un nouveau travail moteur ; la puissance vive que possède la machine se transformera en travail moteur et fera encore marcher la machine pendant un certain temps, jusqu'à ce que, la puissance vive étant entièrement épuisée, la machine s'arrête. Si l'on considère le mouvement dans son ensemble, depuis le commencement jusqu'à la fin, on voit que le travail moteur est égal au travail résistant.

225. Les considérations précédentes nous conduisent à regarder les machines comme ayant pour but de transformer le travail moteur en travail résistant. Mais il convient de distinguer deux sortes de résistances : il y a d'abord la résistance que l'on veut vaincre et en vue de laquelle est construite la machine ; c'est la résistance utile ; il y a ensuite les résistances que l'on nomme passives, telles que

les frottements qui s'exercent entre les différentes pièces de la machine, la résistance de l'air, etc. De cette manière, le travail résistant est composé de deux parties, l'une due à la résistance utile et que l'on nomme, pour cette raison, *travail utile*; l'autre due aux résistances passives, et que l'on nomme *travail passif*. Nous désignerons le travail utile par T_u, le travail passif par T_f, et nous poserons

$$T_r = T_u + T_f.$$

Nous avons vu que, pendant la marche normale de la machine, le travail moteur est égal au travail résistant. On a donc

$$T_m = T_u + T_f.$$

Si bien construite et bien entretenue que soit une machine, il est impossible d'éviter complétement le travail passif; de sorte que le travail utile n'est qu'une partie du travail moteur. Ainsi, une machine ne rend jamais tout le travail moteur qu'elle reçoit; c'est par le rapport $\dfrac{T_u}{T_m}$ du travail utile au travail moteur que l'on juge de la qualité ou du rendement de la machine.

226. Considérons le cas très-simple où deux forces seulement agissent sur la machine, une force motrice F et la résistance F′ que l'on veut vaincre; supposons ces deux forces constantes, et admettons, en outre, que l'on puisse sans inconvénient négliger les résistances passives. Appelons x et x' les déplacements des points d'application projetés sur la direction des forces. Pendant que la machine marche d'un mouvement uniforme, le travail moteur étant égal au travail résistant, on a $F \times x = F' \times x'$. Les forces

sont en raison inverse des chemins parcourus par leurs points d'application. Si, par exemple, la résistance est cent fois plus grande que la puissance, le chemin parcouru par son point d'application sera cent fois plus petit. On a coutume d'énoncer ce résultat, en disant que ce qu'on gagne en puissance, on le perd en chemin parcouru. Au contraire, si la résistance est cent fois plus petite que la puissance, le chemin parcouru sera cent fois plus grand.

227. Dans les machines que nous avons considérées jusqu'à présent, c'est la résistance à vaincre, ou le travail utile à accomplir, qui est l'objet principal de la machine. Il y a d'autres machines où l'objet principal que l'on a en vue est la marche régulière du mécanisme, comme dans les horloges et les chronomètres, ou une combinaison ingénieuse et délicate de mouvements, comme dans les machines à broder; mais là encore il y a des résistances passives et transformation du travail moteur en travail résistant. On comprend bien par là l'impossibilité du mouvement perpétuel; supposons qu'une force motrice imprime au mécanisme une certaine vitesse et qu'ensuite elle cesse d'agir, la puissance vive communiquée à l'appareil sera absorbée peu à peu par les résistances passives; la vitesse ira en diminuant, et, après un temps plus ou moins long, la machine s'arrêtera, à moins que la force motrice n'intervienne de nouveau. De même, si on emmagasine dans l'appareil une certaine quantité de travail moteur au moyen d'un ressort tendu, ou d'un poids élevé à une certaine hauteur, quand toute cette quantité de travail moteur aura été absorbée par les résistances passives, la machine s'arrêtera.

228. Afin de mieux faire comprendre la transformation

du travail en puissance vive et la transformation de la puissance vive en travail, nous dirons quelques mots d'un appareil nommé *volant*, dont sont munies presque toutes les machines de quelque importance, et qui est destiné à régulariser le mouvement. Le volant est un anneau de fonte d'un grand rayon, auquel la machine communique un mouvement de rotation et qui est placé aussi près que possible du point d'application de la résistance. Appelons M la masse du volant que nous réduirons par la pensée à une circonférence de rayon R ; son moment d'inertie (n° 220) sera MR^2 et sa puissance vive $\dfrac{\omega^2 \times MR^2}{2}$. Le moment d'inertie étant très-grand, une petite variation dans la vitesse angulaire de rotation entraîne une grande variation dans la puissance vive du volant. Supposons qu'à un certain moment le travail moteur soit plus grand que le travail résistant, l'excédant s'emmagasinera dans le volant sous forme de puissance vive, et il n'en résultera pas une grande augmentation de vitesse. Si plus tard le travail moteur est moindre que le travail résistant, une partie de la puissance vive emmagasinée dans le volant se transformera en travail, et viendra en aide au travail moteur insuffisant ; il en résultera une petite diminution de vitesse. On voit par là que le volant remplit un rôle très-utile ; il régularise le mouvement de la machine et empêche les trop grandes variations de vitesse ; en même temps, il reçoit l'excédant du travail moteur quand il y en a, et le tient en réserve pour le rendre quand il en est besoin.

CHAPITRE II.

LOIS DU FROTTEMENT.

229. Lorsqu'un corps repose sur un plan horizontal, il comprime un peu la partie du plan sur laquelle il repose, et, pour faire glisser le corps sur le plan, il faut le tirer avec une force horizontale suffisamment grande. La force horizontale capable de déterminer le mouvement mesure ce qu'on appelle le *frottement* au départ. Une fois que le mouvement a commencé, et que le corps possède une certaine vitesse, pour entretenir le mouvement et maintenir la vitesse constante, il faut tirer le corps avec une force horizontale convenable ; cette force mesure ce qu'on appelle le frottement pendant le mouvement. On distingue ces deux sortes de frottements, parce que le premier est en général plus grand que le second.

Lois du frottement au départ.

230. Les lois du frottement ont été trouvées par Coulomb dans le siècle dernier. Sur deux madriers en bois placés l'un à côté de l'autre, Coulomb posait une caisse rectangulaire, qu'il remplissait de boulets (*fig.* 163). A la caisse était attachée une corde passant sur une poulie placée à l'extrémité des madriers et portant à son extrémité inférieure un plateau dans lequel il mettait des poids gra-

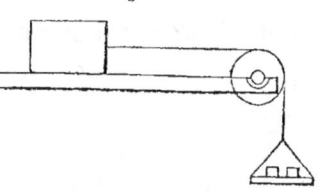

Fig. 163.

282 LIVRE IV. DES MACHINES.

dués. Sur les madriers et sous la caisse étaient fixées des plaques des substances dont il voulait mesurer le frottement.

Appelons P la charge de la caisse, en y comprenant le poids de la caisse elle-même ; dans le plateau, mettons des poids gradués peu à peu jusqu'à ce que le mouvement commence ; soient p ces poids gradués, y compris le poids du plateau ; il est clair que le frottement au départ est mesuré par la force p. Faisons varier la charge, en mettant de nouveaux boulets dans la caisse, et recommençons l'expérience ; soit P′ une nouvelle charge et p' les poids gradués qu'il faut mettre dans le plateau pour déterminer le mouvement ; de même P″ une troisième charge, et p'' les poids gradués, etc. A la pression normale P, que la caisse exerce sur les madriers, correspond le frottement p ; à la pression P′ le frottement p' ; à la pression P″ le frottement p'', etc. En comparant ces différents nombres, on reconnaît que les rapports

$$\frac{p}{P}, \quad \frac{p'}{P'}, \quad \frac{p''}{P''}, \quad \ldots$$

sont égaux entre eux. Ainsi,

Première loi. *Le frottement au départ est proportionnel à la pression normale.*

251. Faisons varier maintenant l'étendue des surfaces frottantes ; il suffit pour cela de mettre sous la caisse des plaques de la même substance, mais d'une étendue différente ; si l'on conserve la même charge P, on reconnaît qu'il faut le même poids p pour déterminer le mouvement. On en conclut :

Deuxième loi. *Le frottement au départ est indépendant de l'étendue des surfaces frottantes.*

Il résulte de là que, pour deux substances déterminées, le rapport $\frac{p}{P}$ est constant; ce rapport constant est ce qu'on appelle le *coefficient de frottement* relatif à ces deux substances; nous le désignerons par la lettre f_1. Mais la valeur de ce rapport varie avec la nature des substances, ou avec le degré de poli des surfaces.

Lois du frottement pendant le mouvement.

232. Revenons à la première expérience; mettons dans la caisse une charge P, et dans le plateau un poids p capable de déterminer le mouvement; une fois le mouvement commencé, il continue et va en s'accélérant. Si l'on observe les espaces parcourus par le plateau pendant la première seconde, pendant les deux premières secondes, etc., on reconnaît que les espaces sont proportionnels aux carrés des temps. On en conclut que le mouvement est uniformément accéléré; en désignant par γ l'accélération de ce mouvement, et par x l'espace parcouru dans le temps t, on aura $x = \frac{\gamma t^2}{2}$, d'où l'on déduit $\gamma = \frac{2x}{t^2}$; on déterminera l'accélération en observant le temps que la caisse met à parcourir toute la longueur des madriers.

Appelons T la tension de la corde pendant le mouvement, F le frottement éprouvé par la caisse et dirigé en sens contraire du mouvement. Le plateau, avec les poids gradués, est sollicité par deux forces verticales, son poids p et la tension T de la corde qui le sollicite en sens inverse; il est donc tiré de haut en bas par la force motrice $p - T$;

la force étant égale au produit de la masse $\frac{p}{g}$ du corps par l'accélération, on a

(1) $$p - T = \frac{p}{g}\gamma.$$

La caisse, avec les poids qu'elle contient, est sollicitée par deux forces horizontales, la tension T de la corde et la force de frottement F qui la sollicite en sens inverse ; en transportant ces forces parallèlement à elles-mêmes au centre de gravité (n° 213), et supposant la masse $\frac{P}{g}$ de la caisse concentrée en ce point, on voit que le mouvement de la caisse est produit par la force T — F, et l'on a la relation

(2) $$T - F = \frac{P}{g}\gamma.$$

Si l'on ajoute les deux relations (1) et (2) membre à membre, on élimine la tension T, et l'on obtient la relation

$$p - F = \frac{P+p}{g}\gamma\,;$$

d'où l'on déduit la force de frottement

(3) $$F = p - \frac{P+p}{g}\gamma.$$

Puisque l'accélération γ est constante, cette formule donne pour F une force constante pendant toute la durée du mouvement ; on en conclut cette première loi très-remarquable :

PREMIÈRE LOI. *Le frottement pendant le mouvement est indépendant de la vitesse du corps frottant.*

233. Supposons que l'on ait mis dans le plateau exacte-

ment les poids nécessaires pour déterminer le mouvement; le poids p mesure alors le frottement au départ ; l'équation (3) fait voir que le frottement pendant le mouvement est moindre que le frottement au départ. Avant que le mouvement commence, la tension de la corde est égale à p; car, le plateau étant en équilibre, les deux forces qui le sollicitent sont égales et opposées; mais, dès que le mouvement commence, la tension diminue brusquement pour conserver ensuite, pendant toute la durée du mouvement, la valeur constante donnée par l'équation (1).

234. Recommençons l'expérience en faisant varier la charge de la caisse; à la charge P correspond un frottement F, à la charge P' un frottement F', etc. En comparant ces nombres, on reconnaît que les rapports

$$\frac{F}{P},\ \frac{F'}{P'},\ \frac{F''}{P''},\ \ldots$$

sont égaux entre eux. Ainsi,

Deuxième loi. *Le frottement pendant le mouvement est proportionnel à la pression normale.*

En faisant varier l'étendue des surfaces frottantes, comme nous l'avons expliqué plus haut, on reconnaît ensuite que,

Troisième loi. *Le frottement pendant le mouvement est indépendant de l'étendue des surfaces frottantes.*

Il résulte des trois lois précédentes que, pour deux substances déterminées, le rapport $\frac{F}{P}$ est constant ; ce rapport constant est ce qu'on appelle le coefficient de frottement pendant le mouvement; nous le désignerons par la lettre f. Ce coefficient varie avec la nature et l'état des surfaces frottantes, leur degré de poli, la graisse dont on les enduit.

235. Nous donnons ici dans un tableau les coefficients de frottement des principales substances que l'on emploie dans l'industrie, tels qu'ils ont été déterminés par M. Morin.

INDICATION DES SURFACES ET DE LEUR ÉTAT.	COEFFICIENT DE FROTTEMENT OU RAPPORT du frottement à la pression.	
	Au départ.	Pendant le mouvement.
Bois sur bois, surfaces à sec.	0.50	0.36
— — mouillées d'eau. . .	0.68	0.25
— — enduites de savon sec.	0.36	0.14
— — enduites de suif. . .	0.19	0.07
Bois sur métaux, surfaces à sec.	0.60	0.42
— — mouillées d'eau. .	0.65	0.24
— — enduites de suif ou de saindoux. .	0.12	0.07
— — — d'huile d'olives.	0.10	0.06
Cordes ou chanvre ⎰ à sec.	0.63	0.45
en brin sur bois, ⎱ mouillées d'eau. . . .	0.87	0.33
Courroie en cuir, sur bois à sec..	0.47	0.30
— sur métal à sec.	0.54	0.30
— sur métal et onctueuses. .	0.28	0.18
— onctueuses et mouillées. .	0.38	0.25
Métaux sur métaux, à sec.	0.18	0.18
— avec saindoux.	0.10	0.09
— avec huile d'olives. . .	0.12	0.07

On remarque que pour les corps durs, métaux sur métaux, le frottement est à peu près le même au départ, et pendant le mouvement. Mais, pour les bois, le frottement au départ est beaucoup plus grand que le frottement pendant le mouvement.

Dans les machines en mouvement, pour diminuer le

frottement, et empêcher les surfaces frottantes de s'user rapidement, on les graisse avec soin; pour les métaux graissés, le coefficient de frottement diffère peu de 0,1 ; c'est le coefficient que l'on aura le plus souvent à employer dans les applications.

236. Lorsqu'un corps glisse sur un plan, le plan exerce deux réactions sur le corps, une réaction normale égale et contraire à la pression que le corps exerce sur le plan, et un frottement parallèle au plan et en sens inverse de la vitesse ; si l'on désigne par N la réaction normale et par f le coefficient de frottement, le frottement sera égal à fN. Ces deux forces, appliquées en un point M de la surface frottante, ont une résultante R' représentée par la diagonale du rectangle construit sur les deux forces N et fN (*fig.* 164). Si l'on appelle φ l'angle que fait la résultante R' avec la normale, on a

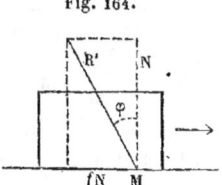

Fig. 164.

$$\tang \varphi = \frac{f\mathrm{N}}{\mathrm{N}} = f;$$

cet angle φ, qui est constant, et dont la tangente est égale au coefficient de frottement, se nomme *angle du frottement*. Ainsi, *quand un corps glisse sur un plan, la réaction du plan est une force oblique qui fait avec la normale au plan, et en sens contraire du mouvement, un angle égal à l'angle de frottement.*

Dans ce qui précède, nous avons supposé le corps mobile animé d'un mouvement de translation, de manière que tous les points aient au même instant des vitesses égales et parallèles; les réactions obliques éprouvées par les différents points de la surface frottante faisant le même angle φ avec la normale sont parallèles; elles admettent une résultante R' égale à leur somme, et appliquée en un certain point M de la surface frottante. C'est cette résultante R' qui constitue la réaction du plan sur le corps frottant.

237. Pour qu'un corps glisse sur un plan d'un mouvement uniforme, il faut que la réaction oblique R' du plan fasse équilibre aux autres forces qui agissent sur le corps; ces autres forces doivent donc admettre une résultante unique R égale et opposée à la réaction R'; la résultante R doit rencontrer la surface frottante, appuyer le corps contre le plan, et faire avec la normale, du côté du mouvement, un angle égal à l'angle de frottement.

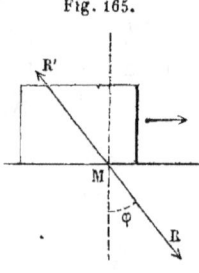

Fig. 165.

Lorsque le corps s'appuie contre le plan sans vitesse, si les forces qui agissent sur le corps ont une résultante R qui rencontre la surface d'appui et qui fasse avec la normale, d'un côté quelconque, un angle moindre que l'angle φ_1, dont la tangente est égale au coefficient f_1 de frottement au départ, il est clair que cette résultante sera détruite par la réaction oblique du plan et que le corps restera en repos. Mais l'équilibre ne sera stable que si l'angle de la résultante avec la normale est moindre que l'angle qui se rapporte au frottement pendant le mouvement. Si l'angle était compris entre φ et φ_1, la moindre secousse, une simple vibration, changeant la nature du frottement et remplaçant φ_1 par φ, suffirait pour détruire l'équilibre. Aussi, dans les questions relatives à la stabilité des édifices, des voûtes, et des murs de soutènement, se sert-on toujours du coefficient de frottement pendant le mouvement.

Ce que nous venons de dire de deux surfaces planes qui se touchent peut être étendu à deux surfaces courbes quelconques. Les deux surfaces se déforment et s'aplatissent un peu dans le voisinage du point de contact; il en résulte que les deux surfaces se touchent suivant un petit élément plan; le frottement sera le même que si l'on remplaçait les deux surfaces par leurs plans tangents au point de contact. La réaction totale exercée par la surface fixe sur la surface mobile est une force R', qui fait avec la normale commune aux deux surfaces, et en sens contraire du mouvement, un angle égal à φ.

CHAPITRE III.

PLAN INCLINÉ.

Cas où l'on néglige le frottement.

238. Le plan incliné est destiné principalement à l'élévation des fardeaux. Considérons un corps placé sur le plan incliné, et désignons par α l'angle que fait avec l'horizon la ligne de plus grande pente AB (*fig.* 166).

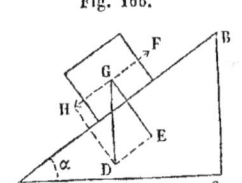

Fig. 166.

Décomposons le poids P du corps, qui est appliqué au centre de gravité G, et qui est dirigé suivant la verticale GD, en deux forces, l'une GE normale au plan, l'autre GH parallèle à la ligne de plus grande pente BA ; les angles DGE et BAC étant égaux entre eux, comme ayant leurs côtés respectivement perpendiculaires, les deux composantes GE et GH sont égales à $P\cos\alpha$ et à $P\sin\alpha$. La force normale produit une pression du corps sur le plan ; elle est détruite par la résistance du plan ; la force parallèle GH tend à faire descendre le corps le long du plan incliné. Nous négligeons d'abord le frottement. On voit que, si le corps est tiré par une force F parallèle à AB et égale à la force $P\sin\alpha$, il y aura équilibre ; par conséquent, si le corps est en repos, il restera en repos ; s'il a une vitesse parallèle à la ligne de plus grande pente, il montera ou descendra d'un mouvement uniforme. Ainsi, dans ce cas, la force motrice nécessaire pour faire monter le corps sur le plan incliné d'un mouvement uniforme est égale à $P\sin\alpha$; elle est d'autant plus petite que l'angle α est plus petit.

239. Supposons que l'on place le corps au sommet du plan incliné et qu'on l'abandonne à lui-même; la force constante GH, qui le sollicite dans le sens BA, le fera descendre d'un mouvement rectiligne uniformément accéléré, suivant la ligne de plus grande pente BA. L'accélération γ du mouvement étant égale au quotient de la force motrice $P \sin \alpha$ par la masse $\dfrac{P}{g}$, on aura

$$\gamma = g \sin \alpha.$$

Corps montant sur un plan incliné, avec frottement.

240. Proposons-nous d'abord de faire monter le corps d'un mouvement uniforme suivant la ligne de plus grande pente, à l'aide d'une force F parallèle à cette ligne (*fig.* 166). Nous avons décomposé le poids P en deux forces, l'une $P \cos \alpha$ normale, l'autre $P \sin \alpha$ parallèle au plan; la première est la pression que le corps exerce contre le plan; cette pression détermine un frottement égal à $fP \cos \alpha$, et dirigé en sens contraire du mouvement, c'est-à-dire dans la direction BA. On a donc ici deux forces résistantes, savoir: la composante parallèle du poids et le frottement. Si l'on suppose la masse concentrée au centre de gravité G, et les forces transportées en ce point parallèlement à elles-mêmes, les deux forces résistantes s'ajoutent; pour l'équilibre, c'est-à-dire pour le mouvement uniforme, il faudra que la force motrice F soit égale à la somme des deux forces résistantes, ce qui donne l'équation

(1) $$F = P \sin \alpha + fP \cos \alpha.$$

En remplaçant le coefficient de frottement f par $\tang\varphi$, on écrira cette équation sous la forme

$$(2) \qquad F = \frac{P \sin(\alpha + \varphi)}{\cos \varphi}.$$

241. Appelons l la longueur AB du plan incliné, et h sa hauteur BC. Si l'on fait parcourir au corps toute la longueur du plan incliné, le centre de gravité s'élevant de la hauteur h, le travail utile est Ph; d'autre part, le travail moteur est Fl. Quand on néglige le frottement, on a

$$F = P \sin \alpha;$$

d'où $\qquad Fl = Pl \sin \alpha = Ph;$

le travail utile est égal au travail moteur.

Mais, quand on tient compte du frottement, le travail résistant se compose de deux parties, le travail utile et le travail absorbé par le frottement, de telle sorte que le travail utile est plus petit que le travail moteur. On a, en effet,

$$F = P \sin \alpha + fP \cos \alpha;$$

d'où

$$Fl = Pl \sin \alpha + fPl \cos \alpha = Ph + fPl \cos \alpha,$$
$$T_m = T_u + T_f.$$

On évalue, comme nous l'avons dit, le rendement d'une machine, en prenant le rapport du travail utile au travail moteur; on a, en vertu de l'équation (2),

$$(3) \qquad \frac{T_u}{T_m} = \frac{Ph}{Fl} = \frac{\sin \alpha \cos \varphi}{\sin(\alpha + \varphi)} = \frac{1}{1 + f \cot \alpha}.$$

Ce rapport est d'autant plus petit que l'angle α lui-même est plus petit. On emploie surtout le plan incliné pour l'élévation des grands fardeaux; les routes qui gravissent les pentes ne sont autre chose que des plans inclinés. Afin de pouvoir, avec une force motrice peu considérable, élever un fardeau très-grand, on donne au plan incliné une pente très-faible; mais alors il y a une grande quantité de travail perdu, et le travail utile n'est qu'une très-petite partie du travail moteur. A ce point de vue, le plan incliné est une machine très-défectueuse.

242. Nous avons supposé jusqu'à présent la force motrice F parallèle à la ligne de plus grande pente AB; considérons le cas plus général où elle est située dans le plan vertical même par cette ligne et fait avec elle, au-dessus du plan, un angle β (*fig.* 167). Décomposons cette force, comme le poids, en deux forces : l'une GK, égale à $F \cos \beta$, parallèle au plan; l'autre GL, égale à $F \sin \beta$, normale. Les deux forces normales se retranchent; la pression du corps contre le plan est diminuée et devient $P \cos \alpha - F \sin \beta$;

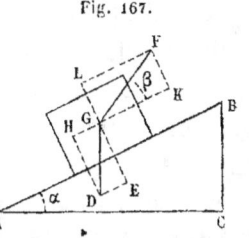

Fig. 167.

cette pression détermine un frottement $f(P \cos \alpha - F \sin \beta)$ parallèle au plan. Pour que le corps monte uniformément, il faut que la force motrice GK soit égale à la somme des deux résistances parallèles au plan, ce qui donne l'équation

$$F \cos \beta = P \sin \alpha + f(P \cos \alpha - F \sin \beta).$$

On en déduit

(4) $$F = P \frac{\sin \alpha + f \cos \alpha}{\cos \beta + f \sin \beta} = P \frac{\sin(\alpha + \varphi)}{\cos(\beta - \varphi)}.$$

La grandeur de la force F varie avec l'angle β; l'équation (4) montre que cette force est minimum quand l'angle β est égal à φ. Ainsi, la force motrice F, capable de faire monter le corps sur le plan incliné, est la plus petite possible, quand elle fait avec le plan, et au-dessus, un angle égal à l'angle de frottement.

Le travail moteur est ici $Fl\cos\beta$, et l'on a

$$(5) \qquad \frac{T_u}{T_m} = \frac{\sin\alpha}{\sin(\alpha+\varphi)} \times \frac{\cos(\beta-\varphi)}{\cos\beta}.$$

La fraction $\frac{\cos(\beta-\varphi)}{\cos\beta}$, ayant pour dérivée $\frac{\sin\varphi}{\cos^2\beta}$ par rapport à β, croît avec β; ainsi le travail absorbé par le frottement est d'autant moindre que l'angle β est plus grand.

243. On peut traiter la question précédente par une méthode synthétique. Le corps montant sur le plan incliné, la réaction totale exercée par le plan sur le corps est, comme nous l'avons vu au numéro 236, une force oblique R′, qui fait avec la normale GE′ et du côté opposé au mouvement un angle égal à l'angle de frottement (*fig.* 168). Pour l'équilibre, c'est-à-dire pour le mouvement uniforme, il faut que les deux forces P et F aient une résultante R égale et contraire à la réaction R′, et, par conséquent, dirigée suivant la droite GH qui fait avec la normale GE, du côté du mouvement, l'angle φ. Supposons d'abord la force F parallèle au plan; par le point D menons DH parallèle à AB, la droite DH représentera la force F. Du point D menons la droite DL perpendiculaire à GH; les deux angles EGH,

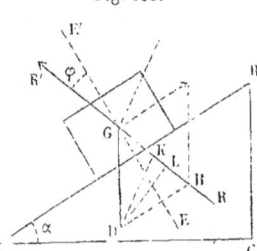

Fig. 168.

LDH, ayant leurs côtés perpendiculaires chacun à chacun, sont égaux; l'angle DHL, complémentaire de l'angle LDH, est égal à $\frac{\pi}{2} - \varphi$; d'ailleurs, l'angle DGH est égal à $\alpha + \varphi$.

Dans le triangle DGH, on a

$$\frac{F}{P} = \frac{DH}{GD} = \frac{\sin(\alpha + \varphi)}{\cos \varphi},$$

d'où
$$F = P \frac{\sin(\alpha + \varphi)}{\cos \varphi}.$$

C'est la relation (2) trouvée précédemment.

Supposons maintenant que la force motrice F fasse un angle β avec la ligne de plus grande pente. Une parallèle DK à cette direction représentera la force. L'angle KDH est égal à β, l'angle KDL à $\beta - \varphi$, et l'angle DKH complémentaire de ce dernier; dans le triangle GDK, on a

$$\frac{F}{P} = \frac{DK}{GD} = \frac{\sin(\alpha + \varphi)}{\cos(\beta - \varphi)},$$

d'où
$$F = P \frac{\sin(\alpha + \varphi)}{\cos(\beta - \varphi)}.$$

Puisque la force motrice est représentée par une droite DK, allant du point D à la droite GH, on voit que la force est minimum, quand elle est dirigée suivant la perpendiculaire DL, c'est-à-dire quand elle fait avec la direction DH du plan un angle égal à φ. Plus la force s'écarte de la direction DL, plus elle est grande.

Corps descendant sur un plan incliné.

244. Supposons qu'un corps descende sur un plan incliné, sans être sollicité par aucune autre force que son poids et la réaction du plan. Décomposons encore le poids P en deux forces, l'une normale $P \cos \alpha$, l'autre $P \sin \alpha$

parallèle à la ligne de plus grande pente BA (*fig.* 166). La pression normale P cos α détermine un frottement fP cos α dirigé en sens contraire du mouvement, c'est-à-dire dans le sens AB ; la composante parallèle du poids et le frottement, étant dirigés en sens contraires, se retranchent. Il y a plusieurs cas à distinguer, suivant que l'angle α est égal, supérieur, ou inférieur à l'angle de frottement φ.

1° Lorsque l'angle α est égal à φ, les deux forces parallèles au plan P sin α et fP cos α sont égales et se font équilibre ; le corps, animé d'une certaine vitesse initiale dans le sens BA, et abandonné à lui-même, descendra d'un mouvement uniforme.

2° Lorsque l'angle α est supérieur à φ, la force P sin α est plus grande que le frottement ; la résultante de ces deux forces P sin α — fP cos α, ou $P \dfrac{\sin(\alpha - \varphi)}{\cos \varphi}$, est dirigée dans le sens BA. Si l'on place le corps sur le plan incliné, avec une vitesse initiale dans le sens BA, et qu'on l'abandonne à lui-même, il descendra d'un mouvement uniformément accéléré, avec l'accélération

$$\gamma = g \frac{\sin(\alpha - \varphi)}{\cos \varphi}.$$

On empêchera le mouvement de s'accélérer, en retenant le corps avec une force parallèle au plan et égale à $P \dfrac{\sin(\alpha - \varphi)}{\cos \varphi}$.

3° Lorsque l'angle α est plus petit que φ, la force de frottement est plus grande que la composante parallèle du poids, et la résultante fP cos α — P sin α, ou $P \dfrac{\sin(\varphi - \alpha)}{\cos \varphi}$, de ces deux forces est dirigée dans le sens AB. Si le corps est placé sur le plan incliné avec une vitesse initiale, dirigée dans le sens BA, il descendra d'un mouvement uniformément retardé, avec une accélération négative égale à

$$-g\frac{\sin(\alpha-\varphi)}{\cos\varphi}.$$

Après un certain temps, la vitesse deviendra nulle; le corps s'arrêtera, et restera en repos sur le plan incliné. On ferait descendre le corps d'un mouvement uniforme, en le tirant dans le sens BA avec une force égale à $P\dfrac{\sin(\varphi-\alpha)}{\cos\varphi}$.

245. Lorsque l'inclinaison α du plan est plus grande que l'angle φ, nous avons vu que le corps descend d'un mouvement uniforme, s'il est retenu par une force parallèle au plan et égale à $P\dfrac{\sin(\alpha-\varphi)}{\cos\varphi}$. Supposons que la force F qui retient le corps soit située dans le plan vertical passant par la ligne de plus grande pente, et fasse avec cette ligne, au-dessous du plan, un angle égal à β (*fig.* **169**). Décomposons la force F, comme le poids, en deux forces, l'une normale $F\sin\beta$, l'autre $F\cos\beta$ parallèle au plan; les deux forces normales s'ajoutent et produisent une pression égale à $P\cos\alpha + F\sin\beta$; cette pression donne naissance à un frottement $f(P\cos\alpha + F\sin\beta)$, dirigé en sens contraire du mouvement, c'est-à-dire dans le sens AB. Pour le mouvement uniforme, il faut que la force $P\sin\alpha$, qui fait descendre le corps, soit

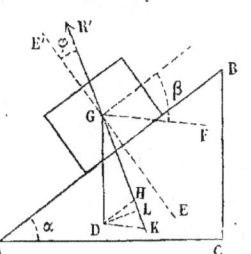

Fig. 169.

égale à la somme des deux forces qui le retiennent, ce qui donne l'équation

$$P \sin \alpha = F \cos \beta + f(P \cos \alpha + F \sin \beta);$$

d'où l'on déduit

(6) $$F = P \frac{\sin \alpha - f \cos \alpha}{\cos \beta + f \sin \beta} = P \frac{\sin (\alpha - \varphi)}{\cos (\beta - \varphi)}.$$

La force F est minimum quand $\beta = \varphi$.

Une construction synthétique, analogue à celle du numéro 243, conduit au même résultat. La réaction totale R' que le plan exerce sur le corps fait avec la normale GE' un angle égal à φ, du côté opposé au mouvement; pour l'équilibre, la résultante R des deux forces P et F doit être dirigée en sens contraire. Une droite DK, menée par le point D parallèlement à la force F, représentera la grandeur de cette force; l'angle DGK est égal à $\alpha - \varphi$, l'angle DKG est complémentaire de l'angle KDL qui est égal à $\beta - \varphi$; dans le triangle GDK, on a

$$\frac{F}{P} = \frac{DK}{GD} = \frac{\sin (\alpha - \varphi)}{\cos (\beta - \varphi)}.$$

On voit aussi que la force F est minimum quand elle est perpendiculaire à GK, c'est-à-dire quand elle fait avec le plan, et en dessous, un angle égal à φ.

246. Il importe de remarquer que le sens du frottement change quand le sens du mouvement change. Lorsque le corps monte sur le plan incliné, le frottement est dirigé de haut en bas, et s'ajoute à la composante du poids. Supposons qu'on lance le corps sur le plan incliné (*fig.* 170), avec une vitesse initiale v_0 dirigée de bas en haut, suivant la li-

gne de plus grande pente, puis qu'on l'abandonne à lui-même; la résultante $P(\sin\alpha + f\cos\alpha)$, ou $P\dfrac{\sin(\alpha+\varphi)}{\cos\varphi}$, des deux forces qui le sollicitent dans le sens BA, produira une accélération négative $-g\dfrac{\sin(\alpha+\varphi)}{\cos\varphi}$; le mouvement sera uniformément retardé, et l'on aura

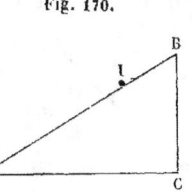
Fig. 170.

$$v = v_0 - \frac{g\sin(\alpha+\varphi)}{\cos\varphi} t,$$

$$x = v_0 t - \frac{g\sin(\alpha+\varphi)}{2\cos\varphi} t^2.$$

La vitesse deviendra nulle au temps $t_1 = \dfrac{v_0 \cos\varphi}{g\sin(\alpha+\varphi)}$, le corps ayant parcouru sur le plan la longueur

$$AI = \frac{v_0^2 \cos\varphi}{2g\sin(\alpha+\varphi)}.$$

Arrivé au point I, le corps y restera en repos, si α est plus petit que φ; mais si α est plus grand que φ, le corps redescendra d'un mouvement uniformément accéléré, avec une accélération égale à $g\dfrac{\sin(\alpha-\varphi)}{\cos\varphi}$. En comptant le temps à partir de l'instant où le mobile arrive en I, et les distances à partir de ce point I, on a, pour cette seconde partie du mouvement,

$$v' = \frac{g\sin(\alpha-\varphi)}{\cos\varphi} t',$$

$$x' = \frac{g\sin(\alpha-\varphi)}{2\cos\varphi} t'^2.$$

Le mobile revient au point A, après le temps

$$t_1' = \sqrt{\frac{2 \cdot A1 \cdot \cos\varphi}{g \sin(\alpha-\varphi)}} = \frac{v_0 \cos\varphi}{g\sqrt{\sin(\alpha-\varphi)\sin(\alpha+\varphi)}},$$

et avec la vitesse

$$v_1' = v_0 \sqrt{\frac{\sin(\alpha-\varphi)}{\sin(\alpha+\varphi)}}.$$

On en déduit les relations

$$\frac{v_1'}{v_0} = \frac{t_1}{t_1'} = \sqrt{\frac{\sin(\alpha-\varphi)}{\sin(\alpha+\varphi)}}.$$

On voit que le mobile revient au point A avec une vitesse v_1' moindre que la vitesse initiale v_0; et, en effet, il y a eu une quantité de puissance vive perdue égale à la quantité de travail absorbée par le frottement. La durée de la descente est plus grande que celle de la montée.

CHAPITRE IV.

LEVIER.

247. On appelle *levier*, d'une manière générale, un corps solide assujetti à tourner autour d'un point fixe. Pour que des forces se fassent équilibre sur le levier, il est nécessaire et il suffit que ces forces admettent une résultante unique passant par le point fixe (n° 182); cette résultante est la pression supportée par le point fixe. On traduit analytiquement cette condition d'équilibre par trois équations; si par le point fixe on mène trois axes rectangulaires, on écrira que la somme des moments des forces, par rapport à chacun des axes, est nulle (n° 190).

248. Considérons, en particulier, le cas où le levier n'est sollicité que par deux forces, une puissance P et une résistance Q (*fig.* 171). Pour que ces deux forces admettent une résultante, il faut qu'elles soient dans un même plan (n° 176); cette résultante devant passer par le point O, il faut, en outre, que ce plan contienne le point O. Ainsi, *une première condition d'équilibre, c'est que la puissance et la résistance soient dans un même plan avec le point fixe.*

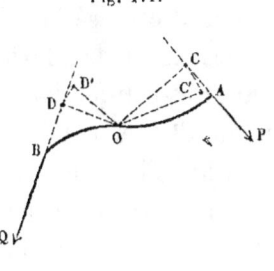

Fig. 171.

Supposons cette condition remplie; du point O abaissons des perpendiculaires OC et OD sur les forces, et désignons par a et b les longueurs de ces perpendiculaires; les moments des forces par rapport au point O, dans le plan de ces forces, ont pour valeurs absolues Pa et Qb; on sait que le moment de la résultante est égal à la somme algébrique des moments des deux forces proposées (n° 184); si la résultante passe par le point O, son moment est nul, et, par conséquent, les moments des deux forces sont égaux et de signes contraires. Réciproquement, quand cette condition est remplie, la résultante, ayant son moment nul, passe par le point O. Ainsi, *une seconde condition d'équilibre, c'est que la puissance et la résistance aient, par rapport au point fixe, des moments égaux et de signes contraires.*

Les perpendiculaires OC et OD, abaissées du point O sur les forces, s'appellent les *bras* du levier. De la relation

$$Pa = Qb,$$

on déduit

$$\frac{P}{Q} = \frac{b}{a}.$$

La puissance et la résistance sont entre elles en raison inverse des bras du levier.

249. Il est aisé de vérifier ici le théorème du travail. Supposons que le levier tourne autour du point O d'un angle très-petit et dans le sens de la puissance. Imaginons l'angle COD rigide et lié invariablement au levier, et concevons que les deux forces soient appliquées; l'une en C, l'autre en D; le levier coudé COD a tourné d'un angle très-petit, pour venir dans la position C'OD'. Appelons Δt l'intervalle de temps pendant lequel s'accomplit le mouvement, et ω la vitesse angulaire de rotation; les vitesses des points C et D sont ωa et ωb; la première est dirigée dans la direction de la force P, la seconde en sens contraire de la force Q; en portant dans ces directions les dé-

placements $\omega a\,\Delta t$ et $\omega b\,\Delta t$, on a les travaux élémentaires $P\omega a\,\Delta t$ et $-Q\omega b\,\Delta t$ (n° 194). Puisque $Pa-Qb=o$, on a

$$P\omega a\,\Delta t - Q\omega b\,\Delta t = o.$$

Ainsi, la somme algébrique des travaux élémentaires est nulle; en d'autres termes, le travail moteur est égal au travail résistant.

Ce que nous venons de dire peut être appliqué au cas où toutes les forces qui agissent sur le levier sont situées dans un même plan avec le point O. Pour que la résultante de ces forces passe par le point O, il est nécessaire et il suffit que la somme algébrique des moments des forces, par rapport au point O, soit nulle, et on verra de la même manière que la somme algébrique des travaux élémentaires est nulle.

250. On distingue ordinairement trois espèces de levier : dans le levier de première espèce (*fig.* 172), la puissance et la résistance sont situées de part et d'autre du point fixe; dans les deux autres espèces de levier, la puissance et la résistance sont placées d'un même côté du point fixe; on dit que le levier est de seconde espèce (*fig.* 173), lorsque la résistance est plus près du point fixe que la puissance; de troisième espèce (*fig.* 174), quand au contraire la puissance est plus près du point fixe que la résistance. Dans les deux premiers leviers, la résistance est plus grande que

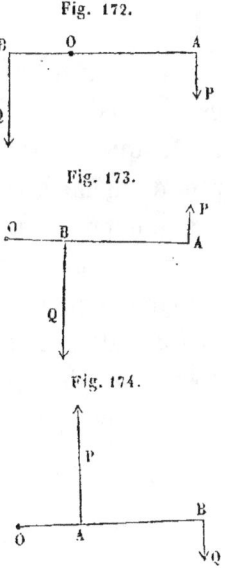

Fig. 172.

Fig. 173.

Fig. 174.

la puissance; elle est, au contraire, plus petite dans le troisième.

251. Jusqu'à présent nous avons négligé le poids du levier; on l'introduira comme une nouvelle force appliquée au centre de gravité. Considérons en particulier le levier de seconde espèce, dans lequel nous supposerons la puissance et la résistance verticales; le poids p du levier est appliqué au centre de gravité G, à une distance c du point O (*fig.* 175). Les trois forces qui agissent sur le levier sont dans un même plan avec le point fixe O; en prenant les moments par rapport au point O, on a l'équation d'équilibre

$$Pa - Qb - pc = o;$$

d'où
$$P = \frac{Qb + pc}{a}.$$

Quand on néglige le poids du levier, la puissance capable de faire équilibre à la résistance Q est d'autant plus faible que son bras de levier a est plus long. Il n'en est plus de même quand on tient compte du poids du levier; son moment pc augmente avec la longueur du levier, il en résulte une augmentation de la puissance P. On peut se demander quelle longueur il faut donner au levier pour que la puissance ait la plus petite valeur possible. Supposons le levier formé avec une barre homogène; désignons par p_1 le poids de l'unité. Nous aurons $p = p_1 a$, $c = \dfrac{a}{2}$, et l'équation des moments devient

$$Pa - Qb - \frac{p_1 a^2}{2} = o.$$

On en déduit

$$a = \frac{P \pm \sqrt{P^2 - 2Qp_1 b}}{p_1}.$$

Le minimum de la puissance est $P = \sqrt{2Qp_1 b}$, et la longueur correspondante du levier $a = \sqrt{\dfrac{2Qb}{p_1}}$.

Balances.

252. La balance est un levier de première espèce. Le levier AB (*fig.* 176), que l'on nomme *fléau* de la balance, tourne autour de son milieu. A cet effet, un prisme triangulaire, appelé *couteau*, implanté perpendiculairement au fléau, repose par son arête inférieure, de chaque côté, sur un plan d'acier poli ou de pierre dure. Cette arête du prisme détermine l'axe de rotation. Le fléau porte à ses extrémités deux autres prismes plus petits A et B, placés en sens inverse du précédent; sur les arêtes supérieures de ces prismes s'appuient les crochets auxquels sont attachées les cordes ou les tiges qui portent les deux plateaux C et D de la balance. Dans l'un des plateaux, on met le corps que l'on veut peser, dans l'autre des poids gradués.

Fig. 176.

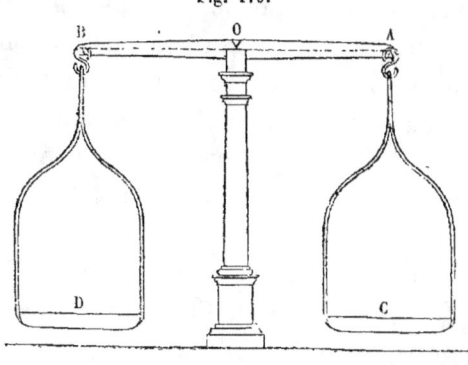

Les conditions que doit remplir une bonne balance sont : 1° que les trois points A, O, B soient en ligne droite, c'est-à-dire que les deux points de suspension A et B soient en ligne droite avec le centre de rotation O ; 2° que les deux bras du levier OA et OB soient égaux entre eux ; 3° que le centre de gravité G du fléau soit sur une droite OG perpendiculaire à AB, et à une distance très-petite OG au-dessous du centre de rotation (*fig.* 177).

Appelons P et Q les poids placés dans les plateaux C et D, en y comprenant les poids des plateaux, des cordes, et des crochets qui les supportent ; ces forces peuvent être considérées comme appliquées en A et en B. Supposons le fléau horizontal : la droite OG sera verticale ; le poids p du fléau, appliqué au point G, pouvant être transporté en O, sera détruit par la résistance du plan fixe ; si les deux bras du levier, OA et OB, sont égaux entre eux, il y aura équilibre, quand les deux forces parallèles P et Q seront égales. Mais, dans la pratique, quand il s'agit de pesées délicates, on n'admet pas cette égalité rigoureuse des deux bras du levier qu'il est très-difficile d'obtenir ; on applique la méthode des doubles pesées. On met le corps que l'on veut peser dans un des plateaux ; on lui fait équilibre avec de la grenaille de plomb placée dans l'autre plateau ; on enlève ensuite le corps et on le remplace par des poids gradués, de manière à rétablir l'équilibre. Les poids gradués, étant placés dans les mêmes conditions que le corps, indiquent exactement son poids, quelles que soient les longueurs des bras du levier.

253. Nous avons dit que le centre de gravité G du fléau doit être placé sur une droite OG perpendiculaire à AB, au-dessous et à une très-petite distance du point O (*fig.* 177).

Pour bien faire comprendre l'importance de cette disposition dans la construction de la balance, nous supposerons les deux bras du levier, OA et OB, parfaitement égaux entre eux. Il résulte de ce qui précède que le fléau est en équilibre dans la position horizontale AB, lorsque les deux forces P et Q sont égales. Mais on n'arrive pas immédiatement à cette égalité des forces ; il faut, pour que la balance soit bonne, que le fléau s'incline du côté de la plus grande force P, pour arriver à une position d'équilibre oblique A'B', qui fasse avec l'horizontale un angle d'autant plus grand que la différence des forces est plus grande.

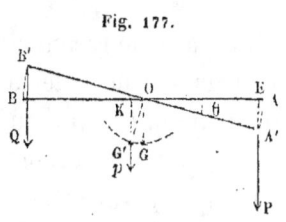

Fig. 177.

Décomposons la force P en deux, l'une Q, l'autre P — Q : les deux forces Q ayant leur résultante appliquée en O et détruite par la résistance du plan fixe, on peut en faire abstraction ; il reste à considérer la force P — Q appliquée en A', et le poids p du fléau appliqué au centre de gravité G'. Ces deux forces tendent à faire tourner le fléau en sens contraires. Appelons $2l$ la longueur du fléau AB, a la distance OG, θ l'angle variable AOA'. La perpendiculaire OE, abaissée du centre de rotation O sur la force P, a pour valeur $l\cos θ$, et diminue à mesure que l'angle θ augmente. Le centre de gravité G' décrit un arc de cercle GG'; la perpendiculaire OK, abaissée du point O sur la force p, a pour valeur $a\sin θ$ et augmente avec l'angle θ. Il résulte de là que, lorsque l'angle θ augmente de zéro à 90 degrés, le moment de la force P — Q diminue jusqu'à zéro, tandis que le moment de la force p augmente à partir de zéro ; il y a donc une position pour laquelle les deux moments sont égaux et de signes contraires, et alors les forces se font équilibre sur le levier. Cette position d'équilibre est donnée par l'équation

$$(P - Q) l \cos\theta = pa \sin\theta ;$$

d'où

(1) $$\tang\theta = \frac{(P-Q) l}{pa}.$$

Il est aisé de reconnaître que la position d'équilibre que nous venons de déterminer est stable; car si l'angle est plus petit que celui qui convient à l'équilibre, la force $P - Q$, ayant son moment supérieur à celui de la force p, l'emporte sur celle-ci, et fait marcher le fléau vers la position d'équilibre $A'B'$; si, au contraire, l'angle est plus grand, la force p, ayant son moment plus grand que celui de la force $P - Q$, ramène le fléau à la position d'équilibre $A'B'$.

L'angle θ, donné par la formule (1), est d'autant plus grande que la différence $P - Q$ des poids est plus grande. On dit qu'une balance est *sensible*, lorsqu'elle s'incline d'un angle θ appréciable pour une différence de poids très-petite. Afin d'augmenter la sensibilité de la balance, on construit le fléau de manière que son centre de gravité G soit très-près du point d'appui O; on voit, en effet, que, pour une différence de poids donnée, l'angle θ sera d'autant plus grand que la distance OG ou a sera plus petite. On augmente aussi la sensibilité d'une balance en rendant l très-grand, c'est-à-dire en faisant le fléau très-long; mais, pour que le poids p du fléau n'augmente pas dans le même rapport, et afin de lui laisser une rigidité suffisante, on a soin de l'évider.

Tout ce que nous venons de dire suppose que le centre

de gravité G du fléau est situé au-dessous du point d'appui O. S'il était placé au-dessus, les deux forces P — Q et p tendraient à faire tourner le fléau autour du point O dans le même sens, et, si petite que soit la différence des poids, le fléau s'éloignerait de plus en plus de la position horizontale et chavirerait complétement; on dit que la balance serait *folle*. Il en serait de même, si le centre de gravité coïncidait avec le point O.

254. Nous avons supposé jusqu'à présent les trois points A, O, B en ligne droite. Voyons ce qui arriverait si ces trois points n'étaient pas en ligne droite (*fig.* 178). Supposons que la droite AB, dans la position horizontale, passe au-dessous du point d'appui, à une distance OI, que nous désignerons par b, les deux bras du levier IA et IB étant toujours égaux entre eux. La position horizontale est encore une position d'équilibre, quand les deux forces P et Q sont égales. Si la force P est plus grande que la force Q, la balance s'inclinera du côté de la plus grande force, et arrivera à une position d'équilibre oblique A′B′; mais la sensibilité de la balance sera altérée. En effet, décomposons comme précédemment la force P en deux, l'une Q, l'autre P — Q; les deux forces Q ont leur résultante 2Q appliquée au point I′, milieu de A′B′; cette résultante, dont le moment est $2Qb\sin\theta$, agit dans le même sens que la force p appliquée en G′. Cherchons le moment de la force P — Q appliquée en A′ : son bras de levier est la projection de la droite OA′ sur l'horizontale, ou la projection de la ligne brisée OIA′, c'est-à-dire $-b\sin\theta + l\cos\theta$; le

moment de la force P—Q est donc (P—Q) ($l\cos\theta - b\sin\theta$). La position d'équilibre sera donnée par l'équation

$$(P-Q)(l\cos\theta - b\sin\theta) = pa\sin\theta + 2Qb\sin\theta;$$

d'où l'on déduit

(2) $$\tang\theta = \frac{(P-Q)l}{pa + (P+Q)b}.$$

On voit que l'angle θ, et par suite la sensibilité de la balance, est diminué d'autant plus que le poids que l'on veut évaluer est plus considérable.

Romaine.

255. La balance dite *romaine* se compose d'un levier de première espèce, assujetti à tourner autour d'un point fixe O (*fig.* 179). Au point B, par le moyen d'un crochet, est attaché le fardeau Q que l'on veut peser; on lui fait équilibre par un poids constant P, que l'on fait glisser le long du bras AC. Appelons b la distance constante OB, c la distance OG du point O au centre de gravité G du levier, p le poids du levier. On a l'équation d'équilibre

(1) $$P \times OM = Qb + pc.$$

Fig. 179.

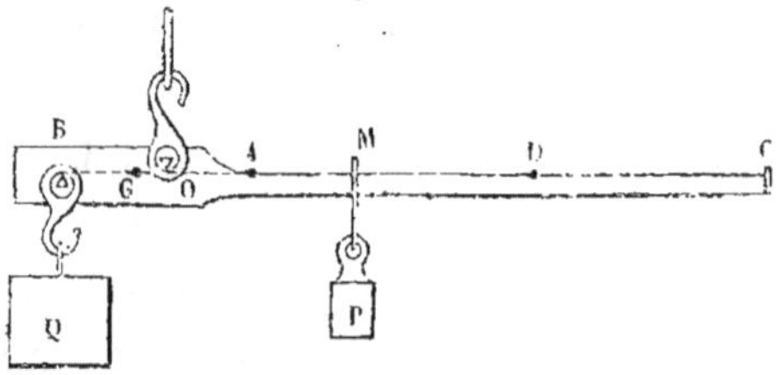

Soit A le point où il faut placer le poids mobile P pour

l'équilibre, quand aucun fardeau n'est suspendu en B; l'équation (1) se réduit à

$$P \times OA = pc.$$

En retranchant cette équation de l'équation (1), membre à membre, on a

$$P \times AM = Qb;$$

d'où

(2) $$AM = Q \times \frac{b}{P}.$$

Ainsi, la distance AM est proportionnelle au poids Q que l'on veut évaluer. Il est très-facile, d'après cela, de graduer l'instrument. On fait deux expériences : la première détermine le point A, comme nous l'avons dit; dans la seconde, on suspend en B un poids connu, par exemple un poids de 100 kilogrammes; soit D le point où il faut amener le poids constant P pour l'équilibre : on divise la longueur AD en 100 parties égales; on marque zéro au point A, 100 au point D, et on prolonge les divisions au delà du point D. Quand on veut ensuite peser un corps, on fait glisser le poids P jusqu'à ce qu'il y ait équilibre; lisant ensuite sur la droite AC le numéro correspondant, on a le poids cherché en kilogrammes.

Cette balance n'est pas susceptible d'une précision aussi grande que la balance ordinaire; mais elle est très-commode, parce qu'elle dispense de poids gradués : c'est pourquoi on l'employait fréquemment dans le commerce pour peser les ballots. On lui préfère aujourd'hui une nouvelle balance qu'on appelle *bascule*, et que nous décrirons en peu de mots.

Bascule du commerce.

256. Cette balance se compose de trois leviers (*fig.* 180) : le premier CD tournant autour du point C, le second OB tournant autour du point fixe O, le troisième B′E tournant autour du point fixe O′. Le levier CD porte un tablier en bois, sur lequel on place le corps que l'on veut peser. Le point C est le sommet d'une courte tige CA, fixée perpendiculairement au levier OB. Deux tiges verticales DA′, BB′, articulées à charnière à leurs extrémités, unissent les deux premiers leviers au troisième B′E. En E est attaché un plateau, dans lequel on met des poids gradués P pour l'équilibre.

Soit Q le poids du corps, M le point où la verticale, menée par son centre de gravité, rencontre la droite CD ; on peut décomposer la force Q, appliquée en M, en deux forces parallèles, appliquées en D et en C. La composante, appliquée en D, est égale à $\dfrac{Q \times CM}{CD}$; on la transporte en A′ par le moyen de la tige verticale DA′. La composante appliquée en C, que nous appellerons Q′, est égale à $Q - \dfrac{Q \times CM}{CD}$; on peut la considérer comme appliquée en A au premier levier. On décomposera la force Q′, appliquée en A, en deux forces parallèles, appliquées en O et en B. La composante, appliquée en O, est détruite par la résistance du point fixe O ; la composante, appliquée en B, est égale à $\dfrac{Q' \times OA}{OB}$; on la transportera en B′ par le moyen de la tige verticale BB'. Deux forces sont ainsi appliquées en A' et B' au levier EB'; pour que les poids gradués P leur fassent équilibre, il faut que l'on ait

$$P \times O'E = \frac{Q \times CM}{CD} \times O'A' + \frac{Q' \times OA}{OB} \times O'B',$$

ou, en remplaçant la force Q' par sa valeur $Q - \frac{Q \times CM}{CD}$,

(1) $\quad P \times O'E = Q \times \dfrac{OA.O'B'}{OB} + Q \times \dfrac{CM(O'A'.OB - OA.O'B')}{CD.OB}.$

Il faut construire la balance de manière que la valeur des poids gradués P soit indépendante de la place qu'occupe le corps sur le tablier; la seule longueur variable étant CM, cette condition sera remplie si l'on a

$$O'A'.OB - OA.O'B' = 0,$$

ou

(2) $\quad \dfrac{O'A'}{O'B'} = \dfrac{OA}{OB}.$

Ainsi, on construit la balance de manière que les deux bras de levier O'A' et O'B' soient proportionnels à OA et OB. L'équation (1) se réduit alors à

$$\frac{P}{Q} = \frac{OA.O'B'}{OB.O'E}.$$

Si l'on remplace O'B' par sa valeur tirée de la relation (2), il vient

(3) $\quad \dfrac{P}{Q} = \dfrac{O'A'}{O'E}.$

Tel est le rapport constant des poids gradués P au poids Q.

CHAPITRE V.

POULIE.

Poulie fixe.

257. La *poulie* est un disque circulaire pouvant tourner autour d'un axe mené par son centre perpendiculairement à son plan (*fig.* 181). A cet effet, une petite ouverture circulaire est percée au centre de la poulie; par cette ouverture passe l'axe, dont les deux extrémités sont portées par la chape de la poulie. Cette *chape* se compose d'une pièce de fer dont les deux branches embrassent la poulie; elle se termine, à sa partie supérieure, par un crochet que l'on peut assujettir à un point fixe. Une *gorge* est creusée sur la circonférence de la poulie, et dans cette gorge passe une corde aux extrémités de laquelle agissent deux forces, la puissance P appliquée en A, la résistance Q en B (*fig.* 182).

Fig. 181.

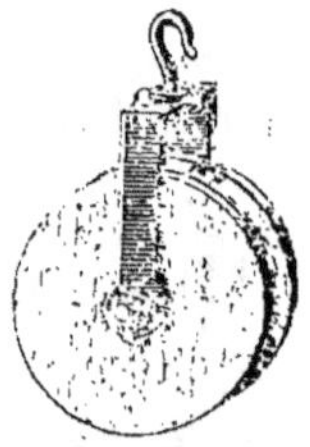

Fig. 182.

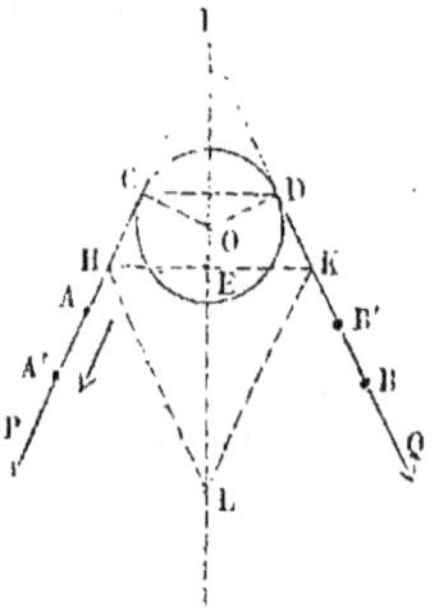

Les moments de ces deux forces, par rapport à l'axe de rotation, ou, ce qui est la même chose, par rapport au point O, sont P × OC et Q × OD; d'ailleurs, les forces tendent à faire tourner la poulie en sens contraires. Il y aura équilibre, si la somme algébrique des moments est nulle. Les deux perpendiculaires OC et OD étant égales, il faut pour cela que la puissance P soit égale à la résistance Q. Quand cette condition est remplie, la poulie reste en repos si elle est en repos; si elle est en mouvement, elle tourne autour de son axe d'un mouvement uniforme (n° 220).

Ordinairement, la poulie tourne dans le sens de la puissance. Supposons que le point d'application A de la puissance parcoure sur la droite CA, et dans la direction CA prolongée, une certaine longueur AA′, le point d'application B de la résistance décrira sur la droite BD une longueur égale BB′. Le travail moteur est $P \times AA'$, le travail résistant $Q \times BB'$; on voit que le travail moteur est égal au travail résistant. La poulie fixe, que nous venons de décrire, a simplement pour but de changer la direction de la force P sans changer sa grandeur : le travail n'est pas modifié.

258. Cherchons la pression que supporte l'axe de la poulie ; prolongeons les deux droites AC et BD jusqu'à leur rencontre en I ; supposons ce point I lié invariablement au système, et transportons en ce point les deux forces P et Q. Ces deux forces égales auront une résultante R dirigée suivant la bissectrice IO de l'angle COD; on transportera cette résultante en O, et l'on aura la pression supportée par l'axe. Soient IH et IK les longueurs qui représentent les deux forces P et Q appliquées en I, la diagonale IL du losange formé sur ces deux droites égales représentera la résultante R. Appelons 2α l'angle CID des deux cordons : les diagonales du losange se coupant à angle droit, on a

$$IL = 2IE = 2IH \cos \alpha,$$

c'est-à-dire

(1) $$R = 2P \cos \alpha.$$

On peut énoncer ce résultat d'une autre manière : les

316　　　　LIVRE IV. DES MACHINES.

deux triangles COD, IHL sont semblables, comme ayant leurs côtés respectivement perpendiculaires, et l'on a

$$\frac{IL}{IH} = \frac{CD}{OC},$$

ou

(2) $$\frac{R}{P} = \frac{CD}{OC}.$$

Quand les deux cordons sont parallèles, l'angle 2α devient nul, et la droite CD égale au diamètre; on a, dans ce cas, $R = 2P$.

Poulie mobile.

259. Considérons une poulie sur laquelle est enroulée une corde BDCA (*fig.* 183), dont l'extrémité B est attachée à un point fixe, et l'autre extrémité A tirée par une force P; la poulie sera soulevée, et l'on comprend que l'on pourra vaincre ainsi une certaine résistance Q appliquée à la *chape* de la poulie, et par conséquent en son centre O. Le point fixe B exerce sur le cordon BD une certaine réaction T dirigée suivant le prolongement de ce cordon; cette réaction T se transmet tout le long du cordon, et l'on peut supprimer le point fixe B en introduisant cette force T qui provient de la résistance de ce point. Trois forces agissent sur la poulie : la puissance P, que l'on peut supposer appliquée en C; la tension du cordon DB, que l'on peut supposer appliquée en D, et la résistance Q, appliquée en O. Pour que ces trois forces se fassent

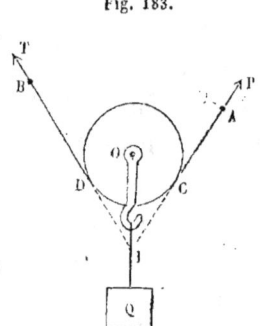

Fig. 183.

équilibre, il faut, comme nous l'avons dit au numéro 174, qu'elles soient dans un même plan, qu'elles concourent, et qu'elles se fassent équilibre au point de concours. Le plan de la poulie doit donc contenir la résistance Q. Les deux forces P et T devant concourir en un point I de la force Q, et cette force Q passant par le centre, les deux cordons CA et DB font des angles égaux avec la direction de la résistance Q. La résultante des deux forces P et T appliquées en I, devant être égale et opposée à la force Q, est dirigée suivant la droite IO; comme cette droite IO est la bissectrice de l'angle AIB, on en conclut que les deux forces P et T sont égales entre elles; ainsi la tension est la même tout le long de la corde. Si l'on appelle 2α l'angle AIB des deux cordons, on trouve, comme précédemment,

(3) $$Q = 2P \cos \alpha,$$

ou $$P = \frac{Q}{2 \cos \alpha}.$$

La poulie s'élevant, l'angle 2α varie, et la puissance P change sans cesse de valeur pendant la durée du mouvement.

Quand l'angle 2α est voisin de 180°, la puissance P capable de faire équilibre à la résistance Q est très-grande. Quand les deux cordons sont parallèles, on a $Q = 2P$, ou $P = \frac{Q}{2}$. Il est facile, dans ce cas, de vérifier le théorème du travail. Supposons que le centre O de la poulie se soit élevé de la quantité OO' (*fig.* 184). La corde occupait d'abord la position BDCA; la longueur comprise entre le point B et le point A a été diminuée des

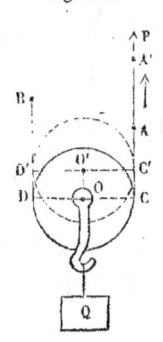

Fig. 184.

deux portions CC' et DD'; la corde conservant la même longueur, il est évident que son extrémité A a marché d'une longueur AA' égale à CC'+DD', c'est-à-dire égale à 2OO'. Le travail moteur est donc P×2OO', le travail résistant Q×OO'; puisque Q=2P, ces deux travaux sont égaux entre eux.

Moufles.

260. On appelle *moufles* des combinaisons de poulies qui permettent d'augmenter la puissance autant qu'on veut. Voici une première combinaison : à une forte traverse en bois (*fig.* 185) sont fixés des crochets B, B', B", ...; un

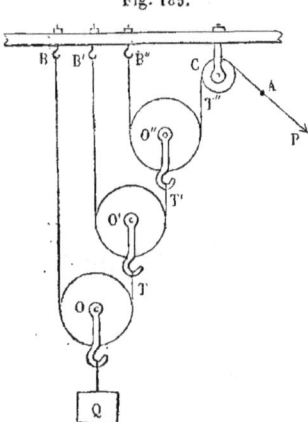

Fig. 185.

cordon, attaché au crochet B, s'enroule sur la poulie O, et s'attache par son autre extrémité à la chape de la poulie O'; un second cordon, attaché au crochet B', s'enroule sur la poulie O', et s'attache par son autre extrémité à la chape de la poulie O", et ainsi de suite; le dernier cordon passe sur une poulie de renvoi C. La resistance Q est appliquée à la chape de la première poulie, la puissance P au dernier cordon en A. Les cordons sont parallèles.

Appelons T, T' T"',... les tensions des différents cordons. La tension T du premier cordon joue le rôle de puissance par rapport à la poulie O, et l'on a

$$Q = 2T.$$

Cette tension T, prise en sens inverse, est la résistance appliquée au centre O' de la seconde poulie; la tension T' du second cordon joue le rôle de puissance par rapport à cette poulie, et l'on a

$$T = 2T'.$$

On a de même $\quad T' = 2T'',$

et ainsi de suite. La tension du dernier cordon est égale à la puissance P. Dans la figure il n'y a que trois cordons; la tension T'' du dernier cordon égale la puissance P. En multipliant les égalités précédentes membre à membre, on a

$$Q = P \times 2^3.$$

En général, si n est le nombre des cordons, on a

(4) $\quad Q = P \times 2^n.$

On vérifie encore aisément le théorème du travail : si la poulie O s'élève de la quantité h, la poulie O' s'élève de $2h$, la poulie O'' de $2^2 h$,…; enfin le point d'application A de la puissance décrit le chemin $h \times 2^n$.

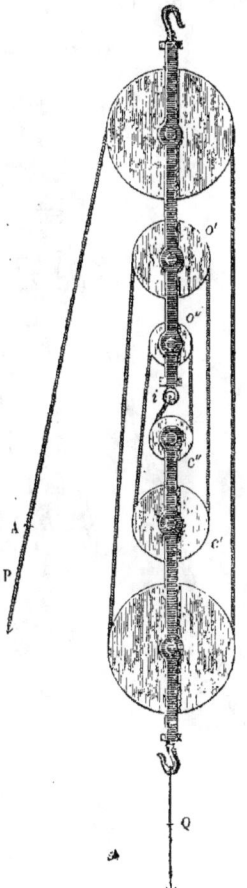

Fig. 186.

261. Voici une autre combinaison qui est plus fréquemment employée que la précédente (*fig.* 186). Un certain nombre de poulies sont montées sur une même chape, un nombre égal sur une autre chape.

La première chape est fixe; à la seconde est appliquée la résistance Q. Un cordon attaché au crochet i, qui termine la première chape, passe d'abord sur la poulie c'', puis sur la poulie o'', et ensuite successivement sur les poulies c', o', c, o. La puissance P est appliquée en A à l'extrémité du cordon. Nous n'avons ici qu'un seul cordon; il est clair que la tension est la même, et égale à P, tout le long du cordon. Chacune des poulies c, c', c'', est sollicitée par deux cordons sensiblement parallèles; les tensions égales de ces deux cordons donnent une résultante 2P appliquée au centre de la poulie; si donc n désigne le nombre des poulies montées sur la chape mobile, cette chape sera sollicitée par une force égale n fois 2P, c'est-à-dire égale à $2n$P, et l'on aura l'équation d'équilibre

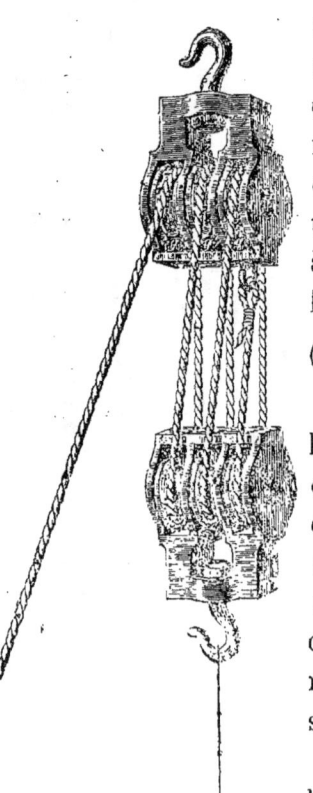

Fig. 187.

(5) $\qquad Q = 2n P.$

Si le poids Q s'élève de la hauteur h, chacun des $2n$ cordons parallèles étant diminué de la quantité h, il en résulte que le point A de la puissance a marché de la quantité $2nh$, ce qui montre que le travail moteur est égal au travail résistant.

Au lieu de mettre les poulies les unes à la suite des autres sur une même chape, ce qui donne à l'appareil une trop grande longueur, on les dispose souvent sur un même axe, comme le montre la figure 187.

Frottement dans la poulie fixe.

262. Jusqu'à présent nous avons négligé le frottement; voici comment on en tient compte dans la poulie fixe. Considérons d'abord le cas où les deux forces P et Q sont parallèles; pour préciser, nous les supposerons verticales et dirigées de haut en bas. Nous avons dit qu'au centre de la poulie est pratiquée une petite ouverture circulaire appelée *œil* de la poulie; au travers passe l'axe fixe; cet axe rigide en fer a un rayon un peu plus petit que celui de l'œil. Quand le frottement est nul, l'axe rigide exerce contre la poulie une réaction normale aux deux surfaces tangentes; cette réaction R, devant faire équilibre aux deux forces verticales P et Q, doit être verticale elle-même, et dirigée de bas en haut; le contact a donc lieu en a, extrémité du rayon vertical mené par le centre o' de l'axe rigide (*fig.* 188). Le centre o de l'œil est sur le même rayon; la poulie tournant dans le sens indiqué par la flèche, le contact a toujours lieu en a, et par conséquent le point o, centre de l'œil, reste immobile; la droite menée par le point o, perpendiculairement au plan de la poulie, reste fixe; c'est l'axe géométrique idéal autour duquel semble

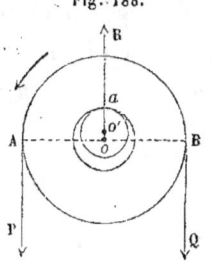

Fig. 188.

tourner la poulie. La résultante des deux forces P et Q doit passer par le point a; ce point a étant également distant des deux forces, on en conclut que les forces sont égales entre elles.

Quand il y a frottement, la réaction R exercée par l'axe rigide sur la poulie n'est plus normale aux deux surfaces; mais elle fait avec la normale mn un angle égal à φ, en sens contraire du mouvement (*fig.* 189); cette réaction R devant être verticale, pour faire équilibre aux deux forces verticales P et Q, on en conclut que le point de contact qui était primitivement en a, à l'extrémité du rayon vertical $o'a$, s'est déplacé du côté du mouvement, et a décrit sur l'axe rigide l'arc am qui correspond à un angle au centre $ao'm$ égal à φ; on voit en effet que, dans cette position, la réaction R fait avec la normale mn, et dans le sens convenable, l'angle φ. Le contact reste au même point m pendant toute la durée du mouvement; le point o, centre de l'œil, ne bouge pas, et on obtient ainsi une droite ou axe idéal fixe autour duquel semble tourner la poulie. Appelons r le rayon oA de la poulie, ρ le rayon om de l'œil; abaissons du point m une perpendiculaire mb sur le diamètre horizontal AB; la résultante des deux forces parallèles P et Q devant passer par le point m, on a

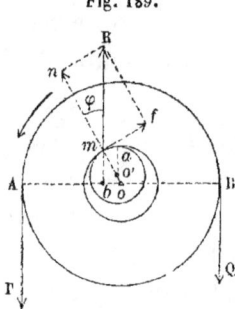

Fig. 189.

$$P \times bA = Q \times bB,$$

ou $$P(r - \rho \sin \varphi) = Q(r + \rho \sin \varphi).$$

On en déduit

(6) $$P = Q \frac{1 + \frac{\rho}{r} \sin \varphi}{1 - \frac{\rho}{r} \sin \varphi}.$$

Ainsi, la puissance P est plus grande que la résistance Q.

On arrive à la même équation en prenant les moments des trois forces P, Q, R, qui agissent sur la poulie, par rapport à l'axe idéal autour duquel elle tourne, c'est-à-dire par rapport au point o, et exprimant que la somme algébrique est nulle. Le moment de la force R étant $R \times ob$, ou $R\rho \sin \varphi$, en valeur absolue, on a l'équation

(7) $$Pr - Qr - R\rho \sin \varphi = 0 ;$$

en vertu de la relation

$$R = P + Q,$$

cette équation devient

$$Pr - Qr - (P + Q)\rho \sin \varphi = 0$$

et reproduit l'équation (6).

Le frottement exige donc une augmentation dans la puissance. La différence

(8) $$P - Q = Q \frac{2\frac{\rho}{r}\sin\varphi}{1 - \frac{\rho}{r}\sin\varphi}$$

est d'autant plus petite que le rapport $\frac{\rho}{r}$ du rayon de l'œil au rayon de la poulie est plus petit, et que l'angle φ est plus petit. Pour diminuer le rapport $\frac{\rho}{r}$, on fait la poulie très-grande, en l'évidant pour diminuer son poids, et on fabrique l'axe rigide en excellent fer, afin qu'il puisse supporter la charge sous un petit diamètre. On diminue l'angle φ en graissant avec soin l'axe intérieur.

263. Évaluons le travail : il y a ici deux résistances,

la résistance utile Q et la résistance passive R. Les chemins décrits par les points d'application des forces P et Q étant égaux, on a

$$\frac{T_u}{T_m} = \frac{Q}{P} = \frac{1 - \frac{\rho}{r}\sin\varphi}{1 + \frac{\rho}{r}\sin\varphi}.$$

Ainsi, le travail utile n'est qu'une partie du travail moteur; le travail absorbé par la résistance passive est la différence entre ces deux travaux, et l'on a

$$\frac{T_f}{T_m} = \frac{T_m - T_u}{T_m} = \frac{2\frac{\rho}{r}\sin\varphi}{1 + \frac{\rho}{r}\sin\varphi}.$$

Proposons-nous d'évaluer directement ce travail perdu; pour cela nous décomposerons la réaction oblique R en deux forces, l'une R cos φ dirigée suivant la normale mn, l'autre R sin φ suivant la tangente mf. La première est la réaction normale que l'axe rigide exerce contre la poulie; comme elle passe par le point fixe o, son travail est nul. La seconde est le frottement; si l'on appelle ω la vitesse angulaire de rotation, le point m de la poulie a une vitesse $\omega\rho$; le frottement étant appliqué au point m et dirigé en sens contraire, son travail élémentaire est —R sin $\varphi \times \omega\rho\Delta t$. Le travail moteur élémentaire est P$\omega r\Delta t$, le travail utile —Q$\omega r\Delta t$; si l'on écrit que le travail moteur est égal à la somme des travaux résistants, on retrouve l'équation (7).

264. Nous n'avons pas tenu compte, jusqu'à présent, du

poids de la poulie. Ce poids, que nous désignons par p, est appliqué au centre de gravité o de la poulie. Le moment de cette force par rapport au point o étant nul, l'équation (7) des moments n'est pas changée; mais on a $R = P + Q + p$, et l'équation (7) devient

$$Pr - Qr - (P + Q + p)\rho \sin \varphi = 0,$$

d'où

$$(9) \qquad P = \frac{Q + (Q+p)\dfrac{\rho}{r}\sin\varphi}{1 - \dfrac{\rho}{r}\sin\varphi}.$$

On en déduit

$$(10) \qquad P - Q = \frac{(2Q+p)\dfrac{\rho}{r}\sin\varphi}{1 - \dfrac{\rho}{r}\sin\varphi}.$$

265. Considérons maintenant le cas général (*fig.* 190), en négligeant toutefois le poids de la poulie, et supposons toujours que la poulie tourne d'un mouvement uniforme du côté de la puissance. Soit I le point de rencontre des deux cordons prolongés; la résultante des deux forces P et Q passe par le point I; la réaction exercée par l'axe rigide sur la poulie, devant faire équilibre à ces deux forces, passera aussi par le point I. Si le frottement était nul, cette réaction, étant normale et par conséquent passant par le centre, serait dirigée suivant la droite oI; le point de contact serait en a. Mais, quand il y a frottement, la réaction R doit faire

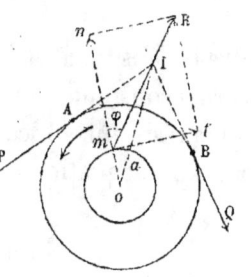

Fig. 190.

l'angle φ avec la normale mn, du côté opposé au mouvement, et le point de contact se transporte de a en m. Appelons 2α l'angle AIB ; la réaction R étant égale et opposée à la résultante des deux forces P et Q, on a

$$(10) \qquad R = \sqrt{P^2 + Q^2 + 2PQ\cos 2\alpha}.$$

Décomposons maintenant la force R en deux forces, l'une $R\cos\varphi$ dirigée suivant la normale mn, l'autre $R\sin\varphi$ dirigée suivant la tangente mf; en exprimant que la somme algébrique des moments des forces, par rapport au centre o de la poulie, est nulle, nous retrouverons l'équation

$$(7) \qquad Pr - Qr - R\rho\sin\varphi = 0,$$

à laquelle nous sommes arrivés précédemment. En divisant par r et remplaçant R par sa valeur, on obtient la relation

$$(11) \qquad P - Q = \frac{\rho}{r}\sin\varphi\sqrt{P^2 + Q^2 + 2PQ\cos 2\alpha},$$

entre la puissance et la résistance.

Proposons-nous de déterminer la puissance, connaissant la résistance. L'équation (11), par l'élévation au carré, donne une équation du second degré

$$P^2 - 2PQ \frac{1 + \dfrac{\rho^2}{r^2}\sin^2\varphi\cos 2\alpha}{1 - \dfrac{\rho^2}{r^2}\sin^2\varphi} + Q^2 = 0,$$

dont les deux racines sont réelles et positives ; le produit étant égal à Q^2, l'une d'elles est plus grande que Q, l'autre plus petite : on prendra la première. Mais il est plus simple de la calculer approximativement. On a, en vertu de l'équation (11),

$$(12) \qquad P = Q + \frac{\rho}{r} \sin \varphi \sqrt{P^2 + Q^2 + 2PQ \cos 2\alpha}.$$

Le facteur $\frac{\rho}{r} \sin \varphi$ étant très-petit, si l'on néglige d'abord le second terme, on a la valeur approchée $P = Q$; si l'on remplace ensuite dans ce terme P par sa valeur approchée Q, on commet une erreur du second ordre, et l'on a une valeur beaucoup plus approchée

$$(12) \qquad P = Q \left(1 + 2 \frac{\rho}{r} \sin \varphi \cos \alpha \right).$$

La détermination du point de contact m revient à la construction du triangle moI, dans lequel on connaît les deux côtés oI et om, et l'angle obtus omI opposé au premier côté.

CHAPITRE VI.

TREUIL.

266. Du point de vue le plus général, le treuil est un corps solide assujetti à tourner autour d'un axe fixe. La condition d'équilibre est que la somme algébrique des moments des forces qui agissent sur le treuil, par rapport à l'axe du treuil, soit nulle (n° 188). Quand cette condition est remplie, le treuil reste en repos, ou se meut d'un mouvement uniforme (n° 220).

Le treuil se compose en général d'un cylindre en bois (*fig.* 191), sur lequel est enroulée une corde à laquelle est appliquée la résistance Q, par exemple un poids que l'on veut soulever. Le cylindre se termine à ses deux extrémités par deux cylindres en fer d'un rayon plus petit, placés sur le prolongement de l'axe intérieur ; ces deux cylindres en fer, que l'on nomme *tourillons*, reposent sur deux supports concaves appelés *coussinets*. Le cylindre en bois porte une roue en bois d'un rayon beaucoup plus grand ; en un point A de cette roue, et tangentiellement, est appliquée la puissance P. On peut supposer la résistance Q appliquée en B au point où la corde quitte le cylindre. Si l'on appelle r le rayon OA de la roue, r' le rayon

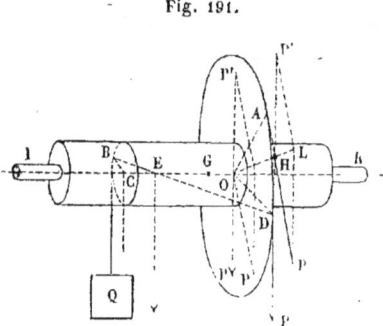

Fig. 191.

CB du cylindre, le moment de la résistance est $P \times r$, celui de la résistance $Q \times r'$, l'équation d'équilibre est

$$Pr = Qr';$$

d'où

(1) $$\frac{P}{Q} = \frac{r'}{r}.$$

La puissance est à la résistance comme le rayon du cylindre est au rayon de la roue.

Le théorème du travail se vérifie aisément. Si l'on appelle θ l'angle décrit par le treuil, le travail moteur est $P\theta r$, le travail résistant $Q\theta r'$; on voit que ces deux travaux sont égaux entre eux.

267. Proposons-nous d'évaluer les pressions supportées par les deux coussinets. Considérons d'abord le cas où la puissance est verticale comme la résistance; les rayons OD et CB, qui aboutissent aux points d'application D et B de ces deux forces, sont horizontaux; ils sont par conséquent parallèles et situés dans un même plan avec l'axe. Soit E le point où la droite DB rencontre l'axe; à cause des triangles semblables DOE, BCE, on a

$$\frac{EB}{ED} = \frac{CB}{OD} = \frac{P}{Q};$$

le point E est donc le point d'application de la résultante $P + Q$ des deux forces parallèles P et Q, appliquées en D et en B. On a de même

$$\frac{EC}{EO} = \frac{CB}{OD} = \frac{P}{Q};$$

par conséquent la force $P + Q$ appliquée en E peut être

décomposée en deux forces, l'une P appliquée en O, l'autre Q appliquée en C. Ainsi, on peut supposer que les deux forces P et Q sont appliquées à l'axe, l'une en O, l'autre en C. On décomposera ensuite la force P, appliquée en O, en deux forces parallèles, appliquées aux tourillons I et K, et de même la force Q appliquée en C, et l'on obtiendra ainsi la charge des deux tourillons. Si l'on voulait tenir compte du poids du treuil, on décomposerait aussi le poids p, appliqué au centre de gravité G, en deux forces parallèles, appliquées aux tourillons.

Considérons maintenant le cas où la puissance est appliquée en un point quelconque A de la roue et n'est pas parallèle à la résistance. Au point D, extrémité du rayon horizontal OD, appliquons deux forces verticales P et P', égales à P et de sens contraires, ce qui ne change pas l'équilibre. Les deux tangentes en A et D se rencontrent en H; on peut amener en H la force P appliquée en A et la force P' appliquée en D; ces deux forces égales appliquées en H ont leur résultante HL dirigée suivant la bissectrice, c'est-à-dire suivant le prolongement de la droite OH; on pourra transporter cette résultante en O, et là, au moyen d'un losange égal au précédent, la décomposer en deux forces, l'une parallèle à AH et égale à P, l'autre verticale et égale à P'. D'un autre côté, d'après ce que nous avons dit précédemment, la puissance verticale P appliquée en D, et la résistance Q appliquée en B, peuvent être transportées parallèlement à elles-mêmes, l'une au point O, l'autre au point C. Nous avons ainsi trois forces au point O; les deux forces verticales P et P', égales et opposées, se détruisent; il reste la force P parallèle à AH. Ainsi, quand on veut évaluer les pressions supportées par l'axe, on peut supposer que la puissance et la résistance sont transportées parallèlement à elles-mêmes, l'une au centre O de la roue, l'autre au point C.

Frottement dans le treuil.

268. Jusqu'à présent nous n'avons pas tenu compte du frottement que les tourillons éprouvent sur les coussinets. Nous traiterons cette question dans le cas particulier où la puissance et la résistance sont verticales. Les deux tourillons appartiennent à un même cylindre géométrique ; ils s'appuient sur les coussinets suivant une même arête de ce cylindre ; les normales sont parallèles et les réactions R_1 et R_2 des deux coussinets sur les tourillons, faisant avec les normales le même angle φ, sont parallèles (fig. 192). La résultante R_1 et R_2 de ces deux réactions parallèles devant faire équilibre à la somme $P + Q + p$ des forces qui sollicitent le treuil, ces réactions sont verticales, et l'on a

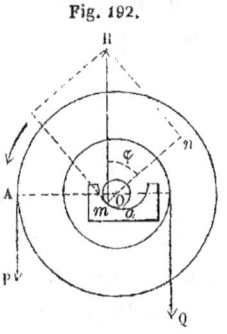

Fig. 192.

$$R_1 + R_2 = P + Q + p.$$

Quand le frottement est nul, le contact a lieu au point le plus bas a du coussinet, afin que la réaction soit verticale. Mais, quand il y a frottement, le contact se déplace du côté de la puissance et vient en m, où la normale mn fait avec la verticale l'angle φ ; l'axe géométrique o reste immobile pendant toute la durée du mouvement, et c'est autour de cette droite fixe que tourne le treuil. L'équation des moments autour de l'axe du treuil devient

$$Pr - Qr' - (R_1 + R_2)\rho \sin \varphi = 0,$$

ou
$$Pr - Qr' - (P + Q + p)\rho \sin \varphi = 0.$$

On en déduit

$$(2) \qquad P = \frac{Q\dfrac{r'}{r} + (Q+p)\dfrac{\rho}{r}\sin\varphi}{1 - \dfrac{\rho}{r}\sin\varphi},$$

ou

$$(3) \qquad P = Q\dfrac{r'}{r} + \dfrac{(Q + Q\dfrac{r'}{r} + p)\dfrac{\rho}{r}\sin\varphi}{1 - \dfrac{\rho}{r}\sin\varphi}.$$

Le second terme exprime l'augmentation de la puissance résultant du frottement.

Mouvement varié.

269. Nous avons supposé jusqu'à présent que les forces qui agissent sur le treuil se font équilibre, c'est-à-dire que la somme algébrique des moments des forces, par rapport à l'axe, est nulle; alors le mouvement de rotation est uniforme.

Supposons maintenant que la somme des moments des forces ne soit pas nulle, et désignons cette somme par G. Nous avons démontré (n° 218) que la dérivée relative au temps de la somme des moments des quantités de mouvement des diverses molécules qui composent le corps est égale à la somme des moments des forces. Mais la somme des moments de quantités de mouvement est égale, à chaque instant, à la vitesse angulaire de rotation ω (n° 220) multipliée par le moment d'inertie du corps solide relatif à l'axe de rotation; on a donc l'équation

$$D_t \omega \times \Sigma m r^2 = G.$$

Ainsi, *quand un corps solide est assujetti à tourner autour d'un axe fixe, la dérivée de la vitesse angulaire de rotation est égale à la somme des moments des forces, divisée par le moment d'inertie du corps solide.*

Comme application, cherchons le mouvement d'un treuil soumis à l'action d'un poids P attaché à l'extrémité de la corde enroulée sur le treuil, et abandonné à lui-même sans vitesse initiale. Quand le mouvement est uniforme, la tension de la corde est égale au poids P; mais ceci n'a plus lieu quand le mouvement est varié (n° 89). Appelons T cette tension, r le rayon du cylindre, Mk^2 le moment d'inertie du cylindre par rapport à l'axe, M étant la masse du cylindre. Le corps P est sollicité par deux forces : son poids P, et la tension T de la corde qui le tire en sens inverse; le mouvement vertical de ce corps est donné par l'équation

$$\frac{P}{g}\gamma = \frac{P}{g} r D_t\omega = P - T.$$

Le treuil lui-même n'étant sollicité que par la tension T de la corde, on a d'autre part

$$Mk^2 D_t\omega = Tr.$$

On en déduit

$$\left(\frac{P}{g} r^2 + Mk^2\right) D_t\omega = Pr.$$

La vitesse angulaire, ayant sa dérivée constante, croît proportionnellement au temps, et le mouvement est uniformément accéléré.

Exercices.

1° Un plan incliné parfaitement poli passe par un point donné ; en quel point du plan faut-il placer un corps sans vitesse initiale pour qu'il arrive au point donné dans un temps donné, et quel est le lieu de ce point quand on fait varier l'inclinaison du plan?

2° Même question, quand on tient compte du frottement.

3° Quelle position faut-il donner à un plan parfaitement poli, passant par un point donné, pour qu'un corps placé en ce point, sans vitesse initiale, arrive à un plan donné dans le temps le plus court?

4° Même question, quand on tient compte du frottement.

5° Deux plans inclinés sont placés en regard l'un de l'autre, et réunis à leur partie inférieure par une petite courbe de raccordement. Trouver le mouvement d'un corps placé sur l'un d'eux sans vitesse initiale.

6° Deux plans inclinés sont appuyés l'un contre l'autre, dos à dos ; deux corps sont placés sur ces plans sans vitesse initiale, et réunis par une corde qui passe sur une poulie fixe placée au sommet des plans inclinés. Trouver le mouvement de ces deux corps. On négligera la masse de la poulie et le frottement de son axe.

7° Trouver la position d'équilibre d'une droite pesante homogène dont les extrémités reposent sur deux plans inclinés parfaitement polis.

8° Trouver la position extrême d'équilibre d'une échelle, dont l'extrémité inférieure repose sur un plan horizontal et l'extrémité supérieure s'appuie contre un plan vertical.

9° Mouvement de la machine d'Atwood, en tenant compte de la masse de la poulie.

LIVRE V.

COMPLÉMENT.

CHAPITRE I.

MOUVEMENT DES PLANÈTES.

270. Kepler a découvert par l'observation les lois suivant lesquelles s'effectue le mouvement des planètes autour du soleil. Ces lois sont au nombre de trois :

1° Les orbites des planètes sont planes, et le rayon qui va du centre du soleil au centre d'une planète décrit des aires proportionnelles au temps.

2° Les orbites des planètes sont des ellipses, dont le soleil occupe l'un des foyers.

3° Les carrés des temps des révolutions sont proportionnels aux cubes des grands axes des ellipses décrites par les planètes.

Les ellipses décrites par les planètes ont leurs excentricités très-petites; nous avons cherché (n° 105) la force qui produit le mouvement des planètes, en supposant les orbites circulaires et le mouvement uniforme. C'est de cette manière simple que Newton a trouvé pour la première fois la loi de l'attraction. Il est arrivé ensuite au même résultat dans l'hypothèse plus exacte du mouvement elliptique. Nous traiterons cette question par une méthode élémentaire. Nous ferons voir comment, des lois de Képler, lois données par l'observation, on peut remonter à la cause du phénomène, c'est-à-dire à la force qui produit le mouvement.

Conséquence de la loi des aires.

271. Soit O (*fig.* 193) le centre du soleil, OX une droite fixe à partir de laquelle nous comptons l'aire décrite par le rayon vecteur OM, qui va du centre du soleil au centre d'une planète. Si l'on représente par A l'aire décrite dans le temps t, par $\dfrac{k}{2}$ l'aire décrite dans

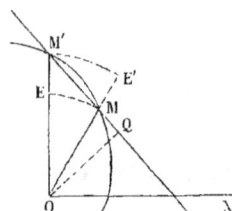

Fig. 193.

l'unité de temps, la loi des aires consiste en ce que l'aire A décrite par le rayon vecteur est proportionnelle au temps ; on a donc

$$(1) \qquad A = \frac{k}{2} t.$$

Cette loi peut être transformée de diverses manières. Soit M la position de la planète au temps t, M′ sa position au temps $t + \Delta t$; on peut supposer l'intervalle de temps Δt assez petit pour que, dans cet intervalle, le rayon vecteur OM aille constamment en croissant, ou constamment en décroissant. Du point O comme centre, avec les rayons OM et OM′, décrivons les arcs de cercle ME, M′E′ ; le secteur MOM′, décrit par le rayon vecteur pendant le temps Δt, et le triangle MOM′ sont compris entre les deux secteurs circulaires MOE, M′OE′ ; le rapport de deux quelconques de ces quatre quantités est donc compris entre les deux rapports inverses $\dfrac{\text{MOE}}{\text{M'OE'}}$, $\dfrac{\text{M'OE'}}{\text{MOE}}$; le rapport des aires des deux secteurs circulaires étant égal à $\left(\dfrac{\mathrm{OM}}{\mathrm{OM}'}\right)^2$, ou à $\left(\dfrac{\mathrm{OM}'}{\mathrm{OM}}\right)^2$, suivant qu'on prend le rapport dans un sens ou dans l'autre, la limite est égale à l'unité quand Δt tend vers zéro. Ainsi, le rapport de deux quelconques des quatre aires considérées précédemment a pour limite l'unité. Il en résulte que les quatre rapports

$$\frac{\operatorname{sect} \mathrm{MOE}}{\Delta t}, \quad \frac{\operatorname{tri} \mathrm{MOM}'}{\Delta t}, \quad \frac{\operatorname{sect} \mathrm{MOM}'}{\Delta t}, \quad \frac{\operatorname{sect} \mathrm{M}'\mathrm{OE}'}{\Delta t}$$

ont même limite. Le secteur MOM' est l'aire ΔA décrite par le rayon vecteur dans l'intervalle de temps Δt; ainsi la limite de chacun de ces rapports est égale à $\lim \dfrac{\Delta A}{\Delta t}$, c'est-à-dire à $D_t A$, dérivée de l'aire par rapport au temps.

Le triangle MOM' a pour mesure la moitié du produit de sa base MM' par la perpendiculaire OQ, abaissée du point O sur la sécante MM'; on a donc

$$\frac{\operatorname{tri} \mathrm{MOM}'}{\Delta t} = \frac{1}{2} \frac{\mathrm{MM}'}{\Delta t} \times \mathrm{OQ}.$$

Le rapport $\dfrac{\mathrm{MM}'}{\Delta t}$ ayant pour limite la vitesse v au point M, et la perpendiculaire OQ la perpendiculaire q abaissée du point O sur la tangente en M, on obtient la relation

(2) $$D_t A = \frac{vq}{2}.$$

Quand la loi des aires a lieu, en vertu de l'équation (1), on a $D_t A = \dfrac{k}{2}$, et par suite

(3) $$vq = k.$$

On peut donc énoncer la loi des aires en disant que *le triangle, ayant pour sommet le centre du soleil et pour base la longueur qui sur la tangente représente la vitesse, a une aire constante.*

On peut dire encore que *la vitesse varie en raison inverse de la perpendiculaire abaissée du centre du soleil sur la tangente à la trajectoire.*

272. Après avoir transformé ainsi la loi des aires, nous montrerons la conséquence qui en résulte, quant à la force qui produit le mouvement. A partir du point de rencontre I de deux tangentes voisines, portons sur ces tangentes les longueurs IA et IB qui représentent les vitesses en M et en M' (*fig.* 194); le rapport $\dfrac{AB}{\Delta t}$ est ce que nous avons appelé l'accélération moyenne pendant le temps Δt (n° 37). D'après ce que nous venons de dire, les deux triangles OIA, OIB sont équivalents; il en résulte que la droite AB est parallèle au côté commun IO. Faisons maintenant décroître Δt jusqu'à zéro, le point M' se rapproche indéfiniment du point M, ainsi que le point I; la droite IO, direction de l'accélération moyenne, a pour limite MO. On en conclut que l'accélération au point M est dirigée suivant le rayon MO. Ainsi, *la force qui sollicite la planète est constamment dirigée vers le centre du soleil.*

Fig. 194.

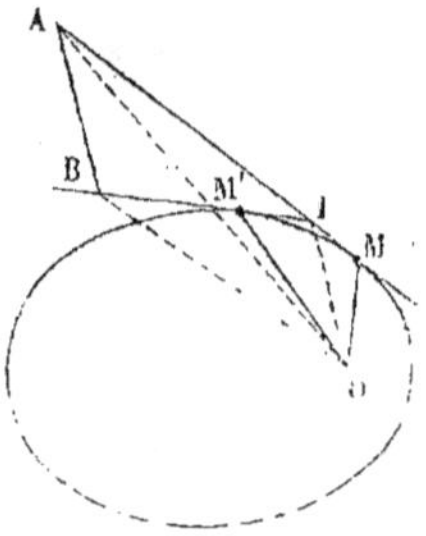

MOUVEMENT DES PLANÈTES.   339

Conséquence de la deuxième loi.

273. La planète décrit une ellipse dont le soleil occupe l'un des foyers F (*fig.* 195). Appelons q et q' les perpendiculaires abaissées des deux foyers F et F' sur une tangente, on sait que le produit qq' de ces deux perpendiculaires et égal à b^2, c'est-à-dire au carré du demi petit axe de l'ellipse. La relation $v = \dfrac{k}{q}$ (n° 271) se transforme et devient

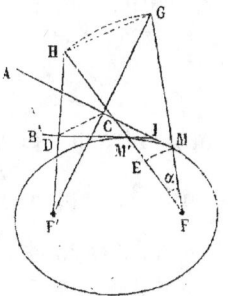

Fig. 195.

(4) $$v = \frac{k}{b^2} q';$$

ainsi, *la vitesse est proportionnelle à la perpendiculaire abaissée du second foyer F' sur la tangente.*

Revenons à la figure précédente : par le point d'intersection des deux tangentes voisines, portons sur ces tangentes les longueurs IA et IB qui représentent les vitesses en M et en M', et joignons AB. Du second foyer F' abaissons les perpendiculaires F'C et F'D sur ces tangentes, on a

$$IA = \frac{k}{b^2} F'C, \quad IB = \frac{k}{b^2} F'D;$$

les deux triangles IAB, F'CD sont semblables et ont leurs côtés perpendiculaires ; on en déduit

$$AB = \frac{k}{b^2} CD.$$

Prolongeons chacune des perpendiculaires F'C, F'D d'une longueur égale à elle-même ; nous aurons

$$AB = \frac{k}{2b^2} GH,$$

et par suite

$$\frac{AB}{\Delta t} = \frac{k}{2b^2} \cdot \frac{GH}{\Delta t}.$$

On obtiendra donc l'accélération au point M, en cherchant la limite du rapport $\frac{GH}{\Delta t}$.

Les deux rayons vecteurs FM, FM', prolongés, passent par les points G et H, et les deux longueurs FG et FH sont égales au grand axe $2a$ de l'ellipse. Du point F comme centre, avec les rayons FM et FG, décrivons les arcs de cercle ME et GH, le rapport de la corde GH à l'arc GH étant égal à l'unité, la limite du rapport $\frac{\text{corde GH}}{\Delta t}$ est la même que celle du rapport $\frac{\text{arc GH}}{\Delta t}$; le secteur GFH a pour mesure $\frac{\text{arc GH} \times \text{FG}}{2}$, c'est-à-dire arc GH $\times a$; on en déduit

$$\text{arc GH} = \frac{\text{sect GFH}}{a}.$$

Les deux secteurs semblables GFH, MFE étant proportionnels aux carrés des rayons, on a

$$\frac{\text{sect GFH}}{\text{sect MFE}} = \frac{4a^2}{r^2};$$

d'où
$$\text{sect GFH} = \frac{4a^2 \times \text{sect MFE}}{r^2},$$

$$\text{arc GH} = \frac{4a \times \text{sect MFE}}{r^2};$$

$$\frac{\text{arc GH}}{\Delta t} = \frac{4a}{r^2} \frac{\text{sect MFE}}{\Delta t}.$$

D'après la loi des aires, le rapport $\dfrac{\text{sect MFE}}{\Delta t}$ a pour limite $\dfrac{k}{2}$; on a donc

$$\lim \frac{\text{GH}}{\Delta t} = \frac{2ak}{r^2},$$

et par suite

$$\gamma = \lim \frac{AB}{\Delta t} = \frac{ak^2}{b^2} \times \frac{1}{r^2}.$$

Si l'on pose, pour abréger,

(5) $$\frac{ak^2}{b^2} = \mu,$$

on a enfin

(6) $$\gamma = \frac{\mu}{r^2}.$$

Ainsi, *la force varie en raison inverse du carré de la distance au centre du soleil.*

Le calcul précédent s'applique aux trois courbes du second degré. Car, dans l'hyperbole, le produit des perpendiculaires abaissées des deux foyers sur une tangente quelconque est aussi constant; si l'on représente par p le paramètre $\dfrac{b^2}{a}$ de l'ellipse ou de l'hyperbole, on a en général

$$\mu = \frac{k^2}{p}.$$

Ce résultat convient aussi à la parabole qui est la limite d'une ellipse.

Conséquence de la troisième loi.

274. Revenons aux planètes dont les orbites sont elliptiques. Nous avons représenté par $\dfrac{k}{2}$ l'aire décrite par le rayon vecteur dans l'unité de temps. Si l'on considère l'aire entière de l'ellipse πab décrite dans le temps T, on a

$$\frac{k}{2} = \frac{\pi ab}{T},$$

d'où

(7) $$\mu = \frac{4\pi^2 a^3}{T^2}.$$

D'après la troisième loi de Képler, le rapport $\dfrac{a^3}{T^2}$ est constant; il en résulte que la constante μ est la même pour toutes les planètes, c'est-à-dire que le soleil attirerait également l'unité de masse de toutes les planètes à la même distance.

Si l'on appelle m la masse d'une planète, F la force qui la sollicite vers le centre du soleil, on a

$$F = m\gamma = \frac{m\mu}{r^2}.$$

Tout se passe donc comme si le soleil attirait les planètes proportionnellement à leurs masses et en raison inverse du carré des distances. Telle est la conclusion remarquable à laquelle est arrivé Newton en suivant une marche analogue à la précédente.

Réciproque.

275. Occupons-nous maintenant de la question inverse : étant donné l'état initial d'un astre sollicité par une force dirigée vers un point fixe O, et variant en raison inverse du carré de la distance, trouver le mouvement de cet astre.

Cherchons d'abord la projection de l'accélération sur une perpendiculaire au rayon vecteur. A partir du point d'intersection I des deux tangentes voisines, portons sur ces tangentes les longueurs IA et IB qui représentent les vitesses v et v' en M et en M' (*fig.* 196); appelons q et q' les perpendiculaires OQ, OQ' abaissées du point O sur les tangentes; prolongeons la droite OI, et menons la droite IH perpendiculaire à OI. Si l'on projette sur IH la droite AB et la ligne brisée AIB, on a

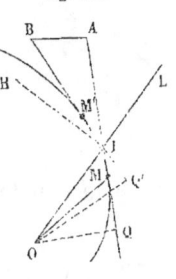

Fig. 196.

$$\text{proj. de AB} = v' \sin \text{BIL} - v \sin \text{AIL} = \frac{v'q' - vq}{\text{OI}};$$

$$\text{proj. de } \frac{\text{AB}}{\Delta t} = \frac{1}{\text{IO}} \times \frac{v'q' - vq}{\Delta t}.$$

Quand Δt tend vers zéro, la droite OI tend vers le rayon vecteur OM, et l'on a

$$\text{proj. de } \gamma = \frac{1}{r} D_t(vq).$$

Si la force qui sollicite le mobile est dirigée suivant le rayon vecteur MO, sa projection sur une perpendiculaire au rayon vecteur est nulle, et l'on a

$$D_t(vq) = 0,$$

et par suite $\qquad vq = k,$

k désignant une constante. En vertu de l'équation (2) du numéro 271, on en déduit la loi des aires $D_t A = \dfrac{k}{2}$, $A = \dfrac{k}{2} t$. Ainsi, *quand la force est dirigée vers un point fixe, l'aire décrite par le rayon vecteur est proportionnelle au temps.*

Soit M la position initiale de l'astre, MA sa vitesse initiale (*fig.* 197); nous désignerons par r_0 la distance initiale FM, par v_0 la vitesse initiale MA, et par q_0 la perpendiculaire FQ abaissée du point F sur la droite MA, perpendiculaire qui détermine la direction de la vitesse initiale. La valeur de la constante k est donnée par la formule $k = v_0 q_0$.

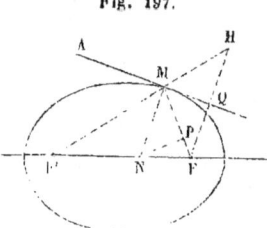

Fig. 197.

276. La force pouvant être représentée par la formule $F = \dfrac{m\mu}{r^2}$, l'accélération γ est égale à $\dfrac{\mu}{r^2}$, μ étant une constante donnée. Déterminons la section conique qui admette pour l'un de ses foyers F, le centre du soleil, qui passe par le point M, qui soit tangente à la droite MA et dont le paramètre p satisfasse à la relation $\mu = \dfrac{k^2}{p}$, d'où $p = \dfrac{k^2}{\mu} = \dfrac{v_0^2 q_0^2}{\mu}$. Sur le rayon vecteur MF prenons une longueur MP égale au paramètre p, et par le point P menons une droite PN perpendiculaire au rayon vecteur MF; le point N où cette droite rencontre la normale MN à la courbe, c'est-à-dire la perpendiculaire à la tangente MA, appartient au premier axe de la courbe; car on sait que

dans une section conique, la projection sur le rayon vecteur MF de la portion de normale MN comprise entre la courbe et le premier axe est égale au paramètre p. La direction FN du premier axe est donc connue. Prolongeons la perpendiculaire FQ, abaissée du foyer F sur la tangente MA, d'une longueur QH égale à FQ, et joignons MH; le point F' où cette droite MH rencontre l'axe FN est le second foyer. Quand les deux foyers sont d'un même côté de la tangente MA, la courbe est une ellipse (*fig.* 197), et la somme des rayons vecteurs MF + MF' donne la longueur $2a$ du grand axe; cette ellipse est donc complètement déterminée. Quand les deux foyers sont situés de part et d'autre de la tangente MA (*fig.* 198), la courbe est une branche d'une hyperbole, dont on connaît la longueur $2a$ de l'axe transverse. Enfin, quand la droite MH est parallèle à FN (*fig.* 199), le second foyer F' étant à l'infini, la courbe est une parabole.

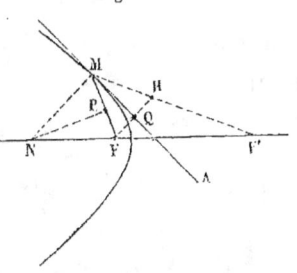

Fig. 198.

Il est aisé de voir que l'astre décrira la section conique ainsi obtenue; car, si l'on imagine un mobile décrivant cette courbe, avec la vitesse initiale MA, et d'après la loi des aires, la force qui produira le mouvement de ce second mobile sera, comme nous l'avons démontré, dirigée vers le point F et égale à $\frac{m\mu}{r^2}$: or, quand deux mobiles ont le même état initial et sont sollicités par la même force, ils coïncident évidemment dans tout leur mouvement.

277. Voyons à quel caractère on reconnaîtra, d'après

les données initiales, l'espèce de la courbe. Appelons n la longueur de la normale MN ; dans les triangles semblables MNP, MFQ (*fig.* 197 et 198), on a

$$\frac{n}{r_0} = \frac{p}{q_0}; \quad \text{d'où} \quad n = \frac{pr_0}{q_0}.$$

Les triangles semblables MF'N, HF'F donnent aussi

$$\frac{MF'}{2a} = \frac{n}{2q_0},$$

et, si l'on remplace n et p par les valeurs,

$$\frac{MF'}{2a} = \frac{pr_0}{2q_0^2} = \frac{v_0^2 r_0}{2\mu}.$$

Quand le rayon vecteur MF' est plus petit que $2a$, la courbe est une ellipse ; c'est au contraire une hyperbole, quand MF' est plus grand que $2a$. Ainsi, la courbe est une ellipse ou une hyperbole, suivant que l'on a $v_0 < \sqrt{\dfrac{2\mu}{r_0}}$ ou $v_0 > \sqrt{\dfrac{2\mu}{r_0}}$. Dans la parabole (*fig.* 199), la figure MNFH

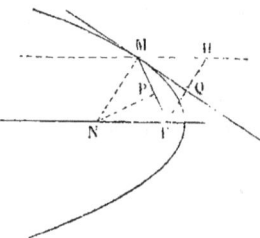

Fig. 199.

étant un parallélogramme, on a $n = FH = 2q_0$, et par suite $v_0 = \sqrt{\dfrac{2\mu}{r_0}}$. On voit par là que l'espèce de la courbe ne dépend que de la distance initiale r_0 et de la grandeur v_0 de la vitesse initiale ; mais qu'elle est indépendante de q_0, c'est-à-dire de la direction de la vitesse initiale.

CHAPITRE II.

MOUVEMENTS RELATIFS.

Cas où les axes mobiles ont un mouvement de translation.

278. Nous avons démontré dans le livre II, chapitre IV, que l'accélération est égale, en grandeur et en direction, à la résultante des forces qui sollicitent le mobile, divisée par la masse ; mais ceci suppose que le mouvement est rapporté à trois axes de coordonnées fixes dans l'espace. Le théorème doit être modifié quand les axes sont mobiles.

Soient Ox, Oy, Oz trois axes fixes dans l'espace (*fig.* 200); $O'x'$, $O'y'$, $O'z'$ trois axes mobiles, parallèles aux premiers; le système des axes mobiles aura ainsi un mouvement de translation. Tout point lié à ces axes sera emporté avec eux et aura le même mouvement que l'origine mobile O'. Le mouvement d'un mobile par rapport aux axes fixes peut

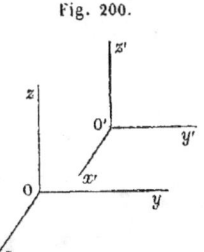

Fig. 200.

être considéré comme le mouvement résultant de deux mouvements, savoir : le mouvement du point matériel par rapport aux axes mobiles, et le mouvement de translation de ces axes mobiles. Nous avons vu que, dans ce cas, la vitesse du mouvement relatif aux axes mobiles est la résultante de la vitesse du mouvement relatif aux axes fixes, et d'une vitesse égale et contraire à celle de l'origine mobile (n° 23), et que, de même, l'accélération γ' du mouvement relatif aux axes mobiles est la résultante de l'accélération γ du mouvement relatif aux axes fixes

348   LIVRE V. COMPLÉMENT.

et d'une accélération égale et contraire à l'accélération γ_1 de l'origine mobile (n° 53).

Lorsque le mouvement de translation des axes mobiles est rectiligne et uniforme, l'accélération γ_1 de ce mouvement étant nulle, on en conclut que l'accélération γ' relative aux axes mobiles est la même que l'accélération γ relative aux axes fixes.

279. Dans l'étude que nous avons faite du mouvement des planètes autour du soleil, nous avons supposé fixe le centre du soleil ; mais il n'en est pas ainsi, et les formules que nous avons trouvées doivent être modifiées un peu. Considérons un système formé de deux astres, le soleil S de masse M, et une planète P de masse m (*fig.* 201). Prenons trois axes Ox, Oy, Oz fixes dans l'espace, et par le centre du soleil menons trois axes Sx', Sy', Sz' parallèles aux premiers. Les deux astres s'attirent mutuellement suivant la droite qui les joint ; si l'on appelle r leur distance SP, cette attraction a pour expression $\dfrac{f \mathrm{M} m}{r^2}$; c'est une double force, agissant, d'une part sur la planète dans la direction PS, d'autre part sur le soleil dans la direction SP. Les mouvements étant rapportés aux axes fixes, il en résulte pour la planète une accélération γ égale à $\dfrac{f\mathrm{M}}{r^2}$, dirigée suivant PS, et pour le soleil une accélération γ_1 égale à $\dfrac{fm}{r^2}$ et dirigée suivant SP. D'après ce qui a été dit précédemment, l'accélération γ' du mouvement de la planète par rapport

aux axes mobiles menés par le centre du soleil est la résultante de l'accélération γ et d'une amélioration égale et contraire à γ_1; l'accélération γ_1, prise en sens contraire, devient de même sens que γ et s'ajoute à γ, de sorte que l'on a $\gamma' = \gamma + \gamma_1 = \dfrac{f(M+m)}{r^2}$. Si donc on pose $\mu = f(M+m)$, il viendra $\gamma' = \dfrac{\mu}{r^2}$. L'accélération du mouvement relatif de la planète autour du soleil est dirigée vers le centre du soleil et varie en raison inverse du carré de la distance. Les raisonnements du chapitre précédent s'appliquent donc à ce mouvement relatif : la loi des aires a lieu, et la planète décrit une section conique dont le soleil occupe l'un des foyers; on retrouve ainsi les deux premières lois de Képler; mais la troisième doit être un peu modifiée. Nous avons trouvé la relation $\mu = \dfrac{4\pi^2 a^3}{T^2}$; ici la constante μ est égale à $f(M+m)$ ou à $fM\left(1 + \dfrac{m}{M}\right)$; les planètes ayant des masses différentes, cette quantité μ n'est pas la même pour toutes les planètes, et par conséquent le rapport $\dfrac{a^3}{T^2}$ n'est pas constant. Mais, comme les masses des planètes sont très-petites comparées à celle du soleil, la quantité μ diffère peu de la quantité constante fM, et le rapport $\dfrac{a^3}{T^2}$ est à peu près constant.

280. Les lois du mouvement elliptique ne représentent qu'imparfaitement le mouvement des planètes. Si l'on considère l'ensemble de notre système planétaire, chaque planète est attirée, non-seulement par le soleil, mais en-

core par chacune des autres planètes, de sorte que le vrai mouvement d'une planète est extrêmement compliqué. Mais, l'attraction du soleil étant prédominante, vu la grandeur de sa masse, le mouvement diffère peu du mouvement elliptique; on peut le regarder comme un mouvement elliptique légèrement troublé ou modifié par l'action des autres planètes; c'est là ce qu'on appelle les perturbations du mouvement elliptique. Nous n'entreprendrons pas ici le calcul de ces perturbations; cette question sort du cadre de nos études. Nous dirons seulement, avant de quitter ce sujet important, comment on détermine le rapport des masses des planètes à celle du soleil.

Masse des planètes.

281. Considérons une planète accompagnée d'un ou de plusieurs satellites. En désignant par M la masse du soleil, par m celle de la planète, par a le demi grand axe de l'ellipse décrite par la planète autour du soleil, et par T la durée de la révolution, nous avons trouvé la relation

$$f(M+m) = \frac{4\pi^2 a^3}{T^2}.$$

En appelant m' la masse d'un satellite, a' le demi grand axe de l'ellipse qu'il décrit autour de la planète, et T' la durée de la révolution, on a de même

$$f(m+m') = \frac{4\pi^2 a'^3}{T'^2}.$$

On déduit de là

$$\frac{m+m'}{M+m} = \frac{a'^3}{a^3} \times \frac{T^2}{T'^2},$$

ou, en divisant les deux termes du rapport par M,

$$\frac{\dfrac{m}{M}+\dfrac{m'}{M}}{1+\dfrac{m}{M}}=\frac{a'^3}{a^3}\times\frac{T^2}{T'^2}.$$

Si l'on néglige le rapport très-petit $\dfrac{m'}{M}$, c'est-à-dire le rapport de la masse du satellite à celle du soleil, on a la relation

$$\frac{\dfrac{m}{M}}{1+\dfrac{m}{M}}=\frac{a'^3}{a^3}\times\frac{T^2}{T'^2},$$

de laquelle on déduit le rapport $\dfrac{m}{M}$ de la masse de la planète à celle du soleil. En effectuant le calcul pour Jupiter, on trouve $\dfrac{m}{M}=\dfrac{1}{1050}$.

On pourrait suivre le même procédé pour la terre, en considérant le mouvement de son satellite, la lune. Mais on y arrive plus facilement par un autre moyen : si l'on appelle r le rayon de la terre, l'attraction que le globe terrestre exerce sur l'unité de masse placée à sa surface est exprimée par $\dfrac{fm}{r^2}$; mais cette attraction est connue, c'est le poids g de cette unité de masse; on a donc

$$\frac{fm}{r^2}=g,\quad f(M+m)=\frac{4\pi^2 a^3}{T^2};$$

d'où l'on déduit

$$\frac{M+m}{m}=\frac{M}{m}+1=\frac{4\pi^2 a^3}{gr^2 T^2};$$

on trouve ainsi à peu près

$$\frac{m}{M} = \frac{1}{355\,000}.$$

Cas où les axes mobiles ont un mouvement de rotation.

282. Jusqu'à présent nous avons supposé que les axes mobiles ont un mouvement de translation par rapport aux premiers. Lorsque le mouvement des axes mobiles n'est pas de translation, la question est plus compliquée ; nous nous bornerons pour le moment à un cas particulier qui a de nombreuses applications : c'est celui où le mouvement des axes mobiles est une rotation uniforme autour d'un axe fixe.

Soient Ox, Oy, Oz les axes fixes (*fig.* 202), Ox', Oy' deux axes rectangulaires perpendiculaires à l'axe fixe Oz, et tournant autour de cet axe d'un mouvement uniforme, avec la vitesse angulaire ω, de Ox vers Oy. Appelons x, y, z les coordonnées d'un point mobile M par rapport aux axes fixes, x', y', z' les coordonnées de ce même point par rapport au système des axes mobiles Ox', Oy', Oz. Supposons que l'axe mobile Ox' coïncide avec l'axe fixe Ox au temps $t=0$; l'angle xOx', décrit dans le temps t, est égal à ωt ; d'après les formules de transformation des coordonnées, on a

(1) $\begin{cases} x' = x\cos\omega t + y\sin\omega t, \\ y' = -x\sin\omega t + y\cos\omega t, \\ z' = z. \end{cases}$

On doit considérer x, y, z, x', y' comme des fonctions du temps. Si l'on prend les dérivées premières, on a

$$D_t x' = D_t x \cdot \cos \omega t + D_t y \cdot \sin \omega t + \omega(-x \sin \omega t + y \cos \omega t),$$
$$D_t y' = -D_t x \cdot \sin \omega t + D_t y \cdot \cos \omega t - \omega(x \cos \omega t + y \sin \omega t),$$

ou, en remplaçant les parenthèses par leurs valeurs y' et x',

(2) $\begin{cases} D_t x' = D_t x \cdot \cos \omega t + D_t y \cdot \sin \omega t + \omega y', \\ D_t y' = -D_t x \cdot \sin \omega t + D_t y \cdot \cos \omega t - \omega x', \\ D_t z' = D_t z. \end{cases}$

Telles sont les projections de la vitesse relative. Pour obtenir l'accélération, prenons une seconde fois les dérivées ; nous aurons

$$D_t^2 x' = D_t^2 x \cdot \cos \omega t + D_t^2 y \cdot \sin \omega t$$
$$+ \omega(-D_t x \cdot \sin \omega t + D_t y \cdot \cos \omega t) + \omega D_t y',$$
$$D_t^2 y' = -D_t^2 x \cdot \sin \omega t + D_t^2 y \cdot \cos \omega t$$
$$- \omega(D_t^2 x \cdot \cos \omega t + D_t y \cdot \sin \omega t) - \omega D_t x'.$$

Remplaçons les parenthèses par leurs valeurs $D_t y + \omega x'$, $D_t x' - \omega y'$ tirées des équations (2); il vient

(3) $\begin{cases} D_t^2 x' = (D_t^2 x \cdot \cos \omega t + D_t^2 y \cdot \sin \omega t) + \omega^2 x' + 2\omega D_t y', \\ D_t^2 y' = (-D_t^2 x \cdot \sin \omega t + D_t^2 y \cdot \cos \omega t) + \omega^2 y' - 2\omega D_t x', \\ D_t^2 z' = D_t^2 z. \end{cases}$

Les premiers membres $D_t^2 x'$, $D_t^2 y'$, $D_t^2 z'$ de ces équations sont les projections de l'accélération relative γ' sur les axes Ox', Oy', Oz'. Les dérivées secondes $D_t^2 x$, $D_t^2 y$, $D_t^2 z$, étant les projections de l'accélération γ relative aux axes fixes Ox, Oy, Oz sur ces axes, les quantités

$$D_t^2 x \cdot \cos \omega t + D_t^2 y \cdot \sin \omega t,$$
$$- D_t^2 x \cdot \sin \omega t + D_t^2 y \cdot \cos \omega t,$$

mises entre parenthèses, sont les projections de cette accélération γ sur les axes Ox', Oy'.

Du point M, position du mobile au temps t, abaissons sur l'axe Oz une perpendiculaire MI dont nous désignerons la longueur par r; sur le prolongement de la droite IM, prenons une grandeur géométrique MB égale à $\omega^2 r$; cette grandeur aura pour projection sur les axes Ox', Oy', Oz les seconds termes

$$\omega^2 x', \quad \omega^2 y', \quad 0$$

des seconds membres des équations (3).

Soit MA la droite qui représente la vitesse relative v; par le point M menons une parallèle ML à l'axe de rotation Oz, et désignons par α l'angle LMA, que fait cette vitesse relative avec ML; sur une perpendiculaire au plan LMA, et dans un sens convenable, portons une grandeur géométrique MC égale à $2\omega v \sin\alpha$; nous allons faire voir que les projections de cette grandeur MC sur les trois axes Ox', Oy', Oz sont les troisièmes termes

$$2\omega D_t y', \quad -2\omega D_t x', \quad 0$$

des seconds membres des équations (3). En effet, la projection M'A' de la vitesse relative MA sur le plan xOy a pour valeur $v \sin\alpha$; la droite MC, étant perpendiculaire au plan LMA, est parallèle au plan xOy; sa projection M'C' sur ce plan est égale et parallèle à MC, et perpendiculaire à M'A'; les projections de la grandeur géométrique MC ou M'C' sur Ox' et Oy' sont

$$\text{M'C'} \cdot \cos(\text{M'A'}, Oy'), \quad -\text{M'C'} \cdot \cos(\text{M'A'}, Ox');$$

mais on a

$$\cos(\text{M'A'}, Oy') = \frac{D_t y'}{\text{M'A'}}, \quad \cos(\text{M'A'}, Ox') = \frac{D_t x'}{\text{M'A'}};$$

on trouve ainsi, pour les projections cherchées,

$$2\omega D_t y', \quad -2\omega D_t x';$$

d'ailleurs la projection sur Oz est nulle. Il reste à déterminer dans quel sens on doit porter la grandeur MC sur la perpendiculaire au plan LMA. Imaginons que l'on fasse tourner ce plan autour de la parallèle ML à l'axe de rotation Oz, et dans le même sens ; cette rotation entraînera la vitesse relative d'un certain côté ; il faudra mener la perpendiculaire MC du côté opposé.

Il résulte des équations (3) que la projection de l'accélération γ', relative aux axes mobiles sur chacun des trois axes rectangulaires Ox', Oy', Oz, est la somme algébrique des projections de trois grandeurs géométriques, l'accélération γ du mouvement rapporté aux axes fixes, et les deux grandeurs géométriques MB et MC. On en conclut que l'accélération γ', relative aux axes mobiles, est la résultante de l'accélération γ, relative aux axes fixes, et des accélérations nouvelles MB et MC.

283. Désignons par γ_1 et γ_2 ces deux accélérations MB et MC, que l'on introduit de la sorte pour avoir l'accélération γ_1 du mouvement relatif aux axes mobiles. Si le point M était lié invariablement aux axes mobiles, ce point décrirait autour de l'axe Oz un cercle de rayon MI, d'un mouvement uniforme ; l'accélération de ce mouvement circulaire est dirigée suivant MI et égale à $\omega^2 r$; l'accélération γ_1 est égale et contraire à cette accélération centripète ; on lui a donné pour cela le nom d'accélération *centrifuge*. Par analogie, on a donné à l'autre accélération γ_2, qui est égale à $2\omega v \sin \alpha$, et dirigée suivant MC, le nom d'accélération *centrifuge composée*.

Pour la commodité du langage, rien n'empêche de concevoir deux forces $F_1 = m\gamma_1$, $F_2 = m\gamma_2$, capables de produire les accélérations γ_1 et γ_2. On donnera à la première le nom de *force centrifuge*, à la seconde celui de *force centrifuge composée*. Si aux forces physiques qui sollicitent le mobile on joint ces deux forces fictives, on pourra dire que l'accélération γ' du mouvement relatif est égale, en grandeur et en direction, à la résultante de toutes ces forces divisée par la masse. En d'autres termes, on peut faire abstraction du mouvement des axes mobiles, et les regarder comme fixes, en imaginant que le mobile soit sollicité, non-seulement par les forces physiques qui agissent sur lui effectivement, mais encore par les deux forces fictives F_1 et F_2 que l'on a appelées force centrifuge et force centrifuge composée.

284. Lorsque le mouvement relatif aux axes mobiles est rectiligne et uniforme, l'accélération γ' de ce mouvement relatif étant nulle, la résultante des forces physiques et des deux forces fictives F_1 et F_2 est nulle. Le système de ces forces satisfera donc aux conditions d'équilibre des forces agissant sur un même point matériel (n° 94).

Dans le cas particulier où le point matériel est en repos par rapport aux axes mobiles, la vitesse relative v étant nulle, la force centrifuge composée F_2 est nulle, et la résultante des forces physiques et de la force centrifuge F_1 est nulle. Réciproquement, lorsque le point matériel est placé en un point M sans vitesse relative, et que la résultante des forces physiques qui sollicitent le mobile et de la force centrifuge est nulle, le point matériel reste en repos relatif.

285. Nous avons déjà traité directement (liv. II, chap. III) plusieurs questions qui se rattachent à cet ordre d'idées. Considérons l'équilibre relatif du pendule conique régulateur des machines à vapeur (n° 109). Deux forces sollicitent effectivement la masse M, placée à l'extrémité de la tige, savoir le poids MA de cette masse, et la tension MB de la tige (*fig.* 203). En imaginant le point M sollicité aussi par la force centrifuge, c'est-à-dire par une force fictive MD' égale à $m\omega^2 \times MC$, on peut faire abstraction du mouvement de rotation du plan COM autour de l'axe vertical Oz, et dire que les trois forces MA, MB, MD' se font équilibre. La tension MB de la tige devant faire équilibre aux deux forces MA et MD', il faut que la résultante

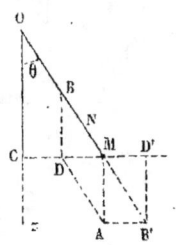

Fig. 203.

MB' de ces deux forces soit dirigée suivant le prolongement de la tige. On déduit de là la valeur de l'angle θ. Ceci est bien d'accord avec le résultat auquel nous sommes arrivés directement; le mouvement du point M étant circulaire et uniforme, la résultante MD des deux forces MA et MB, qui sollicitent effectivement le mobile, doit être dirigée suivant le rayon MC et égale à $\omega^2 \times MC$; or, si cette condition est remplie, il est clair qu'il y aura équilibre entre les deux forces MA, MB, et la force MD', égale et contraire à leur résultante.

286. Les mêmes remarques s'appliquent à la question du numéro 110; il y aura équilibre entre le poids MA du point matériel, la réaction normale MB de la courbe, et la force fictive MD' égale à $\omega^2 \times MC$ (*fig.* 204); la résultante MB' des deux forces MA et MD' doit donc être normale à la courbe, ce qui détermine la forme de la courbe.

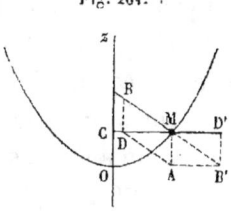

Fig. 204.

358   LIVRE V. COMPLÉMENT.

La terre tourne uniformément autour de son axe ; considérons un point matériel M suspendu à un fil attaché à un point fixe I (*fig.* 203) ; il y aura équilibre entre l'attraction MA que le globe exerce sur le point M, la tension MB du fil, et la force fictive MC' égale à $\omega^2 \times$ MD ; la résultante des deux forces MA et MC' doit donc être égale et opposée à la tension du fil ; cette résultante MB' est ce qu'on appelle le poids du corps ; sa direction est celle du fil à plomb ; c'est la verticale au point M (n° **111**).

Fig. 205.

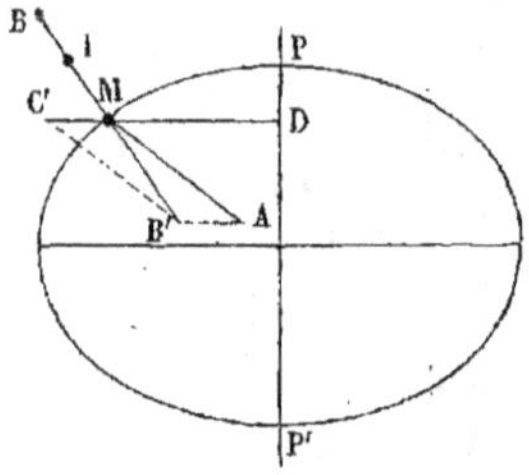

Nous donnerons maintenant quelques exemples de mouvement relatif.

Exemples.

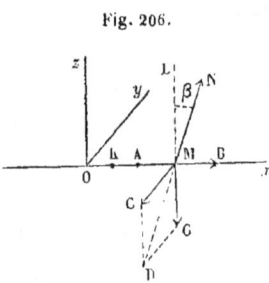

Fig. 206.

287. PREMIÈRE QUESTION. Trouver le mouvement relatif d'un point pesant M assujetti à glisser sans frottement sur une droite horizontale qui tourne uniformément autour d'un axe vertical Oz, avec une vitesse angulaire donnée ω (*fig.* 206).

Supposons que le mouvement de rotation s'accomplisse de Ox vers Oy ; soit M la position du mobile au temps t, x la distance variable OM, v la vitesse relative, comptée positivement dans le sens Ox, négativement en sens contraire. Le mobile est sollicité effectivement par deux forces, son poids MG et la réaction normale N de la droite Ox, réaction qui fait avec la verticale ML un certain angle β. On pourra faire abstraction du mouvement de la droite Ox, en introduisant les deux forces fictives dont nous avons parlé, savoir : la force centrifuge MB égale à $m\omega^2 x$, et la force centrifuge composée MC, perpendiculaire au plan zox, et égale à $2m\omega v$; cette force est dirigée dans le sens opposé à Oy, ou dans le sens Oy, suivant que la vitesse v est positive ou négative. La question est donc ramenée à la suivante : trouver le mouvement sur une droite fixe Ox d'un point mobile sollicité par les quatre forces MB, MG, MC, MN; les trois dernières forces sont normales, et se font équilibre ; la première MB produit l'accélération relative; on a donc l'équation

(1) $$D_t^2 x = \omega^2 x.$$

Il s'agit de trouver une fonction qui se reproduise elle-même, avec le facteur constant ω^2 ; cette fonction est une exponentielle. Posons

(2) $$x = A e^{\omega t} + B e^{-\omega t};$$

on en déduit par la dérivation

$$D_t x = \omega (A e^{\omega t} - B e^{-\omega t}),$$
$$D_t^2 x = \omega^2 (A e^{\omega t} + B e^{-\omega t});$$

la fonction (2) satisfait donc à l'équation (1), quelles que soient les deux constantes A et B. On détermine ces deux constantes par l'état initial du mobile ; supposons que, pour $t = 0$, on ait $x = a$, $v = v_0$; on aura les deux relations

$$a = A + B,$$
$$v_0 = \omega (A - B);$$

d'où $$A = \frac{a + \dfrac{v_0}{\omega}}{2}, \quad B = \frac{a - \dfrac{v_0}{\omega}}{2}.$$

Le mouvement est donc représenté par les formules

$$(3) \begin{cases} x = \dfrac{a\omega + v_0}{2\omega} e^{\omega t} + \dfrac{a\omega - v_0}{2\omega} e^{-\omega t}, \\ v = \dfrac{a\omega + v_0}{2} e^{\omega t} - \dfrac{a\omega - v_0}{2} e^{-\omega t}. \end{cases}$$

Supposons d'abord le mobile placé au point A, avec une vitesse initiale nulle ou positive ; l'accélération étant constamment positive, la vitesse va en augmentant, et le mobile s'éloigne indéfiniment du point O.

Supposons maintenant la vitesse initiale négative, et, pour mettre le signe en évidence, posons $v_0 = -v'_0$; le mobile se rapprochera d'abord du point O, et la vitesse diminuera. Il y a plusieurs cas à distinguer : 1° si l'on a $v'_0 < a\omega$, la vitesse devient nulle pour la valeur de t vérifiant l'équation

$$e^{2\omega t} = \frac{a\omega + v'_0}{a\omega - v'_0};$$

le mobile arrive en un certain point K sans vitesse, après avoir parcouru la longueur AK ; puis le sens du mouvement change, et le mobile s'éloigne indéfiniment dans la direction Kx, comme dans le cas précédent ; 2° quand on a $v'_0 > a\omega$, la vitesse v ne change pas de direction et elle reste constamment négative. Le mobile dépasse le point O, pour s'éloigner indéfiniment dans la direction Ox' ; 3° quand on a $v'_0 = a\omega$, le mobile tend vers le point O avec une vitesse décroissante, mais sans jamais l'atteindre.

Dans ce calcul du mouvement relatif, la force centrifuge composée n'a joué aucun rôle ; mais il est nécessaire d'en tenir compte, si l'on veut déterminer la réaction N que la droite exerce sur le mobile. En effet, le mouvement étant rectiligne, les trois forces normales MG, MC, MN se font équilibre; la force MN est donc égale et opposée à la résultante MD des deux autres, et l'on a

$$N = m\sqrt{g^2 + 4\omega^2 v^2}, \quad \tang \beta = \frac{2\omega v}{g}.$$

La réaction N change de grandeur et de direction pendant le cours du mouvement. Quand le mobile est placé en A sans vitesse initiale, la réaction, d'abord verticale et égale au poids du mobile, augmente indéfiniment, et s'incline de plus en plus, tendant vers la direction horizontale. La force MD est la pression que le mobile exerce contre la droite sur laquelle il se meut.

288. Deuxième question. Généralisons la question précédente. Cherchons le mouvement relatif d'un point pesant assujetti à glisser sans frottement sur une droite quelconque $x'x$, qui tourne uniformément autour de l'axe vertical Oz. Supposons d'abord que la droite rencontre l'axe en O (fig. 207); appelons α l'angle qu'elle fait avec l'axe, et désignons par x la distance variable OM. Le mobile M est sollicité par deux forces, son poids MG et la réaction normale MN de la droite. On pourra faire abstraction du mouvement de la droite,

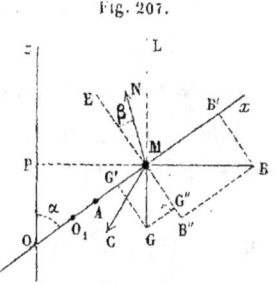

Fig. 207.

en introduisant deux forces fictives, la force centrifuge MB, égale à $m\omega^2 \times$ MP ou à $m\omega^2 \times x \sin \alpha$, et la force centrifuge composée, perpendiculaire au plan zOx et égale à $2m\omega v \sin \alpha$. Nous supposons que la rotation autour de Oz s'effectue de droite à gauche en avant, pour un observateur placé sur cet axe, les pieds en O, la tête en z; cette rotation entraîne la vitesse relative positive en arrière du tableau, dans la position actuelle de la figure; il faut mener la force centrifuge composée MC de l'autre côté, c'est-à-dire en avant du tableau. Décomposons la force centrifuge MB en deux forces, l'une MB$'$ $= m\omega^2 x \sin^2\alpha$, suivant la droite O$x$, l'autre MB$''= m\omega^2 x \sin\alpha\cos\alpha$, perpendiculaire à cette droite. Décomposons de même le poids MG en deux forces, l'une MG$' = mg\cos\alpha$ suivant la droite Ox, l'autre MG$'' = mg\sin\alpha$ perpendiculaire. Les trois forces normales MG$''+$MB$''$, MC, MN se font équilibre; la résultante $m\omega^2 x \sin^2\alpha - mg\cos\alpha$ des deux forces MB$'$ et MG$'$ produit l'accélération relative. On a donc l'équation

$$(1) \qquad D_t^2 x = \omega^2 x \sin^2\alpha - g\cos\alpha.$$

Il existe sur la droite une position O$_1$ d'équilibre relatif, déterminée par la valeur

$$x_1 = \frac{g\cos\alpha}{\omega^2 \sin^2\alpha},$$

qui annule le second membre de l'équation. Si le mobile était placé en O$_1$, sans vitesse initiale, les deux forces MB$'$ et MG$'$ se faisant équilibre, il resterait en repos relatif. Appelons x' la distance variable O$_1$M, et posons $x = x_1 + x'$; l'équation (1) devient

$$(2) \qquad D_t^2 x' = \omega^2 \sin^2\alpha \times x'.$$

Cette équation a même forme que l'équation (1) du numéro précédent; il suffit de remplacer ω par $\omega\sin\alpha$; si l'on désigne par a la distance O$_1$A du point O$_1$ à la position initiale A du mobile, et par v_0 la vitesse initiale, on aura

$$(3) \begin{cases} x = \dfrac{a\omega \sin\alpha + v_0}{2\omega \sin\alpha} e^{\omega t \sin\alpha} + \dfrac{a\omega \sin\alpha - v_0}{2\omega \sin\alpha} e^{\omega t \sin\alpha}, \\ v = \dfrac{a\omega \sin\alpha + v_0}{2} e^{\omega t \sin\alpha} - \dfrac{a\omega \sin\alpha - v_0}{2} e^{\omega t \sin\alpha}. \end{cases}$$

Le mouvement présente des circonstances analogues à celles du problème précédent. Supposons, pour préciser, que le point A, position initiale du mobile, soit situé au-dessus du point O_1. Si la vitesse initiale est nulle ou positive, le mobile montera indéfiniment sur la droite avec une vitesse croissante. Quand la vitesse initiale est négative et moindre que $a\omega \sin\alpha$ en valeur absolue, le mobile descend du point A jusqu'à un certain point compris entre A et O_1, puis il remonte indéfiniment. Quand la vitesse initiale est négative et plus grande que $a\omega \sin\alpha$ en valeur absolue, le mobile dépasse le point O_1 et s'abaisse indéfiniment. Enfin, quand la vitesse initiale est négative et égale à $a\omega \sin\alpha$ en valeur absolue, le mobile tend vers la position d'équilibre O_1.

L'équilibre des forces normales permet de déterminer la réaction normale MN que la droite exerce sur le mobile. Cette réaction étant égale et opposée à la résultante des deux forces MG″ + MB″ et MC, si l'on appelle β l'angle qu'elle fait avec la normale ME située dans le plan zOx, on a

$$N = m \sin\alpha \sqrt{(g + \omega^2 x \cos\alpha)^2 + 4\omega^2 v^2},$$
$$\operatorname{tang}\beta = \dfrac{2\omega v}{g + \omega^2 x \cos\alpha}.$$

289. Considérons enfin le cas où la droite mobile Ox ne rencontre pas l'axe de rotation O'z (*fig*. 208). Soit OO' la plus courte distance des deux droites. Par le point O' menons une droite O'x' parallèle à Ox; appelons α l'angle zO'x', et x la distance variable OM. Du point M abaissons une perpendiculaire MP sur l'axe et menons MM' parallèle à OO'.

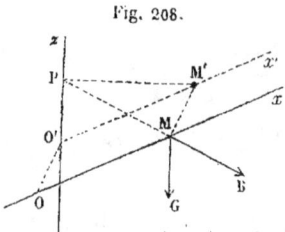

Fig. 208.

La force centrifuge MB est égale à $m\omega^2 \times$ PM, et dirigée suivant le prolongement de PM; cherchons sa projection sur la droite Ox ou sur la droite parallèle O'x'; cette projection est égale au produit de $m\omega^2$ par la projection de PM; mais la projection de PM est égale à celle de la ligne brisée PM'M; la droite MM' étant perpendiculaire à O'x', sa projection est nulle, et la projection de PM est égale à celle de PM', c'est-à-dire à $x \sin^2 \alpha$; la projection de la force centrifuge MB sur Ox a donc pour expression $m\omega^2 x \sin^2 \alpha$, comme dans le cas précédent. D'ailleurs, la projection du poids MG est toujours $-Mg \cos \alpha$; on arrive donc à la même équation (1). On en conclut que le mouvement du mobile M sur la droite Ox est le même que celui du point M' sur la droite parallèle O'x'. Mais la réaction normale de la droite n'est pas la même, et le calcul en est un peu plus compliqué, parce que les deux composantes normales MB'' et MG'' (*fig*. 207) n'ont plus la même direction.

290. Troisième question. — *Déviation vers l'est dans la chute des corps.* La terre tourne autour de son axe avec une vitesse angulaire $\omega = \dfrac{2\pi}{86400}$ (la durée de la révolution ou le jour sidéral étant de 86400 secondes);

cette vitesse angulaire est moindre que $\frac{1}{13700}$, elle est très-petite. Quand on étudie le mouvement des corps à la surface de la terre, on rapporte en général le mouvement à des axes liés à la terre, et par conséquent mobiles avec elle; on pourra faire abstraction de la rotation de la terre, en introduisant les deux accélérations, ou les deux forces, fictives dont nous avons parlé; mais je fais remarquer qu'on a déjà tenu compte de la force centrifuge; car cette force centrifuge, combinée avec l'attraction que le globe exerce sur le mobile, constitue le poids du mobile (n° 286); il reste donc à tenir compte de l'accélération centrifuge composée. Cette accélération, $2\omega v \sin \alpha$, est en général très-faible et peut être négligée sans erreur sensible. Pour une vitesse de 10 mètres par seconde, qui est celle des chemins de fer, elle est moindre que 0,002; pour une vitesse de 500 mètres par seconde, qui est celle des boulets au sortir du canon, elle est moindre que 0,1. Ce n'est que par des expériences très-délicates qu'on peut la manifester.

Supposons qu'un corps soit placé, sans vitesse initiale, au point O (*fig.* 209), à l'ouverture d'un puits très-profond, et abandonné à lui-même. Si l'on néglige l'accélération centrifuge composée, et aussi la variation de la pesanteur quand le corps se rapproche du centre de la terre, ainsi que la résistance de l'air, on a suivant la verticale Oz un mouvement uniformément accéléré; la force centri-

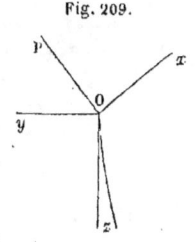

Fig. 209.

fuge composée modifie un peu ce mouvement. Pour évaluer cette force, on peut supposer que la vitesse est celle qui aurait lieu dans le mouvement rectiligne, ce qui revient à négliger les quantités petites du second ordre. Prenons pour axes des coordonnées la verticale Oz dirigée de haut en bas, la méridienne Oy dirigée vers le nord, et une perpendiculaire Ox au plan méridien du côté de l'est. L'angle POy que fait avec la méridienne une parallèle OP à l'axe de la terre est la latitude λ du lieu ; la vitesse relative étant à peu près verticale, on a sensiblement $\alpha = \dfrac{\pi}{2} + \lambda$; l'accélération centrifuge composée a pour expression $2\omega v \cos\lambda$, et elle est perpendiculaire au plan méridien POz. Quand on fait tourner ce plan autour de OP dans le sens de la rotation de la terre, la droite Oz est entraînée vers l'ouest, l'accélération centrifuge composée est donc dirigée vers l'est ; elle est parallèle à Ox. Le mouvement du mobile s'effectue ainsi dans le plan xOz, et l'on a, au degré d'approximation auquel nous nous arrêtons,

$$D_t^2 z = g,$$
$$D_t^2 x = 2\omega v \cos\lambda = 2\omega g t \cos\lambda.$$

On en déduit

$$D_t x = \omega g t^2 \cos\lambda, \quad x = \frac{\omega g t^3 \cos\lambda}{3}, \quad z = \frac{g t^2}{2};$$

la trajectoire a pour équation

$$x = \frac{\omega g \cos\lambda}{3}\left(\frac{2z}{g}\right)^{\frac{3}{2}}.$$

Le corps dans sa chute dévie vers l'est ; la formule précédente donne la déviation x pour une hauteur de chute z.

291. Quatrième question. Cherchons le mouvement d'un corps lancé sur un plan horizontal parfaitement poli, avec une vitesse initiale v_0, en tenant compte de la force centri-

fuge composée. Prenons pour axes des coordonnées la verticale Oz (*fig.* 210), la méridienne Oy dirigée vers le nord, et la perpendiculaire Ox au plan méridien vers l'est. Soit OA la grandeur géométrique qui représente la vitesse v du mobile dans le plan horizontal au temps t, θ l'angle qu'elle fait avec Oy, angle compté de Oy vers Ox; l'accélé-

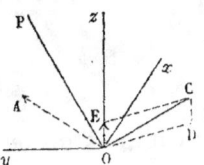

Fig. 210.

ration centrifuge composée OC est égale à $2\omega v \sin \text{AOP}$; elle est perpendiculaire au plan AOP, du côté indiqué sur la figure. Décomposons-la en deux accélérations, l'une OD horizontale, l'autre OE verticale. La droite OA, étant perpendiculaire aux deux droites Oz et OC, est perpendiculaire à la droite OD qui est située dans ce plan; ainsi, la composante horizontale OD de l'accélération centrifuge composée est perpendiculaire à la vitesse relative OA, et elle est dirigée vers la droite pour un observateur regardant dans la direction OA de cette vitesse. Évaluons cette composante : on a

$$OD = OC \cdot \cos COD = 2\omega v \sin \text{AOP} \cos \text{COD}.$$

Considérons le trièdre OPAz, dont la face AOz est égale à un angle droit; les droites OC et OD étant perpendiculaires respectivement aux plans AOP, AOz, l'angle COD de ces deux droites mesure l'angle dièdre OA des deux plans; on a, dans ce trièdre,

$$\sin \lambda = \cos \text{PO}z = \sin \text{AOP} \cos \text{COD};$$

d'où l'on déduit

(1) $$OD = 2\omega v \sin \lambda.$$

Évaluons aussi la composante verticale

$$OE = 2\omega v \sin \text{AOP} \sin \text{COD}.$$

Dans le même trièdre, on a

$$\frac{\sin COD}{\cos \lambda} = \frac{\sin \theta}{\sin AOP},$$

d'où

(2) $\qquad OE = 2\omega v \cos \lambda \sin \theta.$

La composante verticale diminue ou augmente la pesanteur, suivant que la vitesse est dirigée vers l'est ou vers l'ouest, par rapport à la méridienne.

Dans notre hémisphère, la composante horizontale OD fait dévier le corps vers la droite; cette accélération OD étant perpendiculaire à la vitesse OA et par conséquent normale à la trajectoire, la vitesse a une grandeur constante, ainsi que l'accélération; le mobile décrira donc sur le plan horizontal un arc de cercle d'un très-grand rayon. Ce rayon est donné par l'équation

$$\frac{v^2}{r} = 2\omega v \sin \lambda,$$

d'où $\qquad r = \dfrac{v}{2\omega \sin \lambda}.$

Dans l'hémisphère austral, la composante horizontale ferait au contraire dévier le corps vers la gauche.

Il est impossible de reconnaître directement ce phénomène par l'expérience, à cause des causes nombreuses qui le troublent, telles que la résistance de l'air, le frottement, etc.

292. Cinquième question. M. Foucault a mis en évidence, par des expériences très-ingénieuses, l'influence de l'accélération centrifuge composée sur le mouvement du pendule. Considérons une lentille pesante, suspendue à un

fil très-fin d'une grande longueur, afin qu'on puisse négliger la torsion du fil. Dans le cas des petites oscillations, le centre de la lentille, que nous réduisons par la pensée à un point matériel, se meut à peu près dans un plan horizontal; nous regarderons donc la vitesse relative comme sensiblement horizontale. En conservant les mêmes notations que dans le problème précédent, à l'accélération g produite par la pesanteur, nous aurons à joindre l'accélération centrifuge composée, que nous décomposerons en deux, l'une OE verticale, l'autre OD horizontale (*fig.* 210). Si l'on décompose l'accélération verticale $g - 2\omega v \cos\lambda \sin\theta$ en deux, l'une dirigée suivant le prolongement du fil, l'autre perpendiculaire (n° 114), on aura une accélération $(g - 2\omega v \cos\lambda \sin\theta)\frac{r}{l}$ dirigée vers le point O et proportionnelle à la distance r du mobile à ce point. La composante horizontale OD, étant perpendiculaire à la vitesse, a pour projections sur les axes Ox et Oy,

$$+ 2\omega \sin\lambda . D_t y, \quad -2\omega \sin\lambda . D_t x.$$

On a donc les deux équations (n° 115)

$$(1) \quad \begin{cases} D_t^2 x = -(g - 2\omega v \cos\lambda \sin\theta)\dfrac{x}{l} + 2\omega \sin\lambda . D_t y, \\ D_t^2 y = -(g - 2\omega v \cos\lambda \sin\theta)\dfrac{y}{l} - 2\omega \sin\lambda . D_t x. \end{cases}$$

Le second terme du second membre est très-petit par rapport au troisième, à cause du facteur très-petit $\dfrac{x}{l}$ ou $\dfrac{y}{l}$; nous négligerons ce second terme et nous écrirons les équations sous la forme

$$(2) \quad \begin{cases} D_t^2 x = -\dfrac{gx}{l} + 2\omega \sin\lambda \cdot D_t y, \\ D_t^2 y = -\dfrac{gy}{l} - 2\omega \sin\lambda \cdot D_t x. \end{cases}$$

Au pôle boréal, les équations du mouvement rapportées à deux axes Ox et Oy, liés à la terre et tournant avec elle autour de son axe Oz, sont

$$(3) \quad \begin{cases} D_t^2 x = -\dfrac{gx}{l} + 2\omega D_t y, \\ D_t^2 y = -\dfrac{gy}{l} - 2\omega D_t x. \end{cases}$$

Mais, au pôle, le mouvement du pendule est connu ; car le point I, où est attachée l'extrémité supérieure du fil, étant sur le prolongement de l'axe de la terre, est un point fixe.

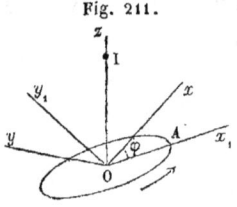

Fig. 211.

Dans le plan horizontal (*fig.* 211) prenons deux axes rectangulaires Ox_1, Oy_1 qui ne participent pas au mouvement de la terre ; les équations du mouvement par rapport au système des axes fixes Ox_1, Oy_1 sont

$$(4) \quad \begin{cases} D_t^2 x_1 = -\dfrac{gx_1}{l}, \\ D_t^2 y_1 = -\dfrac{gy_1}{l} ; \end{cases}$$

ce sont celles d'un point attiré vers le point O, proportionnellement à la distance. Nous avons traité cette question au numéro 115. Appelons a l'écart initial OA du pendule ; quand la lentille est placée en A sans vitesse initiale relative, elle possède, par rapport aux axes fixes, la vitesse ωa

de la terre en A, vitesse perpendiculaire à OA ; en supposant l'axe fixe Ox_1 mené par la position initiale A du mobile, on a donc

$$x_1 = a \cos t \sqrt{\frac{g}{l}}, \quad y_1 = a\omega \sqrt{\frac{l}{g}} \sin t \sqrt{\frac{g}{l}},$$

$$\frac{x_1^2}{a^2} + \frac{g y_1^2}{a^2 \omega^2 l} = 1.$$

Le mobile décrit une ellipse très-aplatie dans le sens indiqué par la flèche, c'est-à-dire dans le sens du mouvement de la terre ; négligeant le petit axe de l'ellipse, nous dirons que le pendule exécute ses oscillations dans le plan fixe zOx_1. Supposons maintenant qu'un observateur soit placé sur la terre à une certaine distance du pôle, par exemple sur l'axe Ox ; cet observateur sera emporté par la rotation de la terre ; comme il n'a pas conscience de son mouvement, le plan d'oscillation zOx_1 lui paraîtra tourner autour de Oz en sens contraire avec la vitesse ω. Si l'on appelle φ l'angle xOx_1, on a $\varphi = \varphi_0 + \omega t$.

Les équations (2) ne diffèrent des équations (3) qu'en ce que ω est remplacé par $\omega \sin \lambda$. A la latitude λ, le phénomène est donc le même que si la terre tournait autour de la verticale Oz avec la vitesse angulaire $\omega \sin \lambda$. L'ellipse décrite par le pendule aura pour axes a et $a\omega \sin \lambda \sqrt{\frac{l}{g}}$; le mouvement apparent du plan d'oscillation aura lieu en sens inverse du mouvement de la terre, avec la vitesse angulaire $\omega \sin \lambda$.

CHAPITRE II.

MOUVEMENT GÉOMÉTRIQUE D'UN CORPS SOLIDE.

Dans le livre I, nous avons étudié le mouvement d'un point matériel d'une manière purement géométrique, et abstraction faite des causes qui le produisent ou le modifient; pour compléter cette branche de la mécanique, à laquelle on a donné le nom de *cinématique*, nous indiquerons les lois principales du mouvement géométrique d'un corps solide. Nous étudierons d'abord le mouvement d'une figure plane dans son plan ; nous étudierons ensuite le mouvement d'un corps solide assujetti à tourner autour d'un point fixe, et enfin le mouvement d'un corps solide libre dans l'espace.

Mouvement d'une figure plane dans son plan.

293. THÉORÈME I. *Tout déplacement d'une figure plane dans son plan peut être produit par une rotation autour d'un point fixe.*

Supposons que sur un plan fixe glisse un plan mobile parfaitement solide ; toute figure tracée dans le plan mobile sera emportée avec lui dans son mouvement. Il est clair que la position du plan mobile sur le plan fixe sera parfaitement déterminée, si l'on connaît les positions de deux de ses points. Considérons deux positions du plan mobile ; soient A et B (*fig.* 212) deux points du plan mobile dans sa première po-

Fig. 212.

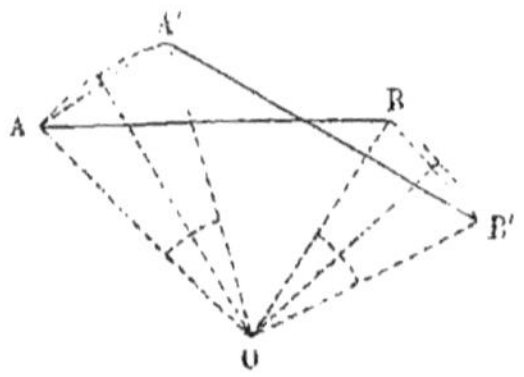

sition; A' et B' les mêmes points dans la seconde position du plan mobile; la droite AB, invariable de longueur, s'est transportée en A'B'. Joignons AA' et BB'; sur les milieux de ces droites élevons des perpendiculaires, qui se couperont en un certain point O. Les deux triangles AOB, A'OB' sont égaux, comme ayant les trois côtés égaux chacun à chacun, savoir : le côté AB égal à A'B', le côté OA égal à OA', puisque le point O appartient à la perpendiculaire élevée sur le milieu de AA', et de même le côté OB égal à OB'. Les angles AOB, A'OB' de ces deux triangles sont donc égaux; si l'on retranche la partie commune A'OB, il reste les angles égaux AOA', BOB'. Imaginons maintenant que l'on fasse tourner le plan mobile autour du point fixe O de l'angle AOA'; le point A décrira un arc de cercle et viendra en A'; le point B décrira de même un arc de cercle et viendra en B'. La rotation autour du point O amène donc la figure mobile de sa première position AB à la seconde A'B'.

294. Théorème II. *Lorsqu'une figure plane se meut d'une manière quelconque dans son plan, les vitesses de tous les points de la figure, à chaque instant, sont les mêmes que si la figure tournait autour d'un certain point, avec une vitesse angulaire déterminée.*

Considérons les positions du plan mobile au temps t et au temps $t + \Delta t$; soit M (*fig.* 213) un point quelconque du plan mobile dans sa première position, M' la nouvelle position de ce même point; le point M a éprouvé le déplacement MM' pendant le temps Δt; sa vitesse moyenne v_1, que nous représenterons par la droite MA_1, est dirigée

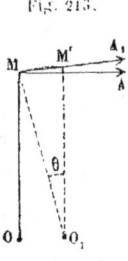

Fig. 213.

suivant MM' et égale à $\frac{MM'}{\Delta t}$. En vertu du théorème précédent, on peut amener le plan mobile de sa première position à la seconde, en le faisant tourner autour d'un certain point O_1 d'un angle MO_1M', que nous désignerons par θ. Dans ce mouvement, le point M décrit l'arc de cercle MM' et vient en M'. Faisons maintenant diminuer jusqu'à zéro l'intervalle de temps Δt; le point O_1 tend vers un point limite O, auquel on a donné le nom de *centre instantané de rotation*. La sécante MM' devient tangente au cercle, et par conséquent perpendiculaire au rayon OM; ainsi, la vitesse MA au temps t est perpendiculaire au rayon OM. On a d'ailleurs

$$v_1 = \frac{\text{corde MM}'}{\Delta t} = \frac{\text{corde MM}'}{\text{arc MM}'} \times \frac{\text{arc MM}'}{\Delta t};$$

l'arc MM' étant égal à l'angle MO_1M', c'est-à-dire à l'angle θ, multiplié par le rayon O_1M, il vient

$$v_1 = \frac{\text{corde MM}'}{\text{arc MM}'} \times \frac{\theta}{\Delta t} \times O_1M.$$

Quand Δt tend vers zéro, le rapport $\frac{\theta}{\Delta t}$ tend vers une limite déterminée : cette limite, que nous désignerons par ω, est ce qu'on appelle la vitesse angulaire de rotation au temps t; on a de la sorte

$$v = \omega \times OM.$$

Ainsi, la vitesse MA d'un point quelconque M du plan mobile est perpendiculaire au rayon OM et proportionnelle à ce rayon. Si donc on imagine que le plan mobile tourne autour du point O avec la vitesse angulaire ω, cette rotation donnera à chaque point la vitesse qu'il a effectivement au temps t.

A chaque instant, il y a dans le plan mobile un point dont la vitesse est nulle ; ce point est le centre instantané de rotation.

295. Remarques. Les différents points de la figure mobile étant liés les uns aux autres par des droites de longueur invariable, on comprend que les vitesses de ces différents points ne sont pas indépendantes les unes des autres ; les relations qui existent entre ces différentes vitesses sont contenues dans le théorème précédent. Si l'on donne les directions des vitesses de deux points à un même instant, on connaîtra la position du centre instantané de rotation O à cet instant ; il suffira de mener les normales en ces deux points et de prendre leur point d'intersection. Si l'on donne en outre la grandeur de l'une des vitesses, on connaîtra la vitesse angulaire de rotation ω. Le centre instantané de rotation étant déterminé, ainsi que la vitesse angulaire, on en déduit très-facilement la vitesse de chacun des points du plan mobile.

Quand on connaît les trajectoires décrites par deux points A et B du plan mobile, le mouvement du plan est défini géométriquement ; on peut construire les positions successives de la figure mobile et par conséquent tracer la courbe que décrit l'un quelconque M de ses points. On peut en outre construire la tangente à cette courbe ; car les normales aux points correspondants des trajectoires décrites par les deux points A et B donnent par leur intersection le centre instantané de rotation O ; la droite OM est normale à la trajectoire décrite par le point M ; une perpendiculaire à cette normale sera la tangente. Cette méthode est d'une application fréquente dans l'étude des courbes.

576 LIVRE V. COMPLÉMENT.

296. Théorème III. *On peut se représenter le mouvement d'une figure plane dans son plan en faisant rouler une courbe mobile sur une courbe fixe sans glissement.*

Partageons le temps en intervalles égaux à Δt; le déplacement éprouvé par la figure mobile pendant chacun de ces intervalles de temps peut être produit par une rotation autour d'un point déterminé; soient O, P, Q, R,... les positions dans le plan fixe des centres de rotation qui correspondent à ces intervalles de temps successifs (*fig.* 214);

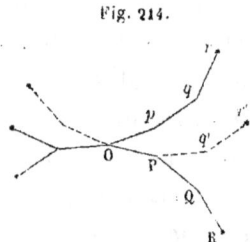

Fig. 214.

O, p, q, r, ... les mêmes points dans le plan mobile; les sommets du polygone mobile Opqr,... viennent coïncider successivement avec les sommets correspondants du polygone fixe OPQR.... Le polygone mobile Opqr... a été figuré dans la position qu'il occupe au temps t; le déplacement qu'éprouve la figure mobile du temps t au temps $t + \Delta t$ peut être produit par une rotation autour du point O; si donc on fait tourner le polygone mobile autour du point O d'un angle égal à POp, le sommet p viendra en P, et le polygone mobile sera amené dans la position OP$q'r'$... qu'il occupe au temps $t + \Delta t$. De même, si l'on fait tourner le polygone mobile autour du point P d'un angle égal à QPq', le sommet q' viendra en Q, et le polygone mobile sera amené dans la position qu'il occupe au temps $t_2 + \Delta t$; et ainsi de suite. On remarque que les côtés du polygone mobile sont respectivement égaux aux côtés correspondants du polygone fixe, et que, dans chacune des positions du polygone mobile, les deux polygones ont un côté commun; par exemple, au temps $t + \Delta t$ les deux polygones ont le côté commun OP. Ce roulement du polygone mobile sur le polygone fixe présente une idée très-nette et facile à saisir.

Supposons maintenant que les intervalles de temps Δt soient de plus en plus petits, le point O tendra vers une position limite, qui est le centre instantané de rotation au temps t (*fig.* 215); les deux polygones deviendront, l'un le lieu du centre instantané de rotation dans le plan fixe, l'autre le lieu de ce même point dans le plan mobile. Appelons S la courbe fixe, S' la position de la courbe mobile au temps t; ces deux courbes, étant les limites de deux polygones qui ont un côté commun OP (*fig.* 214), sont tangentes en O; ce point de contact O est le centre instantané de rotation au temps t. Il résulte de ce qui précède que la courbe S' roule sur la courbe S, sans glisser; un arc de la première courbe s'applique sur un arc égal de la seconde courbe.

Fig. 215.

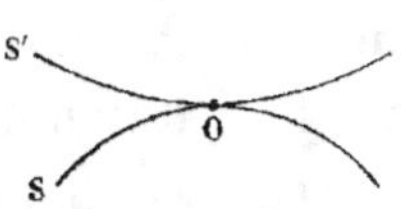

297. Pour montrer une application de cette manière d'envisager le mouvement, considérons le cas où deux points A et B du plan mobile glissent sur deux droites fixes CX, CY (*fig.* 216). Les perpendiculaires AO et BO, menées par les points A et B aux droites CX, CY, décrites par ces points, donnent par leur intersection le centre instantané de rotation O. La droite mobile AB ayant une longueur constante, et l'angle AOB étant

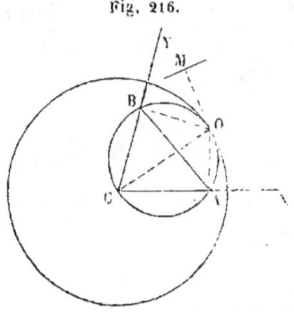

Fig. 216.

constant, et supplémentaire ou égal à l'angle C, le lieu du

point O dans le plan mobile est le segment capable de l'angle AOB construit sur la droite AB ; c'est la circonférence de cercle décrite sur CO comme diamètre. Ce diamètre CO ayant une longueur constante, le lieu du point O dans le plan fixe est la circonférence de cercle décrite du point C comme centre, avec un rayon égal à CO. On peut se représenter le mouvement du plan mobile, en faisant rouler le petit cercle sur le cercle double, à l'intérieur, sans glissement. On sait qu'un point quelconque M du plan mobile décrit une ellipse ; la droite OM est normale à cette ellipse au point M ; une perpendiculaire à la droite OM est la tangente à l'ellipse.

La cycloïde est la courbe décrite par un point M d'un cercle mobile roulant sur une droite fixe X'X (*fig*. 217). Le point de contact O du cercle mobile et de la droite fixe X'X étant le centre instantané de rotation, la droite OM est normale à la cycloïde au point M.

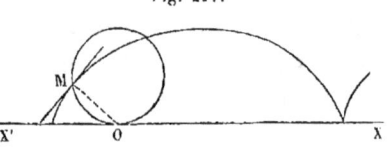

Fig. 217.

298. Théorème IV. *Si l'on considère l'enveloppe d'une ligne située dans le plan mobile, la normale commune à l'enveloppe et à la ligne mobile passe par le centre instantané de rotation.*

Une ligne A située dans le plan mobile (*fig*. 218) reste tangente, dans ses positions successives, à une ligne B située dans le plan fixe ; cette ligne B est ce qu'on appelle l'*enveloppe* de la ligne mobile A. Considérons les deux positions A et A' de la ligne mobile aux temps t et $t+\Delta t$; les deux lignes A et A' se coupent en un point m' ; soit m

le point de la ligne A qui vient en m' au temps $t + \Delta t$. On peut amener la ligne A de sa première position à la seconde, en la faisant autour d'un certain point O_1 d'un angle égal à l'angle mO_1m'. Quand Δt tend vers zéro, le point d'intersection m' tend vers le point M où l'enveloppe B touche la ligne A ; en même temps le point O_1 tend vers le centre instantané de rotation O. Puisque les deux points m et m' se confondent, la sécante mm' devient tangente en M à la ligne A, et au cercle décrit du point O comme centre avec OM pour rayon ; on en conclut que le rayon OM est perpendiculaire à la tangente et par conséquent normal à la ligne A. Ainsi, la normale commune à la ligne mobile A et à l'enveloppe B, au point de contact M, passe par le centre instantané de rotation.

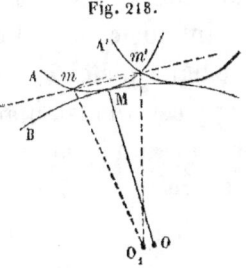

Fig. 218.

Le point de contact M de la ligne mobile A a une vitesse tangente à la ligne fixe B et égale à $\omega \times OM$; il y a donc en même temps roulement et glissement de la ligne A sur la ligne B. La ligne S (*fig.* 215), lieu du centre instantané de rotation dans le plan fixe, est l'enveloppe de la ligne S', lieu de ce point dans le plan mobile ; mais, comme le point de contact est le centre instantané de rotation, la vitesse de ce point est nulle ; voilà pourquoi la ligne S' roule sans glisser sur la ligne fixe S.

299. Remarques. Le mouvement du plan mobile est défini géométriquement quand on connaît, soit les trajectoires de deux points, soit la trajectoire d'un point et l'enveloppe d'une ligne, soit les enveloppes de deux lignes. A l'aide de ces deux conditions on pourra déterminer le centre instantané de rotation pour chaque position du plan mobile, et par suite construire la tangente à la trajectoire décrite par un point quelconque du plan. Si l'on cherche l'enveloppe d'une ligne quelconque située dans le plan mobile, en menant du centre instantané de rotation une normale à cette ligne, on aura le point où elle est touchée par l'enveloppe.

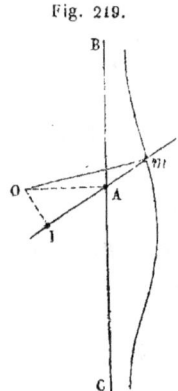

Fig. 219.

La conchoïde est la courbe décrite par un point M d'une droite qui tourne autour d'un point fixe I et dont un point A décrit une droite BC (*fig.* 219). Le point I peut être regardé comme l'enveloppe de la droite mobile ; si l'on mène par le point I une normale à la droite IA et par le point A une normale à la trajectoire BC, le point d'intersection O de ces deux normales est le centre instantané de rotation ; la droite OM est normale à la conchoïde.

Mouvement d'un corps solide autour d'un point fixe.

500. Théorème V. *Tout déplacement d'un corps solide autour d'un point fixe peut être produit par une rotation autour d'un axe fixe.*

Lorsqu'un corps solide a un point fixe O (*fig.* 220), il

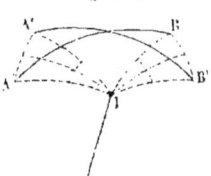

Fig. 220.

est clair que la position du corps sera parfaitement déterminée, si l'on connaît les positions de deux de ses points. Si l'on décrit une sphère du point O comme centre, avec un rayon arbitraire, toute figure située sur la sphère restera sur cette sphère dans le mouvement du corps solide autour du point O. Soient A et B deux points de la surface de la sphère dans la première position du corps solide, A' et B' les mêmes points dans la seconde position ; l'arc de grand cercle AB, invariable de longueur, s'est transporté en A'B'. Menons des arcs de grands cercles perpendiculaires sur les milieux des arcs de grands cercles AA', BB', ces deux arcs se couperont en un point I. Les deux triangles sphériques IAB, IA'B' sont égaux comme ayant les trois côtés égaux chacun à chacun ; si des deux angles égaux AIB, A'IB' on retranche la partie commune A'IB, il reste les deux angles égaux AIA', BIB'. Imaginons que l'on fasse tourner le corps solide autour de la droite OI, d'un angle égal à AIA', le point A viendra en A', le point B en B', et par suite le corps solide sera amené de sa première position à la seconde.

301. Théorème VI. *Lorsqu'un corps solide se meut d'une manière quelconque autour d'un point fixe, les vitesses des différents points du corps solide, à chaque instant, sont les mêmes que si le corps solide tournait autour d'un certain axe, avec une vitesse angulaire déterminée.*

Considérons les positions du corps solide au temps t et au temps $t + \Delta t$. Soit M un point quelconque du corps dans sa première position, M' le même point dans sa seconde position (*fig.* 221). Sa vitesse moyenne v_1, que nous représenterons par MA_1, est dirigée suivant MM' et égale à $\frac{MM'}{\Delta t}$. En vertu du théorème précédent, on peut amener le corps solide de la première position à la seconde, en le faisant tourner autour d'une certaine droite OL, d'un angle θ ; dans ce mouvement, le point M décrit un arc de cercle MM' ayant pour rayon la perpendiculaire MC_1 abaissée du point M sur l'axe de rotation OL_1. Si l'on fait diminuer Δt jusqu'à zéro, l'axe de rotation OL_1 tend vers une position limite OL, qui est ce qu'on appelle *l'axe instantané de rotation* au temps $t;$ la perpendiculaire MC_1 devient la perpendiculaire MC abaissée du point M sur l'axe instantané OL; la sécante MM' devient tangente au cercle et par conséquent perpendiculaire au rayon CM, dans le plan du cercle qui est perpendiculaire à OL; la vitesse MA est donc perpendiculaire au plan mené par le point M et l'axe instantané OL.

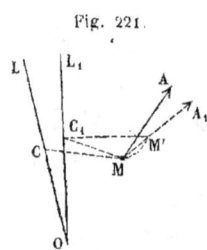

Fig. 221.

On a d'ailleurs

$$v_1 = \frac{\text{corde MM'}}{\Delta t} = \frac{\text{corde MM'}}{\text{arc MM'}} \times \frac{\theta}{\Delta t} \times C_1 M,$$

et par suite $\qquad v = \omega \times CM.$

Ainsi, la vitesse du point M est la même que si le corps solide tournait autour de l'axe instantané OL avec la vitesse angulaire ω.

A chaque instant, il y a dans le corps solide une infinité de points dont la vitesse est nulle; le lieu de ces points est l'axe instantané de rotation.

Si l'on considère le lieu de l'axe instantané de rotation dans l'espace, et le lieu de ce même axe dans le corps solide, on aura deux cônes, l'un fixe, l'autre mobile, et l'on verra, comme précédemment, que l'on peut se représenter le mouvement du corps solide en faisant rouler le cône mobile sur le cône fixe, sans glissement.

Mouvement d'un corps solide libre.

302. Théorème VII. *Tout déplacement d'un corps solide peut être produit par une translation et une rotation.*

Considérons deux positions d'un corps solide libre dans l'espace. Prenons un point arbitraire dans le corps solide et soient O et O' les deux positions de ce point (*fig.* 222); imaginons que l'on donne à tous les points du corps un déplacement égal et parallèle à OO'; ce sera un mouvement de translation; il suffira ensuite, pour amener le corps dans la position qu'il doit occuper, de regarder le point O' comme fixe et de faire tourner le corps autour de ce point fixe; mais on sait que ce second déplacement peut être produit par une rotation autour d'un axe fixe O'L. Ainsi, on amène le corps solide de sa première position à la seconde, par une translation égale au déplacement OO' de l'un de ses points, et par une rotation autour d'un axe passant par ce point.

Fig. 222.

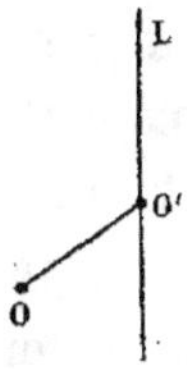

303. Remarque I. On peut faire en sorte que la rotation s'accomplisse autour d'un axe parallèle à la translation. Par les points O et O' menons des plans P et P' perpendiculaires à l'axe de rotation O'L (*fig.* 223). Décomposons le déplacement OO' en deux déplacements, l'un OO_1 parallèle à l'axe O'L, l'autre O_1O' perpendiculaire à l'axe et par conséquent situé dans le plan P'. Nous amènerons le corps solide de sa première position à sa seconde position en

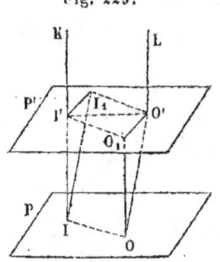

Fig. 223.

lui donnant d'abord la translation OO_1, puis la translation O_1O', et le faisant tourner ensuite autour de $O'L$. La première translation amène le plan P sur le plan parallèle P'; la seconde translation O_1O' fait glisser le plan P' sur lui-même, de même que la rotation autour de l'axe perpendiculaire $O'L$. Ces deux derniers mouvements ne font que déplacer le plan P' dans son propre plan; mais on sait qu'un pareil déplacement peut être produit par une rotation autour d'un point fixe I' du plan, ou, ce qui est la même chose, autour d'un axe I'K perpendiculaire au plan. De cette manière on a une translation OO_1 et une rotation autour d'un axe IK parallèle à la translation.

La droite IK glisse sur elle-même, et, en même temps, le corps tourne autour de cette droite. Ce double mouvement est analogue à celui d'une vis dans son écrou. Toute autre droite, telle que OO_1, parallèle à l'axe IK, glisse sur elle-même de la quantité OO_i égale à II', et en même temps se déplace parallèlement à elle-même, de manière à venir occuper la position $O'L$. Si cette droite glissait simplement sur elle-même, comme la droite IK, le mouvement général du corps solide serait un mouvement de translation, sans rotation. Ainsi la droite IK, que nous appellerons *axe central*, est une droite parfaitement déterminée, appartenant au corps solide, ou liée invariablement à ce corps.

304. REMARQUE II. Pour effectuer le déplacement du corps solide par une translation et une rotation, nous avons pris un point arbitraire O dans le corps; la translation OO' est le déplacement même de ce point; la rotation s'accomplit autour d'un axe $O'L$ passant par le point O'. Il est à remarquer que, quel que soit le point du corps que l'on ait choisi, l'axe de rotation a une direction constante,

et l'angle de rotation une valeur constante. On voit déjà que l'axe de rotation O'L, qui correspond au point O, est parallèle à l'axe central IK. Il suffit de montrer que l'angle de rotation est le même autour de O'L et autour de IK. Quand on donne au corps la translation II', le point O vient en O_1, après avoir éprouvé le déplacement OO_1, égal et parallèle à II'; la rotation autour de l'axe IK l'amène ensuite en O', dans la position qu'il doit occuper; l'angle de rotation autour de IK est donc $O_1 I O'$. D'autre part, quand on donne au corps la translation OO', le point I vient en I_1, après avoir éprouvé un déplacement II_1, égal et parallèle à OO'; la rotation autour de l'axe O'L l'amène ensuite dans la position I' qu'il doit occuper; l'angle de rotation autour de O'L est donc $I_1 O' I'$. Les deux droites $I'O_1$, $I_1 O'$, étant égales et parallèles à IO, sont parallèles entre elles, et par conséquent les deux angles alternes-internes $O_1 I O'$, $I_1 O' I'$ sont égaux. Ainsi, l'axe de rotation a une direction constante et l'angle de rotation est constant. La translation est variable avec la position du point O; elle est minimum pour les points de l'axe central IK.

305. Théorème VIII. *Dans le mouvement d'un corps solide, la vitesse d'un point quelconque, à chaque instant, est la même que si le corps avait une vitesse de translation égale et parallèle à celle d'un point choisi arbitrairement dans le corps, et tournait autour d'un axe passant par ce point avec une vitesse angulaire déterminée.*

Considérons les positions du corps solide au temps t et au temps $t + \Delta t$. Prenons un point arbitraire O dans le corps solide, et soient O et O' les deux positions de ce point; nous avons vu qu'on peut amener le corps de sa première position à la seconde, en lui donnant une translation égale

Fig. 224.

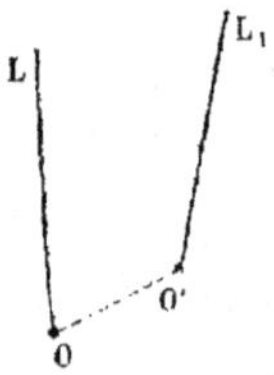

à OO′ (*fig.* 224) et le faisant tourner ensuite d'un certain angle θ autour d'une droite O′L, passant par le point O′ ; la vitesse moyenne d'un point quelconque M du corps solide pendant le temps Δt est donc la résultante d'une vitesse parallèle à OO′ et égale à $\dfrac{OO'}{\Delta t}$, et de la vitesse moyenne qui correspond au déplacement provenant de la rotation θ autour de O′L. Si l'on fait diminuer Δt jusqu'à zéro, la vitesse moyenne de translation $\dfrac{OO'}{\Delta t}$ a pour limite une vitesse égale et parallèle à celle du point O au temps t. L'axe de rotation O′L, tend vers une position limite OL, que nous appellerons l'axe instantané de rotation au temps t ; et le rapport $\dfrac{\theta}{\Delta t}$ tend vers une valeur ω ; la seconde vitesse a donc pour limite la vitesse qui aurait lieu si le corps tournait autour de OL avec la vitesse angulaire ω. La vitesse du point M est la résultante de ces deux vitesses. Ainsi, on obtient les vitesses de tous les points du corps solide au temps t, en imaginant que le corps ait une vitesse de translation égale à la vitesse d'un de ses points O, et une vitesse angulaire de rotation ω autour de l'axe instantané OL passant par le point O.

Il résulte de ce qui précède que l'on peut choisir le point O de manière que l'axe instantané de rotation soit parallèle à la vitesse de translation : dans ce cas, la vitesse de translation est minimum. Quel que soit le point O, l'axe instantané OL a une direction constante et la vitesse angulaire ω une valeur constante.

Théorème de Coriolis.

306. Nous pouvons maintenant compléter ce que nous avons dit dans le chapitre IV du livre I, sur la composition des accélérations. Un mobile est en mouvement dans un système A, ce système A est en mouvement dans le système B ; le mouvement du mobile par rapport au système B est le mouvement résultant des deux premiers ; il s'agit de trouver l'accélération du mouvement résultant. Nous avons traité la question dans le cas particulier où le système A a un mouvement de translation dans le système B (n° 53) ; nous avons vu que, dans ce cas, l'accélération du mouvement résultant est, à chaque instant, la somme géométrique de l'accélération du mouvement du mobile dans le système A, et de l'acélération du mouvement de translation du système A dans le système B. Lorsque le mouvement du système A n'est pas un mouvement de translation, la question est plus compliquée. On doit se représenter le système A comme un système solide se mouvant dans le système solide B, que l'on regarde comme fixe.

Soit M (*fig.* 225) le point du système A où se trouve le mobile au temps t, MA la droite qui représente à cet instant la vitesse du mobile dans le système A, AB une droite égale et parallèle à celle qui représente la vitesse du point M du système A au même instant ; la droite MB représentera la vitesse du mouvement résultant au temps t. Soit M' le point du système A où se trouve le mobile au temps

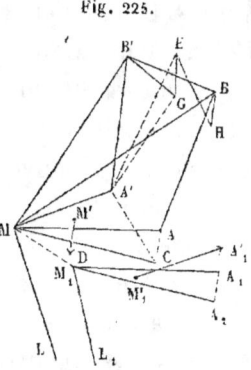

Fig. 225.

$t + \Delta t$, ce système A étant supposé immobile ; MM' est le déplacement apparent du mobile dans le système A ; la direction de la vitesse apparente ou relative MA est la direction limite de MM', et la valeur de cette vitesse est la limite du rapport $\dfrac{MM'}{\Delta t}$. Pendant l'intervalle de temps Δt, le système solide A éprouve un certain déplacement et le point M vient en M_1 ; on peut opérer ce déplacement en donnant au système une translation égale et parallèle au déplacement MM_1 du point M, et faisant tourner le système d'un certain angle θ autour d'un axe $M_1 L$, passant par le point M_1 (n° 282); la translation entraîne la droite MA parallèlement à elle-même en $M_1 A_1$; la rotation autour de l'axe $M_1 L$, change sa direction et l'amène en $M_1 A_2$; telle est, dans la seconde position du système A, la droite qui représente la vitesse relative du mobile au temps t. En même temps, le point M' où se trouve le mobile au temps $t + \Delta t$, vient en M'_1. Soit $M'_1 A'_1$ la droite qui, dans la seconde position du système A, représente la vitesse relative du mobile au temps $t + \Delta t$. Par le point M, menons une droite MA' égale et parallèle à $M'_1 A'_1$, et par le point A' une droite A'B' égale et parallèle à la vitesse du point M', ou M' du système A au temps $t + \Delta t$, la droite MB' représentera la vitesse du mouvement résultant au temps $t + \Delta t$.

La droite BB' représente la variation géométrique de la vitesse dans le mouvement résultant pendant le temps Δt. Dans la seconde position du système A, la droite MC, égale et parallèle à $M_1 A_2$, représente la vitesse relative au temps t ; la droite MA' représente cette vitesse relative au temps $t + \Delta t$; la droite CA' est donc la variation géométrique de cette vitesse relative pendant le temps Δt. La droite AB est la vitesse du point M au temps t, A'B' la vitesse du point M' au temps $t + \Delta t$. Cherchons la vitesse du point M' au temps t ; on obtient la vitesse de tous les points du système solide A, en donnant à ce système une vitesse de translation égale à la vitesse du point M et le faisant tourner autour de l'axe instantané ML avec la vitesse angulaire ω ; cette rotation imprime au point M' une vitesse M'D perpendiculaire au plan M'ML et égale à $\omega \times$ MM' sin M'ML; la vitesse du point M' au temps t est la résultante de la vitesse AB et de la vitesse M'D. Si donc par le point A' on mène une droite A'E égale et parallèle à AB, et par le point E une droite EG égale et parallèle à M'D, la droite A'G sera la vitesse du point M' au temps t. Comme la droite A'B' est la vitesse du même point au temps $t + \Delta t$, la droite GB' représentera la variation géométrique de la vitesse du point M' pendant le temps Δt. Par le point B menons une droite BH égale et parallèle AC ; les deux droites A'E et CH étant égales et parallèles à AB et par conséquent égales et parallèles entre elles, les deux droites HE et CA' sont aussi égales et parallèles.

Cela posé, on peut regarder la longueur BB' comme la somme géométrique des quatre longueurs BH, HE, EG, GB'. En divisant par Δt, on voit que l'accélération moyenne $\dfrac{BB'}{\Delta t}$ du mouvement résultant est la somme géométrique des quatre accélérations

$$\frac{BH}{\Delta t}, \quad \frac{HE}{\Delta t}, \quad \frac{EG}{\Delta t}, \quad \frac{GB'}{\Delta t}.$$

Le rapport $\dfrac{HE}{\Delta t}$, ou $\dfrac{CA'}{\Delta t}$, est l'accélération moyenne du mouvement du mobile dans le système A ; sa limite est l'accélération du mouvement relatif au temps t; nous la désignerons par γ'.

Le rapport $\dfrac{GB'}{\Delta t}$ est l'accélération moyenne du mouvement du point M′ du système A dans le système B; sa limite est l'accélération au temps t du mouvement de ce point M′; mais, puisque les deux points M et M′ se confondent quand Δt tend vers zéro, cette limite est l'accélération au temps t du mouvement du point M du système A où se trouve le mobile au temps t; Coriolis donnait à cette accélération le nom d'*accélération d'entraînement*; nous la désignerons par γ_1.

Il nous reste à évaluer les deux rapports $\dfrac{EG}{\Delta t}$, $\dfrac{BH}{\Delta t}$. La vitesse M′D étant perpendiculaire au plan M′ML, sa direction limite est perpendiculaire au plan AML, du côté où la rotation ω autour de l'axe instantané OL entraîne la vitesse relative MA. On a d'ailleurs

$$\frac{EG}{\Delta t} = \frac{M'D}{\Delta t} = \frac{\omega \cdot MM' \cdot \sin M'ML}{\Delta t};$$

le rapport $\dfrac{MM'}{\Delta t}$ ayant pour limite la vitesse relative MA, que nous appellerons v, on a

$$\lim \frac{EG}{\Delta t} = \omega v \sin LMA.$$

La droite BH est égale et parallèle à AC ou à A_1A_2; la droite A_1A_2 devient perpendiculaire à M_1A_1, dans le plan tangent au cône que décrit la droite M_1A_1 en tournant autour de M_1L_1; l'axe M_1L_1 ayant pour limite l'axe instantané ML, la direction A_1A_2 devient perpendiculaire au plan

AML, du côté où la rotation autour de ML entraîne la vitesse relative MA. Les deux quantités géométriques $\dfrac{EG}{\Delta t}$, $\dfrac{BH}{\Delta t}$ ont donc même direction limite. On a d'ailleurs

$$\frac{BH}{\Delta t} = \frac{A_1 A_2}{\Delta t} = \frac{\text{corde } A_1 A_2}{\text{arc } A_1 A_2} \times \frac{\text{arc } A_1 A_2}{\Delta t};$$

quand le système solide tourne de l'angle θ autour de l'axe $M_1 L_1$, le point A_1 décrit un arc de cercle $A_1 A_2$ égal à $\theta \times M_1 A_1 \times \sin A_1 M_1 L_1$; si l'on remplace cet arc par sa valeur, il vient

$$\frac{BH}{\Delta t} = \frac{\text{corde } A_1 A_2}{\text{arc } A_1 A_2} \times \frac{\theta}{\Delta t} \times M_1 A_1 \times \sin A_1 M_1 L_1.$$

Le rapport $\dfrac{\theta}{\Delta t}$ ayant pour limite la vitesse angulaire de rotation ω, on en déduit

$$\lim \frac{BH}{\Delta t} = \omega v \sin \text{LMA}.$$

Ainsi les limites des deux rapports $\dfrac{EG}{\Delta t}$, $\dfrac{BH}{\Delta t}$ sont des quantités géométriques égales en grandeur et en direction : leur somme, que nous désignerons par γ_2, est égale à $2\omega v \sin(\omega, v)$. Sur l'axe instantané portons une longueur égale à la vitesse angulaire de rotation ω ; construisons un parallélogramme sur cette longueur et la vitesse relative MA; la quantité $2\omega v \sin(\omega, v)$ est égale au double de l'aire de ce parallélogramme.

L'accélération γ du mouvement résultant est la somme géométrique, ou la résultante, des trois accélérations γ', γ_1, γ_2. Ainsi, *l'accélération du mouvement résultant, au temps t*, *est la somme géométrique*, 1° *de l'accélération du mouvement relatif ;* 2° *de l'accélération d'entraînement du point où se trouve le mobile au temps t ;* 3° *d'une accélération égale au double de l'aire du parallélogramme construit sur la vitesse angulaire de rotation et la vitesse relative, perpendiculaire au plan de ce parallélogramme, du côté où la rotation entraîne la vitesse relative.*

307. Pour fixer les idées, nous nous représenterons le système B comme formé de trois axes de coordonnées fixes, et le système A comme formé de trois axes mobiles, dont on connaît le mouvement par rapport aux premiers. La résultante des forces physiques qui agissent sur le mobile, divisée par la masse, donne l'accélération γ du mobile par rapport aux axes fixes ; il s'agit de trouver l'accélération γ' du mouvement relatif aux axes mobiles. Le mouvement du mobile par rapport aux axes fixes peut être considéré comme le mouvement résultant du mouvement relatif aux axes mobiles et du mouvement de ces axes. En vertu du théorème précédent, l'accélération γ du mouvement résultant est la somme géométrique des trois accélérations γ', γ_1, γ_2 ; il en résulte que l'accélération γ' du mouvement relatif est la somme géométrique de l'accélération γ du mobile par rapport aux axes fixes et des deux accélérations γ_1 et γ_2 prises en sens contraires. Ainsi, *l'accélération d'un point matériel par rapport aux axes mobiles est la somme géométrique*, 1° *de l'accélération par rapport aux axes fixes ;* 2° *d'une accélération égale et contraire à l'accélération d'entraînement du point où se trouve le mobile au temps t, ce point étant supposé lié aux axes mobiles ;* 3° *d'une accélération égale au double de l'aire du parallélogramme construit sur la vitesse angulaire de rotation et*

la vitesse relative, perpendiculaire au plan de ce parallélogramme, et du côté opposé à celui vers lequel la rotation entraîne la vitesse relative.

Ceci est bien d'accord avec ce que nous avons trouvé par l'analyse dans le cas particulier où les axes mobiles tournent uniformément autour d'un axe fixe (n° 282); tout point lié invariablement aux axes mobiles décrit un cercle d'un mouvement uniforme; l'accélération d'entraînement γ_1, est dirigée vers le centre et égale à $\omega^2 r$, r étant le rayon; prise en sens contraire, elle devient l'accélération centrifuge. L'accélération γ_2, prise en sens contraire, est l'accélération centrifuge composée.

FIN.

ERRATA.

Page 12, ligne 9 en descendant, *au lieu de* l'angle qui fait, *lisez* : l'angle que fait.

Page 23, ligne 1 en remontant, *au lieu de* pendant la diagonale, *lisez* : suivant la diagonale.

Page 46, ligne 12 en descendant, *au lieu de* le point M' se rapproche de M'. *lisez* : le point M' se rapproche indéfiniment de M.

Page 55, ligne 11 en descendant, *au lieu de* OD' conjugé de OM, *lisez* : OD' conjugué de OM'.

Page 266, ligne 2 en descendant, *au lieu de* les unes sur les autres, *lisez* : les uns sur les autres.

Page 276, ligne 2 en descendant, *au lieu de* (n° 211), *lisez* : (n° 221).

TABLE DES MATIÈRES.

Introduction.. 1

LIVRE I. — CINÉMATIQUE.

CHAPITRE I. — Définition de la vitesse.

Définition de la vitesse dans le mouvement rectiligne et uniforme . 5
Définition de la vitesse dans le mouvement rectiligne varié..... 7
Définition de la vitesse dans le mouvement curviligne......... 8
Projection du mouvement sur une droite 10
Projection du mouvement sur un plan.................... 14

CHAPITRE II. — Composition des vitesses.

Composition de deux mouvements rectilignes et uniformes suivant
    la même droite 17
Composition de deux mouvements rectilignes variés suivant la même
    droite. 20
Composition de deux mouvements rectilignes et uniformes dans deux
    directions quelconques................................. 21
Composition de deux mouvements quelconques 25
Composition d'un nombre quelconque de mouvements........ 28
Calcul de la vitesse résultante........................... 29
Mouvements apparents................................. 32

CHAPITRE III. — Définition de l'accélération.

Définition de l'accélération dans un mouvement rectiligne unifor-
    mément varié... 36
Définition de l'accélération dans un mouvement rectiligne quel-
    conque... 38
Définition de l'accélération dans un mouvement curviligne 39
Projection... 42
Plan osculateur. — Courbure............................ 46
Détermination de l'accélération......................... 49

CHAPITRE IV. — Composition des accélérations.

Composition de deux mouvements rectilignes uniformément variés suivant la même droite................. 57
Composition de deux mouvements rectilignes quelconques suivant la même droite.................... 58
Composition de deux mouvements rectilignes uniformément accélérés, sans vitesses initiales............... 59
Composition de deux mouvements quelconques........... 61

LIVRE II. — DYNAMIQUE.

CHAPITRE I. — Des forces.

Définition et mesure des forces.................. 67
Loi de l'inertie........................... 72
Loi des mouvements relatifs.................... 73
Une force constante en grandeur et en direction, agissant sur un point matériel partant du repos, lui imprime un mouvement rectiligne uniformément accéléré............... 74
Les accélérations produites par deux forces constantes, agissant sur un même point matériel, sont proportionnelles aux forces.... 78
Définition de la masse...................... 80

CHAPITRE II. — Mouvement des projectiles.

Cas où la vitesse initiale est nulle................. 84
Cas où la vitesse initiale est dirigée suivant la verticale et de haut en bas........................... 84
Cas où le corps est lancé de bas en haut............. 85
Mouvement produit par une force constante, quand la vitesse initiale a une direction quelconque.................. 87
Projectile lancé dans une direction quelconque........... 90

CHAPITRE III. — Composition des forces appliquées a un même point matériel.

Composition des forces agissant suivant la même droite...... 100
Composition de deux forces agissant suivant des directions différentes............................ 102
Composition d'un nombre quelconque de forces.......... 104
Conditions d'équilibre des forces appliquées à un même point matériel............................. 108

CHAPITRE IV. — Mouvement produit par une force variable.

Dans un mouvement rectiligne varié, l'accélération est égale à la force divisée par la masse du mobile.. 111

Dans tout mouvement curviligne, l'accélération est égale, en grandeur et en direction, à la force qui sollicite le mobile, divisée par la masse du mobile. 114

Équations générales du mouvement. 117
Force qui produit le mouvement circulaire et uniforme 120
Exemples. — Mouvement des planètes. — Pendule régulateur.— Pesanteur sensible. — Oscillations du pendule. — Mouvement dans un milieu résistant, etc. 122

CHAPITRE V. — Travail et puissance vive.

Définition du travail dans le cas où la force est constante et le déplacement rectiligne dans la direction de la force. 128

Cas où la force est constante et le déplacement rectiligne, mais dans une direction différente de celle de la force 151

Cas où la force est variable et le déplacement rectiligne et suivant la direction de la force. 154

Exemples. — Travail nécessaire pour comprimer un ressort. — Travail de la détente dans les machines à vapeur. 155

Cas général. 157
Le travail de la résultante de plusieurs forces est égal à la somme des travaux de ces forces. 160
Définition de la puissance vive. 161
La variation de la puissance vive est égale à la somme des travaux des forces qui agissent sur le mobile. 164
Applications. 166

LIVRE III. — ÉQUILIBRE ET MOUVEMENT DES SYSTÈMES.

CHAPITRE I. — Composition des forces parallèles.

Composition des forces concourantes appliquées à un corps solide.. 175
Composition de deux forces parallèles de même sens. 176
Composition de deux forces parallèles de sens contraires 178
Composition d'un nombre quelconque de forces parallèles. 180
Théorème des moments des forces parallèles. 182

CHAPITRE II. — Centres de gravité.

Centres de gravité d'un triangle ; — du périmètre d'un triangle ; — d'un trapèze ; — d'un quadrilatère ; — d'un arc de cercle ; — d'un secteur. 192
Centres de gravité d'un prisme triangulaire ; — d'un prisme quelconque ; — d'un tétraèdre ; — d'une pyramide ; — d'une zone ; — d'un secteur sphérique. 205
Théorèmes de Guldin. 216
Centre de gravité des masses fluides. 219
Travail de la pesanteur. 220

CHAPITRE III. — Composition des forces quelconques appliquées a un corps solide.

Préliminaires. 222
Composition d'un système quelconque de forces. 227
Conditions d'équilibre d'un corps solide. 231
Moment d'une force par rapport à un axe 232
Équations d'équilibre. 239
Travaux virtuels. 244
Équilibre d'un corps solide s'appuyant contre un plan fixe. . . . 255
Équilibre stable. — Équilibre instable. — Moment de stabilité. . . 256

CHAPITRE IV. — Propriétés générales du mouvement des systèmes.

Mouvement du centre de gravité. 262
Théorème des moments des quantités de mouvement. 268
Théorème des puissances vives. 272

LIVRE IV. — DES MACHINES.

CHAPITRE I. — Notions générales sur les machines.

Objet des machines. — Travail moteur. — Travail résistant. 275

CHAPITRE II. — Lois du frottement.

Frottement au départ 281
Frottement pendant le mouvement. 283

CHAPITRE III. — Plan incliné.

Cas où l'on néglige le frottement.	290
Corps montant sur un plan incliné avec frottement.	291
Corps descendant sur un plan incliné.	295

CHAPITRE IV. — Levier.

Conditions d'équilibre.	301
Balances.	305
Romaine.	310
Bascule du commerce.	312

CHAPITRE V. — Poulie.

Poulie fixe.	314
Poulie mobile.	316
Moufles.	318
Frottement dans la poulie fixe.	321

CHAPITRE VI. — Treuil.

Conditions d'équilibre.	328
Frottement dans le treuil.	331
Mouvements variés.	332

LIVRE V. — COMPLÉMENT.

CHAPITRE I. — Mouvement des planètes.

Lois de Kepler.	335
Conséquences de la loi des aires.	336
Conséquences de la deuxième loi.	339
Conséquences de la troisième loi.	342
Réciproque.	343

CHAPITRE II. — Mouvements relatifs.

Cas où les axes mobiles ont un mouvement de translation.	347
Mouvement des planètes autour du soleil.	348

Masse des planètes................................... 350
Cas où les axes mobiles ont un mouvement de rotation........ 352
Exemples. — Déviation vers l'est dans la chute des corps. —
    Pendule de M. Foucault......................... 358

CHAPITRE III. — MOUVEMENT GÉOMÉTRIQUE D'UN CORPS SOLIDE.

Mouvement d'une figure plane dans son plan............. 372
Mouvement d'un corps solide autour d'un point fixe........ 380
Mouvement d'un corps solide libre...................... 383
Théorème de Coriolis................................. 387

FIN DE LA TABLE.

CHEZ DALMONT ET DUNOD, ÉDITEURS,

Précédemment CARILIAN-GŒURY ET VICTOR DALMONT,

LIBRAIRES DES CORPS IMPÉRIAUX DES PONTS ET CHAUSSÉES ET DES MINES,

49, Quai des Augustins, à Paris.

ANNÉE SCOLAIRE 1860-1861.

ARITHMÉTIQUE. COURS D'ARITHMÉTIQUE, suivi des notions élémentaires d'algèbre; ouvrage rédigé d'après l'instruction générale sur l'exécution du plan d'études des lycées impériaux, et contenant les énoncés de 560 problèmes, dont les données ont été prises dans des publications officielles; par **CH. LENGLIER**, ancien élève de l'École polytechnique, professeur au lycée de Versailles. In-12.   2 fr. 50 c.

Cet ouvrage est tout à fait conforme à l'esprit et à la lettre du plan d'études des lycées. Il contient toutes les questions d'arithmétique et d'algèbre traitées dans la classe de troisième (section des sciences), et est terminé par une série de 17 tableaux extraits des publications officielles sur la population, l'agriculture et l'industrie. Conformément à l'instruction générale sur le nouveau plan d'études, les 560 problèmes que l'auteur y énonce, reposent sur des données réelles et non sur des nombres arbitraires.

ALGÈBRE. LEÇONS D'ALGÈBRE, à l'usage des candidats au baccalauréat ès sciences et aux écoles spéciales, *entièrement conformes aux programmes* arrêtés pour l'enseignement des lycées et l'admission aux écoles spéciales; par **CH. BRIOT**, prof. de mathématiques spéciales au lycée Saint-Louis, docteur ès sciences, maître de conférences à l'École normale supérieure, etc. Nouvelle édition, 2 volumes in-8, fig. (ensemble).   7 fr.

LA PREMIÈRE PARTIE, à l'usage des élèves de la classe de seconde et des candidats au baccalauréat ès sciences et aux Écoles de marine et de Saint-Cyr, précédée d'une introd. à l'usage des élèves de la classe de 3e. 5e *édition*, in-8, fig. (seule). Paris, 1860.   3 fr. 50 c.

LA DEUXIÈME PARTIE, à l'usage des élèves de mathém. spéciales et des candidats aux Écoles polytechnique et normale supérieure. 5e *édition*. 1 vol in-8, fig.   4 fr.

ÉQUATIONS. RÉSOLUTION DES ÉQUATIONS TRANSCENDANTES, par le Dr **M. A. STERN**, *professeur à l'Université de Goettingue*. Ouvrage couronné par la Société des sciences de Danemark; traduit et annoté par **E. LÉVY**, *agrégé des Sciences*. In-8 avec figures dans le texte.   1 fr. 75 c.

La résolution des équations transcendantes est exigée pour l'admission à l'École polytechnique. — C'est une des théories mentionnées dans le Programme officiel.

Les Traités d'algèbre sont, à ce sujet, tout à fait insuffisants. — La publication du travail remarquable du Dr STERN est un véritable service rendu à l'enseignement.

COSMOGRAPHIE. COURS DE COSMOGRAPHIE, OU ÉLÉMENTS D'ASTRONOMIE, comprenant les matières du *nouveau programme* arrêté pour l'enseignement des lycées; par **CH. BRIOT**, prof. de math. spéciales au lycée Saint-Louis, etc. 3e *édition*, conforme au programme de l'enseignement des lycées. 1 beau vol. in-8, avec 100 figures dans le texte et 3 planches gravées, dont deux à l'aqua-tinta. Paris, 1860. 5 fr.

Cet ouvrage répond à toutes les questions d'examen pour l'admission aux Écoles polytechnique et de Saint-Cyr, et pour le baccalauréat ès sciences.

Le journal de l'*Instruction publique* s'exprime ainsi à propos de ce nouveau *Cours de Cosmographie* :

» . . . . . Les définitions y sont claires, complètes et intéressantes; M. BRIOT se souvient toujours qu'il parle à de jeunes intelligences auxquelles il enseigne une science toute nouvelle; on dirait qu'il s'efforce de » la faire découvrir par la réflexion » et le bon sens à l'aide des con- » naissances que les enfants ont » déjà acquises. Parmi tant d'au- » tres détails curieux et faciles à » saisir par la manière dont ils » sont exposés, nous citerons le » chapitre où il est question des » *Étoiles filantes* et des *Aéro- » lithes*. En outre, un complément » placé à la fin du volume met » les élèves au courant des décou- » vertes et des travaux récents de » la science. »

THÉORÈMES ET PROBLÈMES DE GÉOMÉTRIE ÉLÉMENTAIRE, avec leur démonstration et leur solution raisonnée; ouvrage destiné à tous les aspirants au baccalauréat et aux Écoles du gouvernement; par **E. CATALAN**, *docteur ès sciences, agrégé de l'Université*, etc. 3e *édition*, refondue et considérablement augmentée. 1 beau vol. in-8, avec 15 planches.   6 fr.

DALMONT ET DUNOD, LIBRAIRES POUR LES SCIENCES, LES ARTS, L'INDUSTRIE, ETC.

GÉOMÉTRIE. Éléments de GÉOMÉTRIE comprenant LA GÉOMÉTRIE PURE ET APPLIQUÉE ; ouvrage conforme au nouveau programme et aux instructions ministérielles de 1854. 2 parties in-8 avec 442 figures dans le texte, et 5 planches gravées ; par A. EUDES, *professeur au lycée Napoléon*. 6 fr. 25 c.

On vend séparément :
La géométrie pure. 1 vol. in-8 avec 344 figures. 4 fr.
La géométrie appliquée. 1 vol. in-8 avec 98 figures et 3 planches gravées. 2 fr. 25 c.

La *Géométrie pure* est divisée en 7 livres suivis d'un supplément sur les courbes usuelles ; on y trouve une théorie du contact et de l'intersection des cercles dégagée de tout raisonnement par la réduction à l'absurde, des démonstrations simplifiées sur la mesure des angles inscrits, sur les relations numériques entre les côtés d'un triangle, sur le rapport des aires des figures semblables, sur celui des volumes des polyèdres semblables, sur la surface du tronc de cône, sur l'égalité des angles que forme soit la tangente à l'ellipse avec les rayons vecteurs menés au point de contact, soit la tangente à la parabole avec le rayon vecteur mené au point de contact et avec l'axe.

La *Géométrie appliquée* contient les premières notions sur le levé des plans, les projections et le nivellement. Dans un appendice sur les projections, on a complété la partie de la géométrie descriptive qui concerne la ligne droite et le plan, en employant la méthode du changement de plans de projection appliquée seulement au plan vertical ; on y trouve comme exercice la construction générale des cadrans solaires et la manière de se servir de la projection d'un cube pour projeter un ouvrage de charpente, unbanc, par exemple.

Les énoncés d'environ 200 problèmes et théorèmes accompagnés de numéros de renvois aux diverses parties des *Eléments* auxquels ils se rapportent, offrent aux élèves des sujets d'exercices faciles sur toutes ces parties.

TRIGONOMÉTRIE. LEÇONS DE TRIGONOMÉTRIE rectiligne et sphérique, à l'usage des candidats au baccalauréat ès sciences et aux Écoles spéciales du gouvernement ; par BOGUET, *professeur*. 3e édition, revue avec soin et rédigée conformément au programme officiel de l'enseignement scientifique des lycées. In-8, avec figures dans le texte. Paris, 1860. 2 fr. 50 c.

TRIGONOMÉTRIE. LEÇONS DE TRIGONOMÉTRIE rectiligne et sphérique, à l'usage des élèves des lycées et des candidats au baccalauréat et aux écoles spéciales ; par E. ROUCHÉ, *ancien élève de l'Ecole polytechnique, professeur au lycée Charlemagne*, et L. LACOUR, *prof. au lycée Charlemagne*. 1 vol. in-8, avec figures intercalées dans le texte. 3 fr. 50 c.

Les seize premières leçons renferment les matières exigées pour l'admission au baccalauréat ès sciences, à l'École navale et à l'École de Saint-Cyr ; les suivantes s'adressent aux élèves de mathématiques spéciales. Chaque chapitre contient, outre les exercices résolus, et imprimés en petit caractère, un grand nombre de questions énoncées que les élèves studieux s'exerceront utilement à résoudre. Les leçons qui traitent de l'usage des tables et de l'application de la trigonométrie au levé des plans ont été l'objet d'un soin particulier ; dans la première, chaque règle est suivie d'un exemple qui en fixe le sens, et dans la seconde, des applications numériques nombreuses et variées permettent au lecteur d'acquérir cette habitude des calculs à laquelle on ne saurait attacher trop de prix. On trouvera enfin dans cet ouvrage des démonstrations simples et nouvelles des formules relatives à la réduction des arcs, de la formule de Lhuillier et du théorème de Legendre.

GÉOMÉTRIE ANALYTIQUE. Leçons de GÉOMÉTRIE ANALYTIQUE à deux et à trois dimensions, à l'usage des candidats aux Écoles polytechnique et normale, précédées d'une introduction renfermant les premières notions sur les courbes usuelles exigées des candidats au baccalauréat ès sciences ; ouvrage entièrement conforme aux programmes de 1852 pour l'enseignement scientifique des lycées ; par BOGUET, *professeur*. 2e édition, revue et augmentée. 1 vol. in-8, avec les figures dans le texte. 7 fr. 50 c.

ANALYSE. Résumé des LEÇONS D'ANALYSE données à l'École polytechnique ; par NAVIER, *membre de l'Institut, professeur d'analyse et de mécanique à l'École polytechnique, etc.* 2e édition, revue et annotée par M. LIOUVILLE, *membre de l'Institut, etc.* 2 vol. in-8, avec planches. 10 fr.

PROBLÈMES DE MATHÉMATIQUES. SOLUTION DES PROBLÈMES de mathématiques et de physique donnés à la Sorbonne dans les compositions du baccalauréat ès sciences de juillet 1853 à janvier 1856 ; par MOMENHEIM, *licencié ès sciences, chef d'institution à Paris*, et E. CATALAN, *agrégé de l'Université, docteur ès sciences, etc.* In-12, fig. 3 fr. 25 c.

GÉOMÉTRIE DESCRIPTIVE. TRAITÉ ÉLÉMENTAIRE DE GÉOMÉTRIE DESCRIPTIVE, renfermant toutes les matières exigées pour l'admission à l'École polytechnique, le baccalauréat, etc. par E. CATALAN, *docteur ès sciences, agrégé de l'Université, etc.* Nouvelle édition, 2 parties in-8, avec atlas de 28 planches. 7 fr. 50 c.

Chaque partie se vend séparément :
1re partie : La ligne droite et le plan. 3e édition, in-8, avec atlas de 11 pl. 4 fr.
2e partie : Problèmes sur les surfaces, in-8, avec atlas de 17 planches. 4 fr.

GÉOMÉTRIE DESCRIPTIVE.
TRAITÉ COMPLET DE GÉOMÉTRIE DESCRIPTIVE; par **Th. Olivier**, docteur ès sciences, professeur de Géométrie descriptive au Conservatoire des arts et métiers, répétiteur à l'École polytechnique, professeur-fondateur de l'École centrale des arts et manufactures, etc.; ouvrage divisé en plusieurs parties, qui se vendent chacune séparément :

1° COURS DE GÉOMÉTRIE DESCRIPTIVE. 2ᵉ édit. revue et augmentée; deux parties in-4, avec un Atlas de 97 pl. 22 fr.

On vend séparément :

La 1ʳᵉ partie : DU POINT, DE LA DROITE ET DU PLAN. 2ᵉ édit. revue et augmentée. 2 vol. in-4, dont un de 43 pl. 10 fr.

Cette première partie contient tout ce qui est relatif à l'écriture et à la notation graphique, à la méthode du changement des plans de projection et à celle du mouvement de rotation; elle contient en outre les notions élémentaires sur les ombres, la perspective et les plans cotés.

La *deuxième partie* : DES COURBES ET DES SURFACES COURBES, et en particulier DES SECTIONS CONIQUES ET DES SURFACES DU SECOND ORDRE. 2ᵉ édit. 2 forts volumes in-4, dont un de 54 planches. 12 fr. 50 c.

La deuxième partie forme le traité le plus complet qui existe sur les courbes et sur les surfaces; tout y est démontré par les méthodes de projection, sans avoir recours à l'analyse.

2° ADDITIONS AU COURS DE GÉOMÉTRIE DESCRIPTIVE; démonstration nouvelle des propriétés des sections coniques. In-4, avec 15 planches. 4 fr.

3° DÉVELOPPEMENTS DE GÉOMÉTRIE DESCRIPTIVE. 2 vol. in-4, dont un de pl. 18 fr.

4° COMPLÉMENTS DE GÉOMÉTRIE DESCRIPTIVE. 2 vol. in-4, dont un de pl. 18 fr.

5° MÉMOIRES DE GÉOMÉTRIE DESCRIPTIVE THÉORIQUE ET APPLIQUÉE. 2 vol. in-4, dont un de pl. 18 fr.

6° APPLICATION DE LA GÉOMÉTRIE DESCRIPTIVE aux ombres, à la perspective, à la gnomonique et aux engrenages. 2 vol. in-4, dont de 58 pl. doubles, dont plusieurs coloriées ou à l'aqua-tinta. 25 fr.

Les *Développements*, les *Compléments* et les *Mémoires de géométrie descriptive* servent de complément à tous les traités de Géométrie descriptive publiés jusqu'à ce jour; ils renferment chacun des matières spéciales que n'a encore traitées aucun des auteurs qui ont écrit sur la géométrie descriptive. La *géométrie descriptive*, comme le démontrent ces ouvrages, peut souvent atteindre à la puissance de *l'analyse*; elle y atteindra *en général* dans les questions où il s'agira de *la forme*, dans les problèmes de relation de position; et je serais bien trompé (*dit l'auteur*) si, pour ces problèmes, elle n'avait presque toujours l'avantage sur *l'analyse*, en ce sens que ses démonstrations seront plus promptes et plus simples et que les résultats seront obtenus dans des termes plus immédiatement applicables par les ingénieurs aux travaux d'art.

La géométrie descriptive peut acquérir *toute puissance* lorsqu'il s'agira de relation de position; en ce sens elle n'est pas bornée, et les efforts qu'elle fera dans cette direction seront toujours utiles.

GÉOMÉTRIE DESCRIPTIVE.
TRAITÉ DE GÉOMÉTRIE DESCRIPTIVE comprenant les applications de cette géométrie aux *ombres*, à la *perspective* et à la *stéréotomie*; par **Hachette**, membre de l'Institut, anc. prof. à l'École polytechnique. 2ᵉ édit. 1 fort vol. in-4, avec 74 grandes planches. 20 fr.

De tous les ouvrages publiés sur cette matière, le *Traité de géométrie descriptive*, par M. Hachette, est le seul qui contienne des applications à la coupe des pierres, etc.

MÉCANIQUE.
LEÇONS DE MÉCANIQUE ÉLÉMENTAIRE entièrement conformes aux nouveaux programmes de l'enseignement des lycées, contenant toutes les connaissances nécessaires à ceux qui se destinent au baccalauréat ès sciences, aux écoles spéciales du gouvernement, à l'École centrale des arts et manufactures, et à ceux qui suivent les cours des écoles professionnelles et des nouvelles facultés des sciences appliquées, par MM. **Henry Harant**, Licencié ès Sciences, et **Pierre Laffitte**, Professeur de mathématiques. 1 vol. in-8, imprimé sur papier glacé, orné de 195 figures dans le texte et une planche. 6 fr.

Ces leçons, rédigées avec beaucoup de soin par les auteurs, ne laissent rien à désirer sous le rapport de l'exécution typographique. Les 195 figures intercalées dans le texte ont été dessinées et gravées par nos meilleurs artistes.—Un prospectus spécial, donnant aussi le spécimen des figures, sera envoyé à toute personne qui en fera la demande par lettre affranchie.

PHYSIQUE.
TRAITÉ ÉLÉMENTAIRE DE PHYSIQUE expérimentale et appliquée et de MÉTÉOROLOGIE, suivie d'un recueil nombreux de problèmes, à *l'usage des établissements d'instruction, des aspirants aux grades des Facultés et aux diverses Écoles du gouvernement*; par **A. Ganot**, professeur. 8ᵉ édition, considérablement augmentée. 1 fort vol. in-18 jésus, avec 568 belles gravures dans le texte.—Paris, 1859. 7 fr. 50 c.

PHYSIQUE.
COURS DE PHYSIQUE purement expérimentale, *à l'usage des gens du monde, des aspirantes au brevet supérieur des Écoles normales, des institutions de demoiselles, etc.*; par **A. Ganot**, professeur. 1 beau vol. in-18 jésus, orné de 508 magnifiques vignettes. — Paris, 1859. 5 fr. 50 c.

DALMONT ET DUNOD, LIBRAIRES POUR LES SCIENCES, LES ARTS, L'INDUSTRIE, ETC.

DESSIN LINÉAIRE. DESSIN LINÉAIRE APPLIQUÉ AUX ARTS ET A L'INDUSTRIE; par E. Locard, ingénieur en chef du chemin de fer de Saint-Étienne à Lyon, ancien prof. des cours industriels de Mézières, de Charleville, etc. 1 vol in-8, avec un atlas in-fol. de 35 pl., contenant 890 dessins gravés avec soin par Hibon. 18 fr.

Cet ouvrage est divisé comme il suit : LIVRE Ier. Préliminaires. — II. Dessin mathématique. — III. Dessin à vue ou à main levée. — IV. Application à la coupe des pierres; l'architecture; la charpente; la menuiserie; aux escaliers; à la serrurerie; aux maisons d'habitation et à la mécanique.

L'atlas, de grand format pour donner aux figures tout le développement qu'elles méritent, a été dessiné par l'auteur et gravé sous ses yeux; sa parfaite exécution ne laisse rien à désirer.

Les dessins relatifs à l'architecture, la charpente, la menuiserie, la serrurerie et la mécanique sont tous cotés avec soin et représentent en général des objets exécutés.

DESSIN INDUSTRIEL. Éléments de DESSIN INDUSTRIEL formant un cours de DESSIN LINÉAIRE et de tracé géométrique ; par Tudot, professeur, directeur d'une école spéciale de dessin, 2e édition revue et augmentée de 40 planches d'exercices. 1 beau volume in-8 de texte accompagné d'un atlas in-fol. de 40 planches gravées avec soin par Hibon. 9 fr.

Le volume in-8 de texte se vend séparément. 4 fr.
L'atlas in-folio, contenant 40 planches d'exercices. 6 fr.

Les Éléments de dessin industriel, par M. Tudot, renferment une suite de modèles très-sagement choisis, très-bien gradués, dessinés avec science et parfaitement gravés. Ces modèles sont, comme le texte lui-même, divisés en plusieurs parties : la première traite du dessin à vue; celle qui la suit a pour objet le tracé géométrique, partie qui contient une description détaillée de tous les procédés en usage dans le tracé des épures. Des exercices d'ornements et de têtes terminent l'ouvrage.

Les 40 planches d'exercices peuvent être très-facilement copiées avec les instruments mathématiques du prix le plus ordinaire, avantage que n'offrent pas la plupart des ouvrages publiés sur cette partie de l'enseignement.

OMBRES ET LAVIS. ÉTUDES DE PROJECTIONS, D'OMBRES ET DE LAVIS, à l'usage de toutes les écoles, des architectes et des mécaniciens; par Tripon, professeur au collège Sainte-Barbe, etc. Ouvrage divisé en quatre parties : 1° Projections orthogonales; 2° Projections obliques; 3° Ombres; 4° Lavis appliqué à l'enseignement du dessin des machines, de l'architecture, etc. 1 vol. in-8 de texte avec un magnifique ATLAS de 40 planches grand-in-4, imprimées au lavis sur un quart colombier glacé. Prix des 2 volumes reliés. 25 fr.

On vend séparément :

Les trois premières parties comprenant les PROJECTIONS et les OMBRES, 20 planches avec texte, reliure élégante. 16 fr.

La quatrième partie, Cours élémentaire de LAVIS appliqué à l'enseignement du dessin des machines, de l'architecture, etc., 20 planches avec texte, relié. 16 fr.

Les planches qui composent le remarquable Atlas de cet ouvrage ont été tout récemment l'objet d'une révision complète; l'auteur n'a rien négligé pour donner au nouveau tirage qui vient d'en être exécuté une véritable supériorité sur les tirages précédents.

BLUM (Aug.) et G***. COURS COMPLET DE MATHÉMATIQUES ÉLÉMENTAIRES, à l'usage des aspirants à toutes les Écoles du gouvernement, renfermant toutes les connaissances mathématiques exigées pour l'admission aux Écoles Navale, Militaire, Forestière, des Arts et Manufactures, etc.

Tome Ier, Arithmétique et Algèbre. 1 vol. in-8. 6 fr.

Tome II, Géométrie, Trigonométrie et Géométrie descriptive. 1 vol. in-8, avec 24 planches. 7 fr. 50 c.

Ces deux volumes forment un Cours complet de mathématiques élémentaires; ils renferment un grand nombre de problèmes avec leurs solutions.

GAUBERT, chef de bat. du génie, ancien élève de l'École polyt. Essai sur la détermination des CENTRES DE GRAVITÉ, suivi de notes sur la multipl. des nombres, la pyramide triangulaire, le binôme de Newton, la règle de Descartes, et les lignes du deuxième degré, les sections coniques, la division d'un angle en parties égales, la composition des forces, le problème général des distances, etc. 2e édit. beaucoup augmentée. In-8. 4 fr.

— Traité de MÉCANIQUE ANALYTIQUE, à l'usage des élèves des Écoles polytechnique et normale, et des aspirants à ces écoles. 1 vol. in-8, planches. 8 fr.

PONTÉCOULANT (G. de), membre de la Société royale de Londres, des Académies des sciences de Berlin, Palerme, etc. Traité élémentaire de PHYSIQUE CÉLESTE, ou précis d'ASTRONOMIE THÉORIQUE ET PRATIQUE servant d'introduction à l'étude de cette science ; ouvrage destiné aux personnes peu versées dans l'étude des sciences mathématiques, qui désirent acquérir, sans leur secours, des notions exactes sur la constitution de l'univers. 2 vol. in-8, avec planches. 10 fr.

Notre Catalogue de livres de MATHÉMATIQUES et AUTRES est adressé à toute personne qui en fait la demande par lettre AFFRANCHIE.

Paris.— Imprimé par E. Thunot et Cie, 26, rue Racine.

A LA MÊME LIBRAIRIE :

BRIOT (Ch.), *professeur de mathématiques spéciales au lycée Saint-Louis, maître de conférences à l'École normale supérieure.* LEÇONS D'ALGÈBRE, *conformes aux programmes officiels arrêtés pour l'enseignement des lycées et l'admission aux écoles spéciales.* 2 vol. in-8°, avec fig.   7 fr.
On vend séparément :
  LA 1re PARTIE, à l'usage des élèves des classes de troisième et de seconde, des candidats au baccalauréat ès sciences, aux Écoles de la marine et de Saint-Cyr, précédée d'une *Introduction* à l'usage des élèves de la classe de troisième, 5e *édit.* 1 vol. in-8°, avec fig. 1858.   3 fr. 50 c.
  LA 2e PARTIE (classe de spéciales et candidature aux Écoles polytechnique et normale supérieure). 3e *édit.* In-8°, avec fig. 1859.   4 fr.
— Cours de COSMOGRAPHIE, OU ÉLÉMENTS D'ASTRONOMIE, comprenant les matières du *nouveau programme* arrêté pour l'enseignement des lycées et l'admission aux écoles spéciales. 1 beau vol. in-8°, avec 94 fig. dans le texte, et 3 pl., dont deux gravées à l'*aqua-tinta*. 3e *édit.*, revue et augmentée. Paris, 1860.   5 fr.

CATALAN, *docteur ès sciences, agrégé de l'Université*, etc. THÉORÈMES et PROBLÈMES DE GÉOMÉTRIE ÉLÉMENTAIRE. 3e *édit.* revue et augmentée. 1 beau vol. in-8°, avec 15 pl. Paris, 1858.   6 fr.
— Traité élémentaire de GÉOMÉTRIE DESCRIPTIVE, renfermant toutes les matières exigées pour l'admission à l'École polytechnique, *nouv. édit.* 2 parties. In-8°, avec atlas de 28 pl. Paris, 1857. 7 fr. 50 c.
On vend séparément :
  1re PARTIE. *La ligne droite et le plan, nouv. édit.* In-8°, avec 11 pl.   4 fr.
  2e PARTIE. *Problèmes sur les surfaces.* In-8°, et atlas de 17 pl.   4 fr.

EUDES (A.), *professeur au lycée Napoléon.* ÉLÉMENTS DE GÉOMÉTRIE, comprenant la géométrie pure et appliquée, ouvrage conforme au nouveau programme et aux instructions ministérielles de 1854. 2 parties. In-8°, avec 442 fig. dans le texte, 3 pl. gravées.   6 fr. 25 c.
On vend séparément :
  LA GÉOMÉTRIE PURE. 1 vol. in-8°, avec 344 fig.   4 fr.
  LA GÉOMÉTRIE APPLIQUÉE. 1 vol. in-8°, avec 98 fig. et 3 pl. gravées.   2 fr. 25 c.

HARANT et **LAFFITTE**, *professeurs à l'Académie de Paris.* LEÇONS DE MÉCANIQUE ÉLÉMENTAIRE, entièrement conformes au nouveau programme de l'enseignement des lycées, contenant toutes les connaissances nécessaires à ceux qui se destinent au baccalauréat ès sciences, aux écoles spéciales du gouvernement, à l'École centrale des arts et manufactures, et à ceux qui suivent les cours des Écoles professionnelles et des nouvelles Facultés des sciences appliquées. 1 vol. in-8°, imprimé sur papier glacé, orné de 195 figures dans le texte, et d'une planche. Paris, 1858.   6 fr.

LENGLIER (Ch.), *ancien élève de l'École polytechnique, professeur au lycée de Versailles.* COURS D'ARITHMÉTIQUE, suivi des notions élémentaires d'algèbre. Ouvrage rédigé d'après l'instruction générale sur l'exécution du plan d'études des lycées impériaux, et contenant les énoncés de 560 problèmes dont les données ont été prises pour la plupart dans des publications officielles. 1 vol. in-12. 2 f. 50

NAVIER, *de l'Institut, professeur à l'École polytechnique*, etc. Résumé des leçons d'ANALYSE données à l'École polytechnique. 2e *édit.*, revue et annotée par M. LIOUVILLE, *de l'Institut, professeur à l'École polytechnique.* 2 vol. in-8°, avec planches. Paris, 1856.   10 fr.

OLIVIER (Th.), *docteur ès sciences, professeur-directeur du Conservatoire des arts et métiers, professeur-fondateur de l'École centrale des arts et manufactures*, etc. TRAITÉ COMPLET DE GÉOMÉTRIE DESCRIPTIVE, ouvrage divisé en plusieurs parties, qui se vendent chacune séparément :
  1° COURS DE GÉOMÉTRIE DESCRIPTIVE, 2e *édit.* 2 parties in-4°, accompagnées d'un atlas de 97 pl.   22 fr.
  2° DÉVELOPPEMENTS DE GÉOMÉTRIE DESCRIPTIVE. 2 vol. in-4°, dont un de pl. 18 fr.
  3° COMPLÉMENTS DE GÉOMÉTRIE DESCRIPTIVE. 2 vol. in-4°, dont un de pl.   18 fr.
  4° MÉMOIRES DE GÉOMÉTRIE DESCRIPTIVE théorique et appliquée. 2 vol. in-4°, dont un de pl.   18 fr.
  5° APPLICATIONS DE GÉOMÉTRIE DESCRIPTIVE aux ombres, à la perspective, à la gnomonique et aux engrenages. 2 vol. in-4°, dont un de 58 pl. doubles, dont plusieurs coloriées ou à l'*aqua-tinta*.   25 fr.

ROGUET (Ch.), *professeur de mathématiques.* LEÇONS DE GÉOMÉTRIE ANALYTIQUE à deux et à trois dimensions, avec une introduction renfermant les premières notions sur les courbes usuelles, à l'usage des candidats à l'École polytechnique, à l'École normale et au baccalauréat ès sciences ; ouvrage entièrement conforme aux programmes officiels de l'enseignement scientifique des lycées. 2e *édit.*, revue et augmentée. 1 vol. in-8°, avec fig. dans le texte. 1860.   7 fr. 50 c.
— Leçons de TRIGONOMÉTRIE RECTILIGNE ET SPHÉRIQUE, à l'usage des candidats au baccalauréat ès sciences et aux Écoles spéciales du gouvernement. 3e *édit.*, entièrement refondue et rédigée conformément au programme officiel de l'enseignement scientifique des lycées. In-8°, avec fig. dans le texte. Paris, 1860.   2 fr. 25 c.

STERN (le Docteur M.-A.), *professeur à l'Université de Göttingue.* RÉSOLUTION DES ÉQUATIONS TRANSCENDANTES. Ouvrage couronné par la Société des sciences de Danemark ; traduit et annoté par E. LUNY, *agrégé des sciences.* In-8°, avec fig. dans le texte. Paris, 1858.   1 fr. 75 c.
  La résolution des équations transcendantes est exigée pour l'admission à l'École polytechnique. C'est une des théories mentionnées dans le programme officiel. — Les traités d'Algèbre sont, à ce sujet, tout à fait insuffisants. — La publication du travail si remarquable du Dr STERN est un véritable service rendu à l'enseignement.

Paris. — Typographie HENNUYER, rue du Boulevard, 7.

www.ingramcontent.com/pod-product-compliance
Lightning Source LLC
Chambersburg PA
CBHW060548230426
43670CB00011B/1732